鉄の時代史

佐々木　稔　著

雄山閣

はしがき

日本の近世以前の鉄の研究は、この十数年の間に考古学・歴史学（文献史学）・技術史（理工学）のいずれの分野でも大きく進展した。ところが鉄の歴史を扱った啓蒙的著作は、これまでのところ三分野のそれぞれ専門的な立場から記述するにとどまっている。研究が進んだ現在、鉄の歴史は社会全体に係わる問題として、各分野の研究者にはもちろん、関心をもつ一般の人達にとっても理解できるような内容と説明が望まれていると著者は考える。

この期待に応えるためには、本来、考古学と歴史学の研究者の側に自然科学的な解析結果の概略が理解され、一方自然科学系研究者には遺跡・遺物に対する認識と関連文献史料の専門的評価が受け入れられていることが必要である。しかしそうした認識・評価は、この境界領域においては残念ながらまだ低い段階にあるように著者には思われる。

理工学系出身の著者は鉄関連の出土遺物分析を二〇年近く手がけ、遺跡の発掘調査に側面から協力してきたが、これは考古学的な知識を吸収するのに大いに役立った。またある大学院の歴史学系の研究科に非常勤講師として勤務する中で、初歩的ではあるが文献史料の調べ方や利用の方法を先生方から学ばせていただいた。こうした経験を活かし、鉄の歴史を「三分野の境界領域」内に位置づけて解説してみたいというのが、著者の思いである。

一般に日本の人達は、鉄の歴史について他国とは比べものにならないほど強い関心をもつといわれる。興味がもたれそうないくつかの事項を時代順に挙げてみると、まず弥生時代のイネ（水稲）と鉄の関係がある。古事記の中の「豊葦原の瑞穂の国」は、青々としたイネが整然と植え付けられた水田の、あるいは重い稲穂を垂れた秋の田の風景を思い浮かべて、水田の耕作とイネの収穫には当然鉄製の鋤先や鎌などが使われたと考えるかも知れない。はたしてそうであろうか。古事記にはまた、素戔嗚尊《すさのおのみこと》が八岐大蛇《やまたのおろち》を退治したとき大蛇の尾から出てきたといわれる天叢雲剣《あめのむらくものつるぎ》や日本武尊《やまとたけるのみこと》が使った草薙剣《くさなぎのつるぎ》のように鉄剣にまつわる伝説があり、しかも伝世品とされる資料が現在も残されている。

倭の武王が中国の南朝に提出した奏上文には、祖先が征服戦争を経て国内を統一したことが述べられており、畿内の巨大古墳から大量の鉄製武器が出土することと相まって、武器を掌握した勢力が大和政権を強化したという見解は広く受け入れられている。しかしこの時代の戦闘用武器の生産・供給体制の問題は明らかにされていない。奈良時代に入ると、律令体制の下で公民に課せられた調の中に鍬鉄や素材としての鉄鋌《てってい》があって、鉄の国内生産は全国的に拡大したとみられており、在地の製鉄に砂鉄を原料に使用したのは自明のこととして説かれることが多い。

中世における源平の戦いや南北朝の動乱では夥しい量の鉄製武器が使用され、日本刀（専門用語では太刀《たち》と刀《かたな》）は戦法の変化に応じて発達し、また大量生産の体制も確立した。さらに一六世紀から一七世紀の初頭にかけては、新しい鉄製兵器として火縄銃が登場する。これらの武器を使用する戦闘の場面はテレビで映像化されて一般の人達に大きな影響を及ぼすが、実像を伝えているとはいい難い。

最後に挙げたいのは、砂鉄を利用した製鉄の開始時期の問題である。砂鉄は日本列島の各地で豊富に産出するが、すでに古代からそれを利用する鉄生産が行なわれたはずという先入観があり、また各分野の専門家も同じような意見を持っている。著者が得た結論は、これとかなり違うものである。

境界領域の中で鉄の歴史を検討してみると、従来の見解は必ずしも成り立たないように思われる。著者が自己の非力を顧みず、あえて『鉄の時代史』を執筆した理由はここにある。

本書は各章ごとにほぼ独立した構成をとり、また章末にはかなり詳しいまとめを付してある。読者がどの章から読み始めても、その時代の鉄の歴史はおおよそ理解できるように記述したつもりである。ただし専門的な事項については説明をなるべく短く簡単にしたため、読者には不明の部分が残るかも知れない。とくに遺跡の全体状況や遺構図、また出土遺物の測定値と分析値の意味などは、一般の人達はもちろん、分野が異なる研究者にも難しいであろう。仮にこれらを長く説明しても読者にわかって貰えるかどうか、著者には自信が持てなかった。より深い理解を求める読者には、該当文献を参照していただくことをお願いしたい。

佐々木　稔

鉄の時代史　目次

はしがき

第一章　ヒッタイトから東アジアにいたる鉄の道……1

鉄鉱石の利用と粘土板文書にある鉄関連記事の解釈／ヒッタイト帝国時代の遺跡にみる鉄鋼生産技術／鉄鋼生産技術の周辺地域への拡散／東アジアへの伝播

第二章　弥生時代の鉄……29

最古級の出土鉄器／国内で製作された鋼製鉄器／弥生時代の鉄素材／韓半島南部と日本列島における鋼の精錬／弥生時代の製鉄と戦争を検証する

第三章　古墳時代における鉄器の生産増大と墳墓への大量副葬……61

鋼素材の国内生産の拡大／刀剣の製作法／古墳時代の国内鉄生産開始説を検証する／対外軍事進出と国内征服戦争の武器装備

第四章　律令体制下で進む鋼の大規模生産……93

鍛冶工房内の地床炉による鋼製造の特徴／大型炉遺構の生産的性格／大規模鋼生産施設の経営主体／律令体制衰退期の鋼と鍛造鉄器の生産変化

第五章　古代東北の蝦夷の鉄と外反りの彎刀……129

北辺の生産遺跡と生産活動の評価／律令体制解体期の拠点集落における鉄鍛冶の技術／柄反りの強い彎刀の多用と形態変化／彎刀化の進行と地金の材質

第六章　中世の鋼生産と都市・集落・城館における鍛冶活動……………153
山間地に設営された鋼の大量生産施設／棒状鉄鋌の広汎な流通／都市・集落・城館における鍛冶の性格／日本刀と火縄銃の材料鉄
第七章　擦文・アイヌ文化期の鉄……………193
擦文文化期の鉄製品と鋼の製造／アイヌ文化期の鋼製品の組成と鍛冶活動の性格／蝦夷刀にみる鍛造技術の特徴と水準
第八章　国内砂鉄製鉄の開始はいつか……………217
幕末まで続いた原料鉄の輸入／砂鉄製鉄開始時期に係わる問題解明のために
あとがき

鉄の時代史

第一章　ヒッタイトから東アジアにいたる鉄の道

一　はじめに

鉄は銅と違って、地表近くに自然鉄として生成することはほとんどない。隕鉄の利用が先行し、鉄鉱石から金属鉄を製造する方法の発明はそのあとになった。

金属鉄の製造開始については、一つの地方で起こったとする〝一元説〟と、複数の地を想定する〝多元説〟の二つの見解がある。これは銅の場合と同様である。日本ではもとより海外の多くの研究者は〝一元説〟を受け入れ、鉄の故郷がヒッタイト帝国にあると考えている。

もっとも古い時代に位置づけられる鉄製品の中で有名なのは、トルコ西北部アナトリア地方のアラジャホユック遺跡で紀元前二五〜二二世紀頃の王墓群のK号墳から出土した鉄剣である。外観写真を図1に示す。共金造りで、柄頭には金を被せてある。この鉄剣は錆化の状態から人工鉄で造ったと推定されるが、隕鉄製という見方もある。なお他の墳墓からは、鉄製のピンや飾板、分銅型鉄製品などが検出されている[1]。

近年、日本調査隊によって古代都市の一つカマン・カレホユック遺跡の発掘調査が進み、鉄関連遺物の金属学的解析も行なわれて、ヒッタイト帝国時代およびそれ以前の鉄の使用状況がかなりわかってきた。本章ではその概要を紹介するとともに、製鉄法がヨーロッパ大陸に広まり、東アジアへ伝わった道についての著者の見解を述べることにしたい。

二　鉄鉱石の利用と粘土板文書にある鉄関連記事の解釈

古代の西アジアにおいて鉄鉱石の利用がどのように始まったのか、またその中で鉄鉱石を還元して金属鉄を得る小規模な方法を見つけたのではないか、という著者の推察を最初に述べる。次にボアズキョイ遺跡で発見された粘土版文書の鉄関連記事に関する考古学研究者の解釈をもとにして、製造された鉄がどんな特性を有するのかを検討する。

(1) 鉄鉱石の利用と金属鉄製造法発見の契機になったと思われるもの

鉄の使用開始については、前四千年紀末に出土した遺物に隕鉄が使用されていることから、〝隕鉄先行説〟が支配的である。さらに上述のアラジャホユック遺跡王墓群のA、C号墳から出土したピンと飾板を分析してニッケルを多く含むと報告されたため、隕鉄は長い期間にわたって利用されてきたように受けとめられている。しかしこの分析結果に疑問を抱いて、再分析の必要を述べる考古学系研究者も多い。鉄剣については、図1の外観写真を見て表面の錆化が相当に進んでいることがわかり、読者も地金が隕鉄とは考え難いであろう。この鉄剣は実際に一九八五年茨城県つくば市で開催の国際

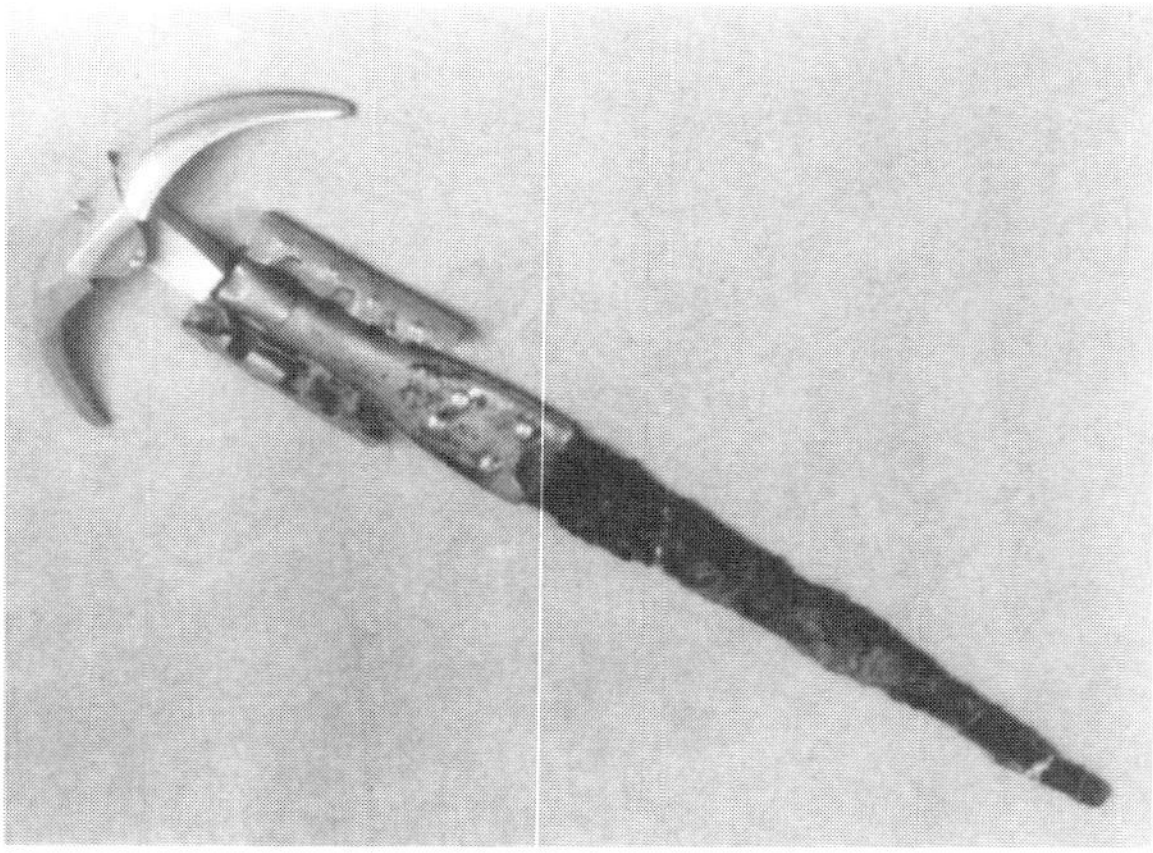

図1　アラジャホユック遺跡出土鉄製短剣の外観
（日本鉄鋼連盟提供）

科学技術博覧会に展示されたが、隕鉄製とするには表面の赤錆が厚すぎる印象を著者はもった。*

*アラジャホユック遺跡出土のピンと飾板について、一九三八年報告の分析値を付表1に引用した。ピンはFe_2O_3（酸化鉄）七二・二〇%、NiO（酸化ニッケル）三・四四%、飾板はそれぞれ七六・〇三%、三・〇六%である。このほかにCaO（酸化カルシウム）、Al_2O_3（酸化アルミニウム）も分析されている。しかし含有しているはずのSiO_2（酸化珪素）は記載がない。原報を入手することはできないが、鉄剣同様におそらく錆化した資料と思われる。また報告年代からは、重量分析法という古典的方法によったと考えられる。これは鉄錆主体の分析試料を酸に溶解してから、溶液組成を変えたり、特殊な試薬を加えたりして、含有成分を水酸化物や塩類として沈殿・濾過し、乾燥あるいは灼熱したあとに秤量するという、非常に煩瑣で高度な熟練を要する方法である。とくにニッケルを分離するときに他成分が混入し、秤量値が実際よりも大きく出てしまう心配がある。分析値の信頼性について疑問視する意見が出たとしても、止むを得ないことといえる。以上は化学分析専門家実松孝行氏のご教示によるものである。

付表1　アラジャホユック遺跡出土鉄器の化学組成

No.	墳墓（号）	鉄器	化学成分（%） Fe_2O_3	NiO	CaO	Al_2O_3	合計
1	A	ピン	72.20	3.44	4.69	—	80.33
2	C	飾板	76.30	3.06	0.99	2.65	83.00

注）窪田蔵郎氏の文献（註1）から引用

鉄鉱石は最初貴石としての利用から始まり、鉱石から金属鉄を人工的に抽出する方法を見いだしたのは、工房で貴石類を扱う技術者ではなかったかと著者は推察する。(2) 人工鉄利用の初期には装身具・装飾品のような製品がほとんどで、貴金属的な使い方が目立つという。

ここではまず鉄鉱石の種類と利用方法から説明したい。赤鉄鉱には、①沈殿型鉱床内の層状鉱石、②接触交代型鉱床の雲母鉄鉱、③火山活動の中で結晶化した鏡鉄鉱、の三つのタイプがある。採掘の容易さと結晶の美しさから、古代には後二者が使われたであろう。前三千年紀後半には、印章や、装身具・装飾品に加工された製品が出土する。赤鉄鉱はまた、微粉砕して赤色顔料に利用することも可能である。西アジアにおける利用開始時期については著者には不明であるが、日本の縄文晩期の住居跡からは塊状あるいは微小片に砕かれた状態で鏡鉄鉱が出土している。後者は壺状土器に入っていた。

磁鉄鉱もまた貴石として利用され、赤鉄鉱と同様に装身具などの出土例が見られる。地表近くに生成した鉱床の露頭部分が、早い段階から利用の対象になったと思われる。出土した製品・半製品遺物の少量成分（銅・燐・ニッケル・コバルトなど）の含有量レベルから、原料鉱石が磁鉄鉱であることを推定できる場合が多い。磁鉄鉱は黄銅鉱（鉄と銅からなる硫化鉱物）に伴うことから、銅製錬の工程でその還元方法を見いだしたという仮説もある。しかしそれを実証する手段はない。

褐鉄鉱は赤色顔料としての利用が早い。赤鉄鉱や磁鉄鉱に較べて珪酸分やアルミナ分などの不純物を多く含むため、製鉄開始の初期に多く利用されたとは思われない。

(2) ボアズキョイ粘土板文書の中の「良質の鉄」

大村幸弘氏の著『アナトリア発掘記』[3]によれば、ヒッタイトの文書には「鉄」を意味する言葉「ハパルキ」「アン・バル」などが見られ、この時代の鉄の価格は銀の四〇倍、金の八倍以上であったという。しかし鉄に係わる最も重要な記述は、ボアズキョイ遺跡から出土した粘土板文書の中のキズワトナ（地名）に関する一節であるとしている。

「あなたが私に書いてきた良質の鉄に関してでありますが、良質の鉄はキズワトナの私の倉庫できらしています。私が書きましたとおり、鉄を生産するには悪い時期なのです。彼ら（鍛冶師たち）は良質の鉄を製造中です。いまのところ作業は終わっていません。（鉄が）できあがりましたら、私はあなたに送りましょう。今日のところは、私はあなたに一振りの鉄剣を送ります。」（同上書、一三三頁）

同氏の解釈から関係部分を抜き書きし、技術的な立場から著者の意見を付け加えてみる。

（1）「良質の鉄」に対して〝良質でない鉄〟がある、良質の鉄は鋼でないか（大村）。

鋼とする考えに同意したい。その場合、焼きの入る鋼と入らない鋼があることの認識があったかどうかが問題になる。カマン・カレホユック遺跡出土鉄器の金属学的解析を担当した赤沼英男氏は、両者を造り分けていた可能性について検討する必要があることを指摘している。[4]著者の付加的見解は次節で述べる。

〝良質でない鉄〟については、粘土板文書の用語と用法が示されていないので、技術的な解釈は難しい。①そのまま鉄器製作に使う低品質の鋼、②処理して良質の鉄にするための原料鉄、のどちらかであろう。前者は「良質の鉄」に合わせて使うのであれば利器の心金（軟鋼）、後者なら外部から搬入された原料鉄になる。著者は「一振りの鉄剣を送る」の記述が多くの鉄剣は送れないことを意味すると受け取り、〝良質でない鉄〟は原料鉄を指すものと推察する。

（2）「鉄を生産するには悪い時期」とは季節風の時期ではないか（大村）。

「良質の鉄」である鋼の製造は都市の鍛冶工房で行なわれたとすれば、生産の時期が悪いという鉄は、入手し難い原料鉄のことではないだろうか。原料鉄は森林と鉄鉱石産出地に近い箇所（おそらく山間部）で生産され、季節的条件が大きく影響して秋冬期には生産を休止するから、当然都市部への供給は止まってしまう。因みにカマン・カレホユック遺跡の野外での発掘調査は六月から九月中旬までの期間に実施されている。しかし「悪い時期」にもかかわらず鍛冶師たちは「良質の鉄を製造中」としており、都市部の工房では鋼の製造を含む鍛冶作業が可能であったことを示唆する。

（3）「（鉄が）できあがりましたら」（大村）

この括弧内の鉄を良質の鉄と解釈して、大村氏の上述の解釈に赤沼氏と著者の技術的な見解を付け加えると、次のようになる。原料鉄を受け入れた都市の鍛冶工房では、その精製処理を行なって良質の鉄すなわち鋼を製造し、鉄剣に代表されるような鋼製の利器を製作したのではないか。一方〝良質でない鉄〟は原料鉄を意味し、それは都市から離れた地で生産されたことが容易に想像できる。

先立って述べるが、前三千年期後半のアナトリア地方における鉄生産プロセスについては、カマン・カレホユック遺跡出土の鉄関連遺物の研究成果を踏まえて、著者は次のように考えている。すなわち、①鉄鉱床の採掘可能な個所（おそらく露頭部）で鉱石を採取し、②それに合わせて比較的近い森林地帯で樹木を伐採・乾留して木炭を製造し、③鉄鉱石と木炭を製鉄炉に装入して鉱石の還元を行ない（製錬）、炭素分を多く含有した鉄（原料鉄）を製造する、ここまでが第一の工程である。操業地は都市からかなり遠く離れていたであろう。続く第二の工程は、④原料鉄を都市部に搬入する、⑤原料鉄を半溶融状態で処理して炭素の低減処理を行ない可鍛性の鋼に変える、⑥さらに加熱・鍛打により炭素量を調整して「良質の鉄」に仕上げ、⑦「良質の鉄」の中でも硬い（高炭素の）鋼は利器の刃部に使い、軟らかいものは硬さをあまり必要としない鉄器の製作に使用する、⑧製品を需要先に搬送する、というものである。とくに従来の「低炭素鋼製品の滲炭説」と違うのが、⑥〜⑦である。これらを検証する上で、出土遺物の金属学的調査・研究が進展することに期待したい。

三　ヒッタイト帝国時代の遺跡にみる鉄鋼生産技術

アナトリア地方のカマン・カレホユック遺跡（以下、文中ではカマン遺跡と略称）は、日本調査隊が二〇年以上にわたって発掘調査を続けている。二〇〇五年度の遺跡発掘の全体状況を示したのが図2である。これまで刊行された調査報告書は一五号に及んでいる。カマン遺跡出土の鉄関連遺物の解析結果にもとづいて原料鉄の流通と鋼製造法を検討し、前節の考察の正否を確かめたい。

(1)　カマン・カレホユック遺跡の時代編年

遺跡の建築層にもとづく文化層の時代区分の研究が系統的に行なわれている。二〇〇三年時点で作成された文化編年にもとづいて大村幸弘氏がまとめた、層序ならびに時代と鉄関連遺物の関係図を、図3に引用した。ここで層序は建築物の床面の数を指す。以下には大村氏の著書(5)の記述にしたがい、遺跡の鉄関連事項を紹介する。

ヒッタイト民族は紀元前三千年紀の終わり頃（前二二〇〇年頃〜前二〇〇〇年頃）にコーカサス山脈を越えて北方からアナトリア高原に移住してきたとされる。それ以前の人々は「プロト・ヒッタイト」と呼ばれ、両者は争うことな

図 2　カマン・カレホユック遺跡の全体状況（2005 年）
（写真は中近東文化センター提供）

付図　古代トルコの関連遺跡の分布

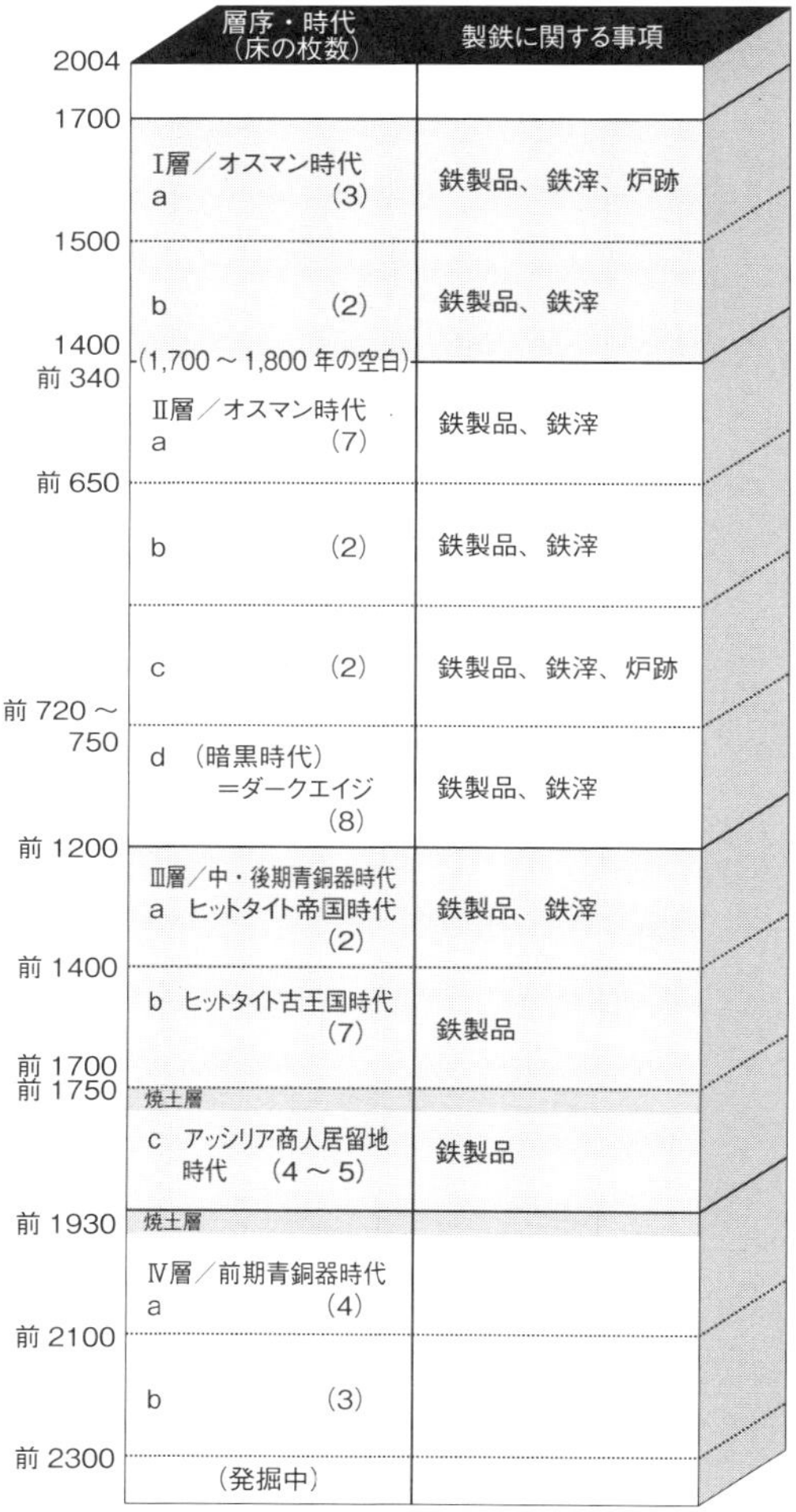

	層序・時代（床の枚数）	製鉄に関する事項
2004		
1700	Ⅰ層／オスマン時代　a　　（3）	鉄製品、鉄滓、炉跡
1500	b　　　　　　　（2）	鉄製品、鉄滓
1400 前340	(1,700〜1,800年の空白)	
	Ⅱ層／オスマン時代　a　　（7）	鉄製品、鉄滓
前650	b　　　　　　　（2）	鉄製品、鉄滓
	c　　　　　　　（2）	鉄製品、鉄滓、炉跡
前720〜750	d　（暗黒時代）＝ダークエイジ（8）	鉄製品、鉄滓
前1200	Ⅲ層／中・後期青銅器時代　a　ヒッタイト帝国時代（2）	鉄製品、鉄滓
前1400	b　ヒッタイト古王国時代（7）	鉄製品
前1700 前1750	焼土層　c　アッシリア商人居留地時代（4〜5）	鉄製品
前1930	焼土層　Ⅳ層／前期青銅器時代　a　　（4）	
前2100	b　　　　　　　（3）	
前2300	（発掘中）	

図３　カマン・カレホユック遺跡の層序・時代と鉄関連遺物（大村幸弘『アナトリア発掘記』日本放送出版協会より）

く共存していたと考えられている。カマン遺跡には、前二一〇〇年頃からアッシリア商人が居留し始めたことを表わす土器が出土する（Ⅳ層）。本項で扱う初期鉄器製作に関係する時代を図３から書き出すと、次のようになる。

アッシリア商人居留地時代　Ⅲｃ層＝前一九三〇年頃〜前一七五〇年頃
ヒッタイト古王国時代　Ⅲｂ層＝前一七〇〇年頃〜前一四〇〇年頃
ヒッタイト帝国時代　Ⅲａ層＝前一四〇〇年頃〜前一二〇〇年頃
暗黒時代　Ⅱｄ層＝前一二〇〇年頃〜前七五〇（〜前七二〇）年頃

これより新しい層の年代は、図３を参照していただきたい。

表1　カマン・カレホユックならびにキュルテペ遺跡出土鉄器の化学組成（抜粋）

鉄器 No.	鉄器 形状	遺跡	文化層	化学成分(%) T.Fe 全鉄	Cu 銅	P 燐	Mn マンガン	Ni ニッケル	Co コバルト	Ti チタン	推定炭素量(%)
1	板状	カマン	Ⅲ c	63.30	0.049	0.146	0.008	0.007	0.006	0.021	0.2～0.3
2	〃	〃	Ⅲ b	62.40	0.070	0.015	0.004	0.014	0.007	0.004	0.5以上
3	棒状	〃	Ⅲ a/Ⅱ d	68.70	0.091	0.174	0.001	0.007	0.003	0.004	〃
4	板状	〃	Ⅱ d	64.90	0.007	0.053	<0.001	0.002	0.001	0.005	0.1～0.2
5	棒状	キュルテペ	カールムⅠ b	53.94	5.34	<0.01	<0.001	0.006	0.149	<0.001	—
6	〃	〃	〃	52.19	8.77	<0.01	<0.001	0.008	0.192	<0.001	—

注）赤沼英男氏による。推定炭素量は黒錆層のミクロ組織から元の健全な鋼の結晶組織を想定して評価。

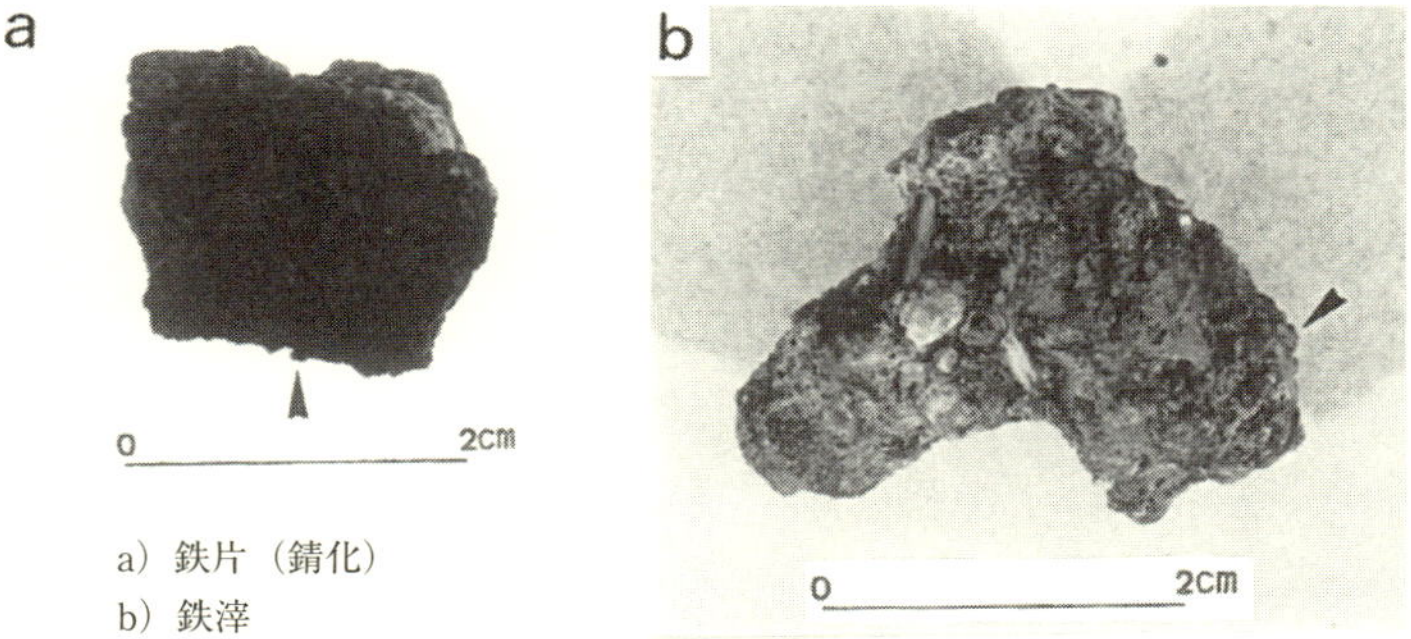

a）鉄片（錆化）
b）鉄滓

図4　カマン・カレホユック遺跡出土の鉄片と鉄滓の例（中近東文化センター提供）

(2)　カマン遺跡出土鉄片の組成

Ⅲc層から出土した鉄片の例を図4―aに引用した。[6] 矢印の方向に切断した断面のミクロ組織観察によれば、鉄片は錆が進んで金属鉄部分は見当たらなかった。四点の鉄片の化学分析値が、表1のNo.1～4である。鉄片の全鉄（T.Fe）はいずれも六〇％台に低下しているが、これは鉄が錆びて酸素や水素と結合したためである。しかし黒錆層には元の鋼の結晶組織を推測できる個所が残っており、推定炭素量は表の最右欄に示すようになった。この中のⅢc層から出土した鉄片No.1が元は鋼と判定された結果、アッシリア商人居留地時代すなわちヒッタイト帝国成立以前に鋼製造技術がすでに確立していたことが明らかになった。[7,8]

ここで、錆組織から錆化前の健全な鋼の炭素量を推定する方法を説明しておきたい。炭素量を変えた鋼のミクロエッチング組織は標準写真として作成されており、鋼試料の平均炭素量を評価する方法が規格化されている。したがって黒錆層のミクロ組織を注意深く調べ、標準組織写真と比較して元の鋼の炭素量を推定することができる。表1の最右欄に示すように、四点の鉄片のうち二点が〇・一〜〇・三%、また他の二点は〇・五%以上の炭素を含有していたと評価されている。後者の二点は、焼き入れ効果が十分に期待できる炭素含有量レベルにある（焼き入れによって硬化できる鋼の炭素量はおよそ〇・四〜〇・八%の範囲にあるが、これを仮に刃金鋼と呼ぶ）。

前述のように赤沼英男氏は、出土した鋼製遺物を解析した結果にもとづき、鋭利な刃部を形成するために必要な刃金鋼と、折れにくい性質を付与するための軟鋼（およそ〇・三%以下）の二種を造り分けていた可能性について検討する必要のあることを指摘している。著者の推測は、〝造り分け〟の方法は半溶融状態で刃金鋼に精錬する段階には達しておらず、炭素量がおよそ一・九%くらいまで下げたあと、それ以下では可鍛性をもつようになる性質を利用して、加熱・鍛打を繰り返す方法で炭素量を調整し、焼き入れ可能な鋼に仕上げたのではないかというものである。しかし造形した利器の刃部に焼き入れ操作を施した調査例は、まだ報告されていない。遺物資料はいずれも錆が進んでおり、刃部の鉄が金属状態で残ったものが見つからないためである。

いま一つ鋼製鉄器から得られる重要な情報に、鋼地金の内部に介在する非金属の微小な夾雑物がある。製鉄技術史の研究分野では、これを鋼製鉄器中の非金属介在物と呼ぶのが慣習になっている。近世以前の鋼精錬では、介在物は鉄滓が分離しきれずに残ったものと考えられている。その観察例を図5に示した。黒く見える異物が介在物で、長さは〇・一㎜にも達しない小さな非金属物質である（周囲の地は黒錆）。この異物がエレクトロン・プローブ・マイクロアナライザー（微小領域X線分析装置、以下ＥＰＭＡと略記）を使って定量分析された。分析成分の中から FeO, MnO（酸化マンガン）などを除いて、鉄滓に由来する CaO, MgO（酸化マグネシウム）、Al_2O_3, SiO_2, K_2O（酸化カリウム）、Na_2O（酸化ナトリウム）の定量値の和を一〇〇%に基準化して成分比を求めたのが表2である（元の分析値の出典は表の脚注に記した）。これを理解しやすいように棒グラフで表わすと、図6—ａのようになる。介在物の基本的な成分組成について、専門的立場からは大きく変わっていないと評価する。これは鋼の精錬方法が基本的に同じであることを示唆する。

ところでカマン遺跡からクズルウルマック川を越えて東南方向に数百km離れたキュルテペ遺跡の、カールムⅠb層（前一九～前一八世紀、カマンⅢc層とほぼ同時期）から出土した棒状鉄資料二点が、赤沼英男氏によって分析された(9)（分析値は前掲の表1№5、6に引用）。錆化が進んで元の鋼の結晶組織を想定できるような個所は認められなかったが、$FeO\text{-}CaO\text{-}Al_2O_3\text{-}SiO_2$系と$Fe\text{-}Cu\text{-}S$系の非金属介在物が検出された。著者はこれらを鋼の証拠と考える。また銅分析値の高さからは、使用した始発原料鉱石は磁鉄鉱と推定される。キュルテペ遺跡出土資料もカマンと同様に鉄鉱石原料の鋼製品といえる。

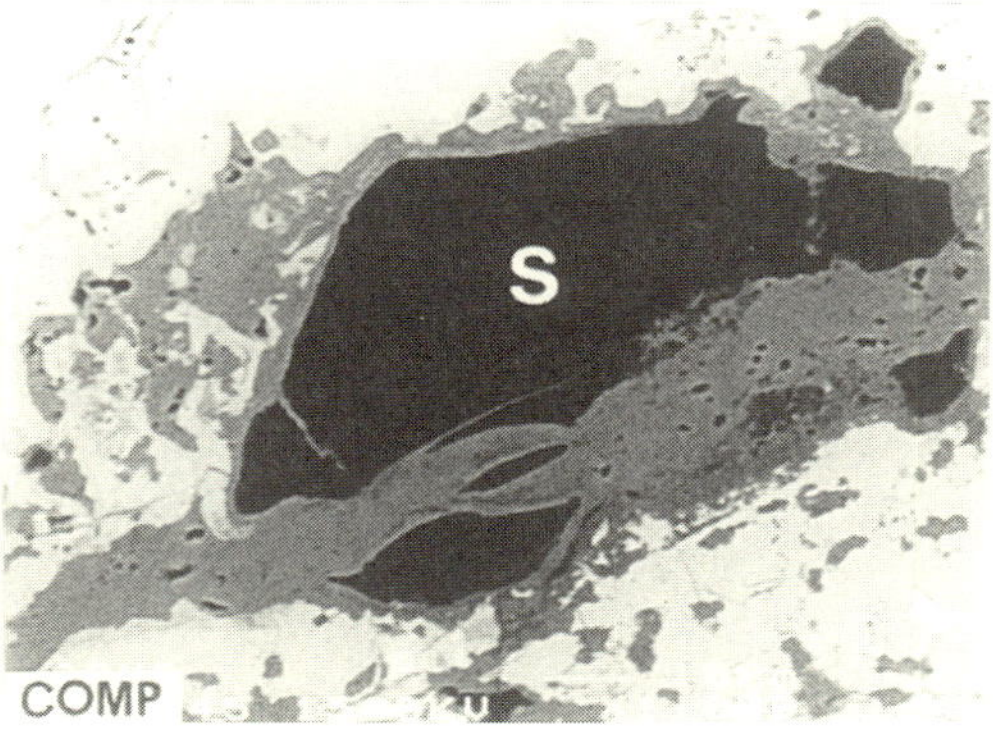

図5　カマン・カレホユック遺跡出土鉄製品中の非金属介在物（S）のミクロ組織

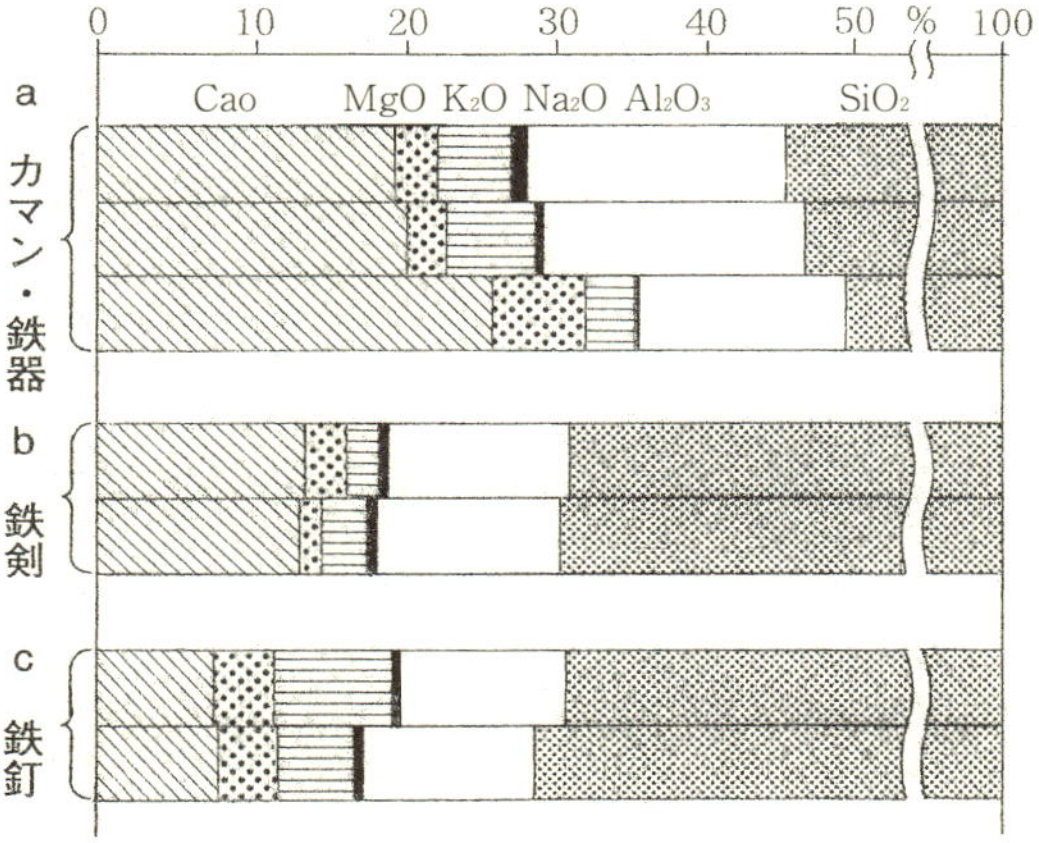

a）トルコ・カマン鉄片（Ⅲc 層）
b）イラン・伝ルリスタン鉄剣
c）英・インチタットヒル鉄釘

図6　古代鉄器の非晶質珪酸塩系介在物を構成する主要スラグ成分の組成比較

表2　カマン・カレホユック遺跡出土鉄器中の非晶質珪酸塩系介在物のスラグ成分組成比

No.	文化層	介在物番号	スラグ成分の組成比（%）					
			CaO	MgO	Al_2O_3	SiO_2	K_2O	Na_2O
1	Ⅲ c	1a	7.33	<0.01	25.93	58.55	0.35	7.84
2	Ⅲ b	2a	19.64	2.59	17.22	53.59	5.56	0.38
3	Ⅲ a/ Ⅱ d	3b	20.28	2.68	17.73	52.74	5.81	0.45
4	Ⅱ d	4a	5.33	2.50	14.66	72.94	3.59	0.98

注）No. は表1に同じ。原報に記載のEPMA定量分析値からFeO、MnOなどの成分を除き、スラグ由来と考えられる6成分の組成比を算出。分析値は註（6）を参照。

表3　カマン・カレホユック遺跡出土鉄滓の化学組成（抜粋）

No.	文化層	化学成分（%）									鉱物組成
		T.Fe	FeO	SiO_2	Al_2O_3	CaO	MgO	TiO_2	P_2O_5	K_2O	
1	Ⅲ	37.52	—	12.09	1.77	5.90	1.06	0.10	1.87	—	W, O, K, S
2	Ⅱ d	58.20	63.53	12.82	1.93	6.76	0.65	0.03	0.60	0.002	W, O, S
3	Ⅱ d	46.01	48.52	21.59	10.02	8.25	0.81	0.20	0.96	0.015	〃

注）赤沼英男氏による。略記号Wはウスタイト、Kはカリウム化合物、Sは非晶質珪酸塩、Oはカルシウム・鉄オリビンを示す。

(3)　鋼の精錬と原料鉄

紀元前二〇世紀頃の都市遺跡の発掘調査において、従来確実な精錬炉跡は検出されておらず、また時期が明確な出土鉄滓の分析も行なわれることがなかった。カマン遺跡の調査では、鉄滓の金属学的解析がはじめて実施された。Ⅲc層から鉄滓はまだ検出されていないが、Ⅲ層内の細分類できない資料は採取されており、その外観を図4—bに示した。Ⅱd層の二点とともに、分析結果を表3に引用した[10]。表の最右欄には、ミクロ組織の調査にもとづく構成鉱物の判定結果も付記してある。

鉄滓は溶けた鉄の再酸化物と炉壁が反応し生成したものである。化学組成と鉱物組成をもとにすれば、カマン遺跡出土の鉄滓は原料鉄（粗鉄）を処理して鋼を製造する工程で排出したものと推定される。さらにCaOとMgOの対Al_2O_3比が炉壁材よりも著しく高値の場合は、鉄滓の流動性を良くすることを目的に含CaO, 含MgO材料を造滓材として添加した可能性も考えなくてはならない。原報には椀型状を呈する鉄滓（日本国内では椀形滓と分類、第二章参照）もあると述べられているので、この点からも鋼の製造が行なわれたことは間違いない。

それでは原料の鉄はどのような組成であったろうか。おそらく炭素量が二％以上あり、そのままでは脆くて鍛打・造形（鍛造）ができないため炭素を低減する処理（精錬）を行なって、加工性のよい鋼に変えたものと著者は推測する。時代は下がるが、Ⅱa層（前六五〇〜前三四〇年頃）からは炭素量が二％を越す遺物が一個検出された。内部は鋼の組織に変わって空孔も生成しており、一部に片状黒鉛組織の残存も認められた。この出土資料は日本の研究者が分類する鉄塊系遺物（鋼精錬途中の産物）に相当し、利用できないため廃棄されたものと考えられる。試料採取に当たった赤沼英男氏によれば、二〇〇kg以上の遺物の中から見つけたただ一個の資料だという。元の原料鉄は銑鉄（炭素量四％前後）にかなり近い組成ではなかったかと思われる。

カマン遺跡で鉄器の広範な普及が見られるのは、Ⅱa層以降とされる(11)。それ以前を含めて、鋼の精錬が行なわれたことを示す鉄滓は出土しているものの、炉跡が未検出のため元の炉構造は不明である。さらに、製造した鋼は工房でそのまま製品の原材料として使用されるので、製作途中の未成品が確認できず、成形・加工の方法がわからない。今後の発掘調査により、こうした一連の生産工程が解明されることに期待したい。

ヒッタイト帝国時代ならびにそれ以前のアナトリア地方の都市では、原料鉄の製造と鋼の精錬・加工の基地は互いに地理的に離れていて、分業的な生産体制にあったことが推察される。これは時代的に先行した銅鉱石製錬の場合と同様である(12)。西アジアの考古学的調査に詳しい研究者によれば、トルコ東部の山岳地帯では、多くの場所で地表面に鉄滓や羽口が散布している状況が観察されるという。鉄滓の出土は鉄関連の生産遺構が存在する目安になるが、日本の例からいっても山間地での小規模な遺構の検出は難しい。年代比定にいたってはさらに困難である。アナトリア地方にとどまらず各地の製鉄（製錬）の実態が解明されるのは、かなり先のことになると思われる。その間の鉄に関する考古学的・金属学的研究は、都市遺跡で出土する鉄器・鉄滓と、いずれ発見されるはずの精錬炉遺構が主な対象にならざるを得ないであろう。

四　鉄鋼生産技術の周辺地域への拡散

ヒッタイト帝国の崩壊によって鉄の生産技術の秘密が洩れ、西アジア一帯に拡散したというのが従来の一般的な見方である。しかし最近の論文では、「後期青銅器時代（前二千年紀後半）にアナトリアのヒッタイト帝国が鉄器とその製作技術を独占していたという説は、考古学的には証明し得ない」とする見解も発表されている(13)。また前述のごとく原料鉄の生産と鋼の製造・鋼製品の製作が分業的体制であったとすれば、西アジアに止まらず、ユーラシア大陸の文化が進んだ地域への技術転移は容易に行なわれたはずである。もしも秘匿されたとするなら、それは鋼製の利器を製作するための焼き入れ可能な鋼の製造方法と硬軟の鋼を複合する鍛造技術ではないだろうか。

アッシリア帝国領域内での鉄器の活発な普及は出土遺物から前八世紀頃とみられているが、粘土板文書では前九世紀に武器の鉄製化が進んだ様子を窺えるという(14)。それではこの時代の鋼精錬を記した文献はあるだろうか。ベックは彼の『鉄の歴史』で「最後に、アッシリア人が鋼を知っていたかということを問おうとすれば、無条件にこれを肯定しなければならない。さらに、これを自分で製造したかどうか、あるいは鋼を良質の鉄とは異なった別のものと考えていたかどうかの問題があるが、このほうは何ともいえない。鋼についての特別の言葉は楔形文字には見いだされない。しかし、剣のことを誇っている個所では、確実に鋼の剣のことをいっているのだと察せられる。〔それが弾性のあるものであるから〕」と述べている(15)。少なくともベックがこれを著わした一九世紀末には、アッシリア人が鋼を知っていたという楔形文字の文章は見つかっていないのである。

図7―aに計測図を示した古代ペルシャの鋼製短剣は、イラン国ルリスタン地方の出土と伝えられる紀元前八世紀頃のものである。鉄剣の棟の部分から採取した錆片を解析した結果、元の鋼は介在物の少ない清浄なもので、炭素含有量は〇・二～〇・三％と評価された(16)。かつて同型の短剣の調査について世界の複数の箇所の研究者が協同し、目立

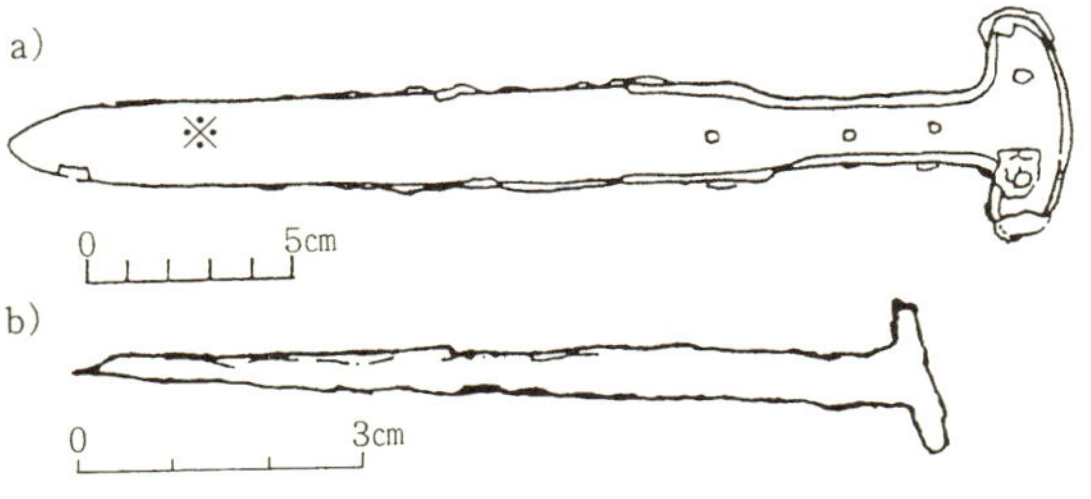

a) イラン・伝ルリスタン鉄剣（前8世紀頃）
b) 英・インチタットヒル鉄釘（1世紀）

図7　鉄剣と鉄釘の計測図

たない部分からメタル試料を採取して金属学的解析が行なわれた。その報告の一つに、円盤状の鉄剣柄頭に炭素量〇・四五～〇・六五%の〝核部〟（心金に相当）と、それを包む〝外被〟（皮金）から成る鍛接構造が見いだされた。これは軟かい鋼を棟金に、刃部に焼きの入る炭素量の高い鋼が現われるよう心金に配置した、いわゆる合わせ鍛えの造りである。鉄剣の基本的製作法については、わが国の稲荷山鉄剣の復元を試みた第三章の該当個所で改めて説明したい。

伝ルリスタン短剣錆片中の非晶質珪酸塩系介在物のスラグ成分組成は、図6―bに示すようにカマン遺跡出土鉄片とほとんど同じである。人為的に調製した造滓材を使用する鋼の精錬法は、ヒッタイト帝国以前の時代から引き続き行なわれていることを示す。

この精錬法はアリストテレス（前三二二年頃）の記述とも矛盾しない。ベックの著書から引用すると、「最重要なのは、すでに述べたカリベス人の鉄に関する文章である。ここでは明らかに鋼の製造法について述べられている。鉄は溶剤のピリマカスを添加し、繰り返し溶かされ、それによって、一つの炉で一回の熱で浄化されたときよりもずっと美しく、より光沢のあるものとなり、この鉄だけが錆びないというのである」(17)。ピリマカスとは〝火と戦う石〟の意味であり、ベックはその役割を、鋼の製造に際して溶鉄の過度の酸化と脱炭を防ぐため、溶鉄の上にこの溶剤を添加して「溶鉄の表面をおおう流動性のよいスラグの生成が計られていた」と述べている。上述の介在物のスラグ成分組成から推定される混合物こそが、その〝火と戦う石〟である可能性が大きい。それは石灰（あるいは貝灰）・硝石（あるいは木灰）・粘土・砂などを、かなり正確な比率で混合・調製したのではないかと思われる。

鉄滓の未分離物である非金属介在物の中のスラグ成分組成に鋼精錬法の基本的な特徴が現われるとすれば、時代と地域の異なる鉄器に、共通性だけでなく独自性も見いだされるのであろうか。イギリスのスコットランド地方パース州インチタットヒルのローマ軍（当時ローマ帝国がイングランドを支配していた）の城塞跡から、一九五〇年代に七トンという大量の鉄釘（推定百万本）が出土した。文献史料によると、この城塞は紀元八三年頃建設を開始したが完成しないうちに取り壊され、ローマ軍は撤退したという。残った鉄釘は土中に埋めたとみられる。その中の長短二本の鉄釘が、かつて著者が勤務していた㈱新日本製鉄に寄贈された*（図7―b）。いずれもほとんど錆びていなかったので、表面研磨後のミクロエッチング組織を調べた。その結果、長寸の釘は全体が炭素量〇・五〜〇・六%の硬い鋼、短い方は〇・一〜〇・二%の軟らかい鋼からできていることが確認された。また、鉄釘中の非金属介在物をＥＰＭＡで分析し、スラグ成分組成を算出して図6―cに棒グラフで示した。カマン遺跡出土鉄片ならびにルリスタン鉄剣と比較して、「三者ほとんど同じである（有意差は見られない）」と結論された[18]。これはヒッタイトから拡散したといわれる鋼精錬法が、後世のヨーロッパ西北部にまで普及していたことを表わすものである。

＊添付された説明書には、鉄釘の素材はブリテン島の西南部で製造され、おそらく海上を船で運ばれて城砦に搬入されたあと、釘に加工されたのではないかと述べている。当時のローマ軍が大工や鍛冶などから成る工兵隊を伴っていたことは確かであるが（カエサル著『ガリア戦記』）、百万本の鉄釘を製造したとは思われない。ベック『鉄の歴史I―（2）』によれば、ローマ帝国は軍団の武器装備のためにイタリア全土のほか、支配下のヨーロッパ各地に「帝国武器工場」をつくり、属州の中ではとくにガリアに多くの工場を設置したといわれる。ところが同書にはブリタニアの名前が挙げられていない。軍事資材の性格をもつこれほど多量の鉄釘は、ヨーロッパのどこかの「帝国武器工場」で製造されたものと考えなければならない。鉄釘は当時の西方社会に広い版図を有したローマ帝国の工業製品であり、その中に汎ヨーロッパ的な鉄鋼製造技術が反映されているとみてよい。

それでは原料鉄を生産するヒッタイト帝国およびそれ以後の古代の製鉄（製錬）は、どのような方法で行なわれたのであろうか。イギリスの研究者は、図8に示すようなボール型の炉*により、鉄鉱石を固体状態で還元して多孔質の海綿状の鉄を製造する、いわゆる「海綿鉄製造法」を報告した。このような見方は今日でもかなり多くの研究者に支

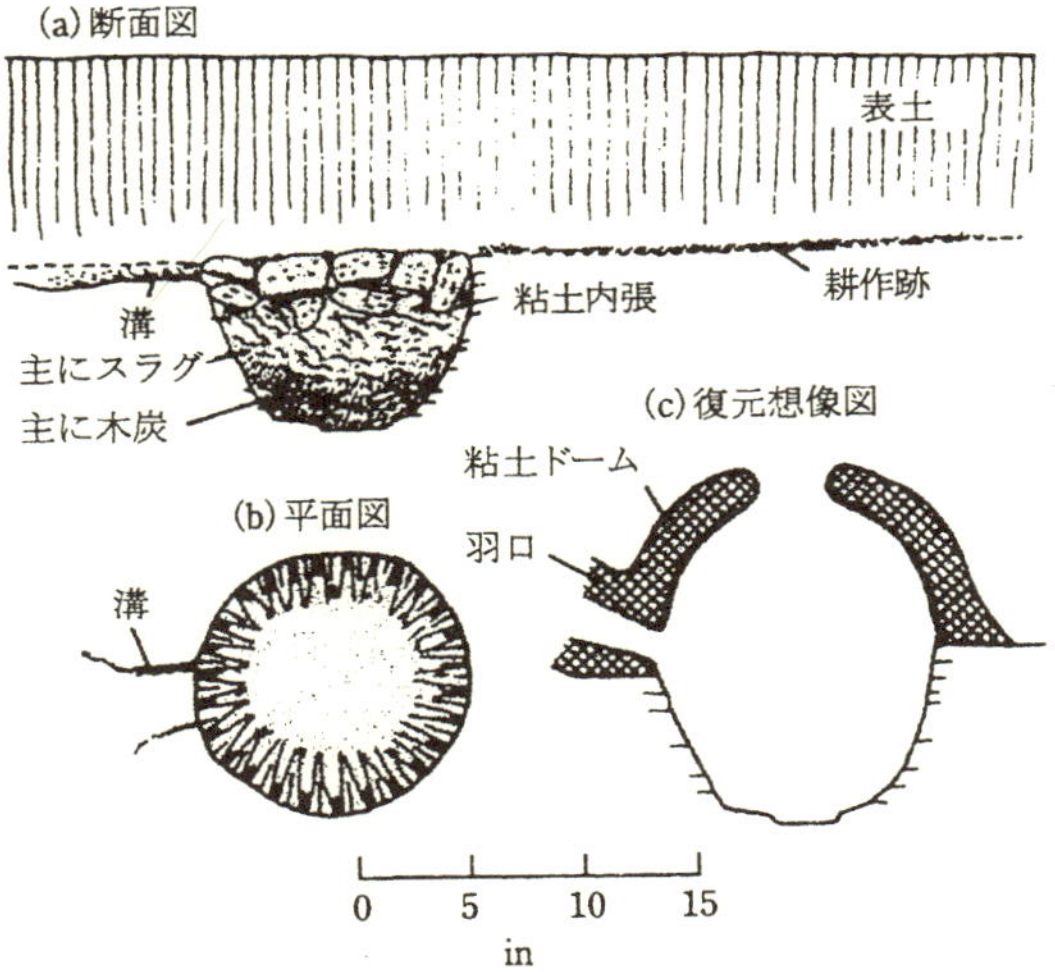

図８　イギリスの研究者による古代製鉄炉の復元想像図
（R.F. Tylecote『A History of Metallurgy』2nd ed., 1nst. Mater, 1992, 訳文は永田和宏氏による）

持されている。ところが前述のカマン遺跡出土の鉄片と鉄滓の研究結果は、ヒッタイト帝国時代の都市部に銑鉄組成に近い原料鉄が搬入され、それを処理して「品質のよい鉄」を製造していたことを示唆している。したがって西アジアの近隣の地方に伝播した鉄の生産技術とその経路をより詳しく知ろうとするならば、各地の古代遺跡で検出される鉄関連の遺構と遺物について、考古学・金属学系研究者が協力して調査研究を続けることが必要と著者は考える。

＊この形状に近い地床炉の遺構が日本国内で検出されている（第四章二節図40を参照）。出土遺物の分析から鋼を精錬した炉と判明した。

五　東アジアへの伝播

東方への鉄の伝播に関しては、ユーラシア大陸の草原を通っての、いわゆる〝草原の道〟（あるいは北方の道ともいう）を信ずる人達が日本国内には多いようである。広く文明史・技術史関連の図書に取り上げられており[19]、その影響が強いのではないかと思われる。ところが鉄に先行する青銅生産技術になると、国内外の考古学・金属学の分野でも〝草原の道〟を主張する研究者が大半を占める。そこで本章では、この問題から説明したい。

（1） 先行する青銅生産技術の伝播の道

〝草原の道〟説は以前から欧州の研究者が唱えており、西アジアを起点にして中央アジア草原を通ると考えるものである。中国でもすでに一九三〇年代に、西アジアから伝わったとする考古学者の意見があったといわれる。しかし現在は、中国独自の発展と唱える説が主流である。

青銅器の製造を銅鉱石の採掘から始まる生産システムの問題として扱う立場からは、河南省偃師《えんし》市二里頭遺跡（前二一〇〇〜前一六〇〇年）で出土した銅関連遺物の解析結果が重要である。この遺跡には黄河中流域の夏王朝の王城があったといわれる。近年大規模な共同研究が行なわれ、王朝の成立時期は紀元前二〇七〇年と確定された。遺跡の第Ⅰ期に銅製品は検出されないが、第Ⅱ期以降は銅に加えて青銅の製品も出土した。

第Ⅱ期出土資料を分析した中の重要な結果の一つは、溶解残渣に錫が約二％含まれていることである。これは溶銅の湯流れをよくするために、少量の錫が添加されたことを示す。二里頭遺跡の工房で銅と錫の地金を溶解し、青銅製品の鋳造を行なった間接証拠である。いま一つは七・四％の錫を含む錫青銅製品の残片である。青銅器生産開始の最初の時期から、鍛冶工人は銅錫合金の製造方法を知っていたといえよう。

さらに鉛同位体比測定結果は＊、青銅器が広域的なシステムの中で生産されたことを推測させる最重要の情報である。第Ⅱ〜Ⅳ期出土製品の同位体比測定値の関係図をもとに、平尾良光氏は「二里頭青銅器の鉛の鉱山は少なくとも二つの産地が考えられる。早期（ここでは第Ⅱ期を指す）は主に一つの銅鉱山からの材料を使用しており、この産地はずっと晩期（第Ⅲ、Ⅳ期）まで利用された可能性が高い。（中略）二里頭晩期の銅・錫・鉛の材料は、山東半島（ならびに遼寧省）の鉱山との関連が深いと推定される」(20) と述べている（この鉛分は銅鉱石に伴う鉛鉱物に由来すると考えられる―著者）。二里頭遺跡に遠く離れた地から銅地金が運ばれてきたのである。

＊鉛には ^{204}Pb, ^{206}Pb, ^{207}Pb, ^{208}Pb の四種の同位体がある。鉛鉱石中の鉛同位対比は、鉛鉱石ができた（地質学的）年代や、それができる前の岩石に含まれていたウランやトリウムの量で決まる。鉛を含む銅製品の鉛同位対比を測定すれば、元の

鉱石の産地（鉱石を産出した鉱床）を推定することができる。

青銅器の製造に不可欠な錫の問題は中国国内で深く検討されていないようであり、報告が見当たらなかった。錫鉱石の産出地は、明代においても長江中・下流域と西南部奥地である。古代中国の原料資源状況がそれとまったく違うとは思われない。やはりそうした地方から運ばれてきたのではなかろうか。なお二里頭遺跡ではすでにⅡ期の墓から南海産のタカラガイが出土するという(21)。これもまた錫青銅の原材料の供給ルートを推測する上で、重要な証拠になると思われる。

黄河中流域で始まった銅鉱石の製錬技術は、すでに鉱床の調査と鉱石の採掘・製錬、製造した粗銅の都市部への輸送、都市での粗銅の精製、銅と錫を溶解した青銅合金の製造、最終製品の鋳造というように、大規模な生産体系が成立していたと考えられる。銅あるいは錫の（粗）金属を製造する基地と、それを利用する都市とが互いに遠く離れている条件の下では、一連の生産・流通システムとそれを円滑に動かすネットワークが成立していなければならない。前二千年紀の初めにそのような広域的ネットワークが、〝草原の道〟が通る人口稀薄な内陸部の草原地帯にあったとは思えない。やはり海上・水上ルートを含む広い交易活動の場があり、その中で成立したのではないかと著者は推理する(22)。

(2)　東アジアへの製鉄技術の伝達

青銅という合金は、古代の王権を象徴する儀器を造形する上で、鉄とは比べものにならないほどすぐれた材料である。それでは青銅と同じように鉄生産システムの移転についても、海上・水上のルートを推理することができるのであろうか。

システムの性格を比較検討してみると、鉄の場合は青銅よりもはるかに単純であることに気がつく。基本的なシステム形成の要件としては、①鉄鉱石を採掘する鉱山と木炭用木材を伐採できる森林とが比較的近くにある、②製造した原料鉄を都市工房に輸送する手段がある、の二つが挙げられるにすぎない。原料鉄生産のために後世と同じように辺鄙な地に作業者の集落をつくり、原料鉄の輸送には既存の交通体系を利用したであろう。もちろん西アジアからヨーロッパ大陸へ製鉄技術が伝わる過程では、河川が大きな役割を果たしたことは間違いない。

インド大陸での鉄器の使用開始について、日本の考古学研究者は前千年紀前葉と考える。表4に示すように、初期鉄器の出土地は北インドのガンジス川上流域から中流域で、前二千年紀後葉の銅器製作の時代から顕著な変化が生じたと捉えている(23)。その出土例を図9に示す。研究者はこの時期の鉄製品の器種構成について、「鉄鏃・槍先を中心とした武器類と鎌を主体とした農具、斧・手斧を中心とした工具類、火ばさみ状道具などの日用品」と述べている。鉄器の普及は前千年紀後葉に北インド各地で進むが、構成は前葉と同様であり、「都市成立や森林の伐採・耕作地の開墾増大などの影響は鉄器利用に現れていない」という。別の論文には導入後の鉄器変遷図を発表している(24)。なお文献史学の分野では、この時期に初期国家が形成したとされる。出土鉄器の構成はすでにかなり高い水準にあるので、製作技術は西方から伝わったものではないかと思われる。インド国内ではこれまで西アジアからの「伝播論的解釈が一般的」であるが、製鉄を含めて自生の技術とする主張も強いといわれる。今後都市工房の鉄関連遺構と出土遺物（鉄器と鉄滓）の研究が進めば、技術が導入か自生かの問題は解明されるであろう。著者は西アジアから陸上のルートを経て伝播した可能性が高いと考えている。

なお、南インドには巨石墓の副葬品としての鉄器使用が見られ、上記の論文では「北インドとはまったく異なる歴史的環境の下での展開がある」と述べている。邦文の報告がないため、著者には不明である。銅の場合は、グジャラート州のロータル遺跡（前二五〇〇～前二〇〇〇年頃）で、交易品とみられる饅頭形の銅地金が発見されている。鉄についても、同様に海上ルートによる技術移転があったのかも知れない。東南アジアでは、もっとも早い時期から銅関連遺物が出土しているタイ国について、考古学系専門家は「……初期金属器（銅器を指す―著者）文化は前二千年期末を上限として現れた」と述べている(25)。したがって鉄についても海上ルートもあり得る。

表4　古代北インド都市文化期編年表（Ⅴ期までを抜粋）

<table>
<tr><th rowspan="2">絶対年代</th><th rowspan="2">北インド編年</th><th colspan="4">ガンジス川</th><th rowspan="2">ヒマーラヤ山脈南麓</th><th rowspan="2">都市</th></tr>
<tr><th>上流域</th><th>中上流域</th><th>中流域</th><th>中下流域</th></tr>
<tr><td rowspan="2">AD</td><td>Ⅴ期</td><td colspan="5">クシャン朝併行段階</td><td>最盛期</td></tr>
<tr><td>Ⅳ期</td><td colspan="5">NBPW 後期</td><td rowspan="2">成立・発展</td></tr>
<tr><td>500BC</td><td>Ⅲ期</td><td colspan="2" rowspan="2">PGW 後期</td><td colspan="3">NBPW 前期</td></tr>
<tr><td></td><td>Ⅱ期</td><td colspan="3">BRW, BSW 後期
鉄器の出現</td><td rowspan="3">地域間交流の発達・拠点集落の形成</td></tr>
<tr><td>1000BC</td><td>Ⅰ期</td><td>PGW 前期</td><td colspan="4" rowspan="2">BRW, BSW 前期
（以下省略）</td></tr>
<tr><td>1500BC</td><td></td><td>ハラッパー系文化</td></tr>
</table>

（上杉彰紀氏による）（PGW は彩文灰色土器、BRW は黒縁赤色土器、BSW は黒色スリップかけ土器、NBPW は北方黒色磨研土器）

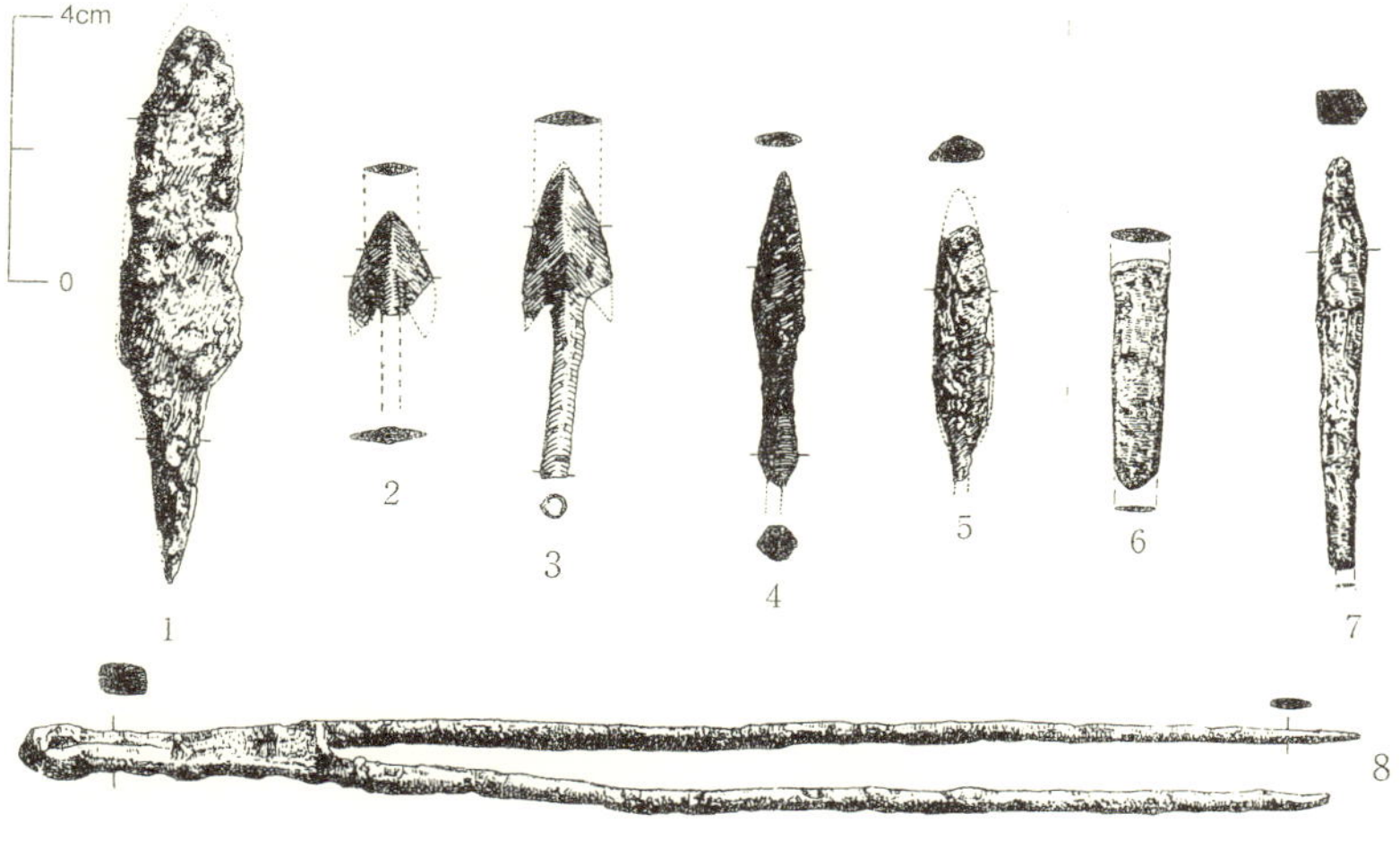

1；槍先、2～5；鏃、6・7；鑿、8；火挟み状道具

図9　古代北インドⅡ期の出土鉄器の主要器種（アトランジークラー遺跡）

（上杉彰紀 註23による）

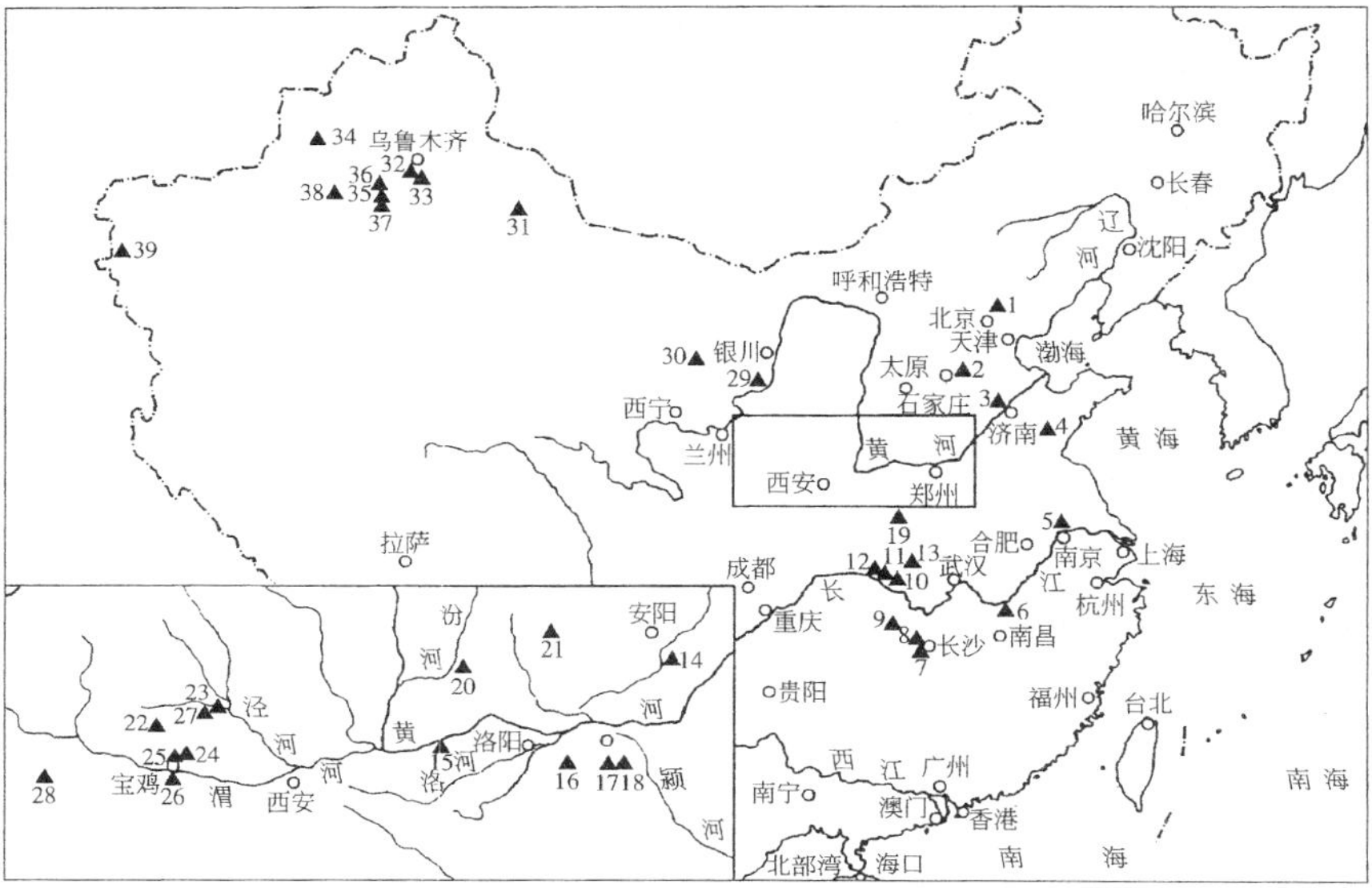

図 10　秦・両漢時代以前の鉄器出土分布

（白雲翔『先秦両漢鉄器的考古学的研究』による）

1. 平谷県劉家河　2. 藁城県台西村　3. 長清県仙人台　4. 沂水県石景村　5. 六合県程橋　6. 九江市大王嶺　7. 長沙市龍洞坡　8. 長沙市楊家山　9. 常徳市徳山　10. 江陵県紀南城　11. 宜昌県上磨堖　12. 秭帰県柳林溪　13. 荊門市响鈴崗　14. 浚県辛村　15. 三門峡市虢国墓地　16. 登封県王城崗　17. 新鄭市鄭国公墓区　18. 新鄭唐戸村　19. 淅川県下寺　20. 曲沃県天馬一曲村　21. 長子県牛家坡　22. 隴県辺家庄　23. 長武県春秋墓　24. 鳳翔県秦公 1 号大墓　25. 鳳翔県馬家庄　26. 家鶏市益門村　27. 霊台県景家庄　28. 礼県秦公墓地　29. 中衛県双瘩村　30. 永昌県蛤蟆墩　31. 哈密市焉不拉克　32. 烏魯木斉市南山砿区阿拉沟　33. 烏魯木斉市柴窩堡　34. 尼勒克県窮科克　35. 和静県察吾乎沟　36. 和静県哈布其罕　37. 和静県拜勒其爾　38. 輪台県群巴克　39. 塔什庫爾干県香宝宝（地名は和漢字で表記）

これまで中国では、二〇世紀後半のかなり長い期間にわたって自生説が支配的であった。この説の困難さは最古とされる玉柄鉄剣（河南省三門峡市虢《かく》国墓地出土）の推定年代が紀元前九〜八世紀頃で、インド大陸よりも遅いことにある。渡部武氏によると、製鉄の起源について現在主要な七つの説があるとされる[26]。①中原北方地区起源説、②楚国を中心とした南方起源説、③新疆で発生し河西通廊を経由して中原地区に伝播したとする説、④人工的鉄製錬技術は周人によって関中地方で起源したとする説、⑤秦嶺以南の四川東部および陝西南部地区部起源説、⑥多地区起源説、⑦あるいは西アジア・中央アジアから新疆を経由して中原に伝播したとする説である。これらの説の妥当性を、白雲翔氏による図10に引用した「中国早期鉄器の出土分布図」(27)をもとに検討してみると、早期の鉄器の多くが新疆地区ならびに大陸南部に見られる。新疆地区で最古の鉄器が紀元前一二九〇年、他は紀元前一〇〇〇年頃（^{14}C法による）である。西アジアからの技術伝播の指標とされるスポークス車輪付きの戦車が出現するのは紀元前一三世紀頃であり、それと同時か少し遅れて鉄器が伝播したことになる。しかし問題は鉄器と一緒に製鉄技術が受容されたかどうかにあって、実証するためには製鉄炉遺構の検出が必要である。さらに①、③、④、⑥、⑦説は、鉄器や装飾品の原材料が広域的に流通していた状況をどのように考えるのか、著者が知りたい点である。

②と⑤の説については、確かにこれらの地区に早期鉄器の出土は多いが、すでに北インドで各種の鉄器を使用する段階に到達していたことを考慮しなければならない。「楚国を中心とした南方」「四川東部および陝西南部地区部」に鉄器が現われるのは春秋晩期（紀元前六～五世紀頃）であり、とくに前者の地区では銅鉄併用時代に相当し、鉄製農工具が普及するのはそれよりも遅れる。これらの地方には、北インドから陸上ルートを経て製鉄技術が伝えられたのではないだろうか。もちろん東南アジアには「青銅器文化が前一千年紀末を上限として現れる」ので、上述のように海上ルートも否定できない。しかし製鉄技術の性格からいって、著者には北インドからの陸上ルートの可能性が高いように思われる。

春秋戦国時代には竪型炉で銑鉄を製造する方法が確立し、さらに前漢（前二〇二年～後八年）の終わり頃に、銑鉄を精錬して鋼に変える〝炒鋼法〟に改良された。中国で発行された著書の中には、〝炒鋼法〟を古代中国人民の発明とする記述も見られる(28)。しかし、西アジア出土の鋼製鉄器と材質上の強い共通性が認められるので、基本的には転移した技術にもとづくと考えざるを得ない。溶融銑鉄を鋳型に注ぎ込んで鋳物を造る技術は、関連遺物の出土が西アジアよりも早い時期に見られ、これは独自の発明として広く承認されている。

上述の製鉄法に先行あるいは並行して、いわゆる「低温還元法」（海綿鉄製造法と同義）があったとする見解が根強くある。一九五〇年代には、漢代の炉遺構を発見したという報告がなされたが、その後の発表論文では遺構の数を減ずる修正が行なわれ、最終的にはゼロとなった。見直した理由が明確にされないため、日本の研究者からはそれを指摘した論文も出ている。(29) 遺構が否定された結果、現在は製品鉄器から採取した調査試料の断面のミクロ組織を顕微鏡下で観察し、「非金属介在物が酸化鉄と珪酸鉄から構成され、かつそれが多量の場合に、低温還元鉄と判定する」ことになっている。ところがこの方法は、低温還元鉄であれば残っているはずの多数の微細空孔については考慮せず、また精錬した鋼にも同様組成の介在物が見いだされる事実を無視しており、大きな疑問が残る。何よりも、ヒッタイト帝国ならびにそれ以前の時代に成立していた鋼製造法とともに、材質的に劣る鋼しか製造できない低温還元法が技術移転したとは信じ難く、見直す必要があるのではないかと著者は考えている。

以上、西アジアから東北アジアに伝えられた鉄の道について、著者の見解を述べた。古代中国の鉄の全般にわたる解説は、著者の能力からいって到底不可能なことである。今後、考古学と金属学が複合する領域における共同の著作が、新たな研究者集団によって出版されることに期待したい。

六　まとめ

（1）鉄鉱石を処理して金属鉄を人工的に製造する方法は、鉱石を加工して印章や装身具を製作する工房で発明されたのではないかと思われる。それはやがて鉱石の産地と木炭用原木の伐採地とが比較的近い場所における大規模な原料鉄生産へと発展し、最初の地がトルコ国アナトリア地方になったのではあるまいか。

（2）日本調査隊はこの地方のカマン・カレホユック遺跡の発掘・調査を二〇年以上にわたって続けているが、鉄関連出土遺物の解析結果にもとづいて、外部から持ち込まれた原料鉄を処理して鋼に変え、種々の鋼製品に鍛造したと推定されている。時代的にはアッシリア商人が居留したときに始まっているので、ヒッタイト帝国成立以前にすでに原料鉄の製造は都市から離れた地域で行なわれ、都市部に搬送されていたことが考えられる。

（3）ヒッタイト帝国の崩壊によって鉄の生産技術の秘密が洩れ、西アジア一帯に拡散したというのが従来の一般的な見方である。しかし「後期青銅器時代（前二千年紀後半）にアナトリアのヒッタイト帝国が鉄器とその製作技術を独占していたという説は、考古学的には証明し得ない」とする考古学的見解も発表されている。また原料鉄と鋼の製造ならびに鋼製品の製作とが分業的な体制であれば、西アジアに止まらず、ユーラシア大陸の文化が進んだ地域への技術転移は容易に行なわれたはずである。もしも秘匿したとするなら、それは鋼製利器を製作するための焼き入れ可能な鋼の製造方法と硬軟の鋼を複合する鍛造技術ではないだろうか。

（4）時代的に先行した青銅器に比べると、鉄の生産システムの社会的な拡がりは小さい。東アジアへの技術転移は、陸上の交易路によっても可能だったのではないかと思われる。紀元前一〇世紀頃北インドに到達した製鉄技術は、陸路や海・水路を経た広範な交易活動の中で、中国大陸にはまず中・南部へ伝わったと著者は推測する。日本国内では現在もなお東方への鉄の伝播経路としてユーラシア大陸の草原を通る〝草原の道〟を支持する人達が多いが、考古学的な遺構・遺物で実証することは困難と思われる。

西アジア近隣の地方に拡散した鉄の生産技術の経緯をさらに詳しく解明するためには、各地の古代遺跡で検出される鉄関連の遺構と遺物について、考古学・金属学系研究者が共同して研究を続けることが必要と考えられる。

註

（1）窪田蔵郎「アナトリア高原に古代の鉄を求めて」『鉄鋼界』日本鉄鋼連盟、一九八三年、六一頁

（2）佐々木稔「古代西アジアにおける初期の金属製錬法」『西アジア考古学』第五号、日本西アジア考古学会、二〇〇四年、三一頁

（3）大村幸弘『アナトリア発掘記』日本放送出版協会、二〇〇四年、二〇一頁

（4）大村幸弘・赤沼英男「アナトリアの鉄文化」『季刊考古学』第九三号、雄山閣、二〇〇五年、一〇五頁

（5）註（3）に同じ

（6）赤沼英男・佐々木稔「遺物の金属工学的解析結果からみたヒッタイト時代における鋼の製造」㈶中近東文化センター『アナトリア研究』Vol. Ⅴ、一九九六年、一九五頁

（7）赤沼英男「カマン・カレホユック出土遺物の金属学的解析結果から推定されるヒッタイトおよびフリュギア時代における鉄器の製作」同上誌、Vol. Ⅵ、一九九七年、二四一頁

（8）赤沼英男「カマン・カレホユックにおけるフリュギア時代の鉄器製作活動」同上誌、Vol. Ⅷ、一九九九年、三三七頁

（9）Hideo Akanuma「Further Archaeometallugical study of 2nd and 1st millennium BC Iron Objects from Kaman-Kalehöyük, Turkey」『Anatolian Archaeological Studies』Ⅻ, 2003, p.137

（10）註（8）に同じ

（11）註（3）に同じ

（12）佐々木稔「東西アジアにおける初期銅生産の性格」『鉄と銅の生産の歴史』雄山閣、二〇〇二年、三頁

（13）津本英利「古代西アジアの鉄製品―銅から鉄へ―」『西アジア考古学』第五号、日本西アジア考古学会、二〇〇四年、一一頁

（14）註（13）に同じ

（15）中沢護人訳、ベック著『鉄の歴史』Ⅰ・（1）、たたら書房、一九七四年、一五〇頁

（16）佐々木稔・村田朋美・伊藤　薫「伝ルリスタン出土鉄剣錆片の金属学的解析」『たたら研究』第二八号、一九八七年、二四頁

（17）中沢護人訳、ベック著『鉄の歴史』Ⅰ・（2）、たたら書房、一九七六年、一六七頁

（18）佐々木稔「ローマの釘」新日本製鉄㈱広報室編『続・鉄の文化史』東洋経済新報社、一九八八年、一六八頁

（19）例えば、窪田蔵郎『鉄の文明史』雄山閣、一九九一年、小林道憲『文明の交流史観』ミネルヴァ書房、二〇〇六年など

（20）金正耀・鄭光・平尾良光・早川泰弘・Tom Chase「早期中国青銅器の鉛同位体比」『Report for the Fourth International Conference on the Begining of the Use of Metal and Alloys in Shimane』1998.5.25, p.127。文中括弧内の記述は平尾良光氏からの私信にもとづく。

（21）岡村秀典『夏王朝』講談社、二〇〇四年

(22) 註(12)に同じ
(23) 上杉彰紀「考古学から見た北インドにおける都市化の諸相」初期王権研究委員会『古代王権の誕生Ⅱ』角川書店、二〇〇三年、九五頁
(24) 上杉彰紀「南アジアにおける鉄器―北インド中心に―」『西アジア考古学』第五号、日本西アジア考古学会、二〇〇四年、三七頁
(25) 坂井　隆・西村正男・新田栄治『世界の考古学⑧―東南アジアの考古学』同成社、一九八八年、九五頁
(26) 渡部　武「最近の中国古代鉄器研究の一大成果について」日本鉄鋼協会社会鉄鋼工学部会「鉄の歴史―その技術と文化―」フォーラム「中国製鉄史」研究グループ第六回例会、二〇〇六年
(27) 白雲翔『先秦両漢鉄器的考古学的研究』科学出版社、二〇〇五年、北京
(28) 北京鋼鉄学院《中国古代冶金》編集部『中国古代冶金』文物出版社、一九七八年、北京
(29) 佐原康夫「漢代の製鉄技術について」『漢代都市機構の研究』汲古書院、二〇〇二年、三九三頁

第二章　弥生時代の鉄

一　最古級の出土鉄器

(1)　金属製品との初めての出会い

中国の青銅器時代は前章で述べたように紀元前一九～一八世紀頃に始まり、これは最古の鉄器の出土に約千年先行している。弥生時代以前の日本列島に住む人達が、青銅器に接する機会はまったくなかったであろうか。山形県遊佐町の日本海へ突き出た岬にある三崎山遺跡から、一九五四年に青銅製の刀子が発見された。一緒に出土した土器の年代は紀元前一三〇〇～一〇〇〇年であり、また刀子中の含有鉛を自然科学的方法で分析した結果からは、中国の商(殷)代のものと同じ産地の鉛を原料にしていることがわかった。しかし刀子がこの場所に置かれた時期が特定できないため、考古学的に確実な出土資料として評価されてはいない。

ところが青銅製の剣をほぼ正確に模したと思われる石剣が、秋田県南部の岩手県境に近い横手市虫内Ⅲ遺跡の縄文時代晩期の土壙墓から検出されている〈1〉。図11に示すように、石剣としては折損部分のない完形品で、鎬《しのぎ》をつけたきわめて珍しい出土品である。ほかに翡翠製の勾玉と小玉、ならびに石製の垂飾品を供伴しており、集落の首長クラスの墓と考えられている。この遺跡では同時期の土壙墓や遺構などから石錐が見つかっているので、装飾品の製作を行なっていたことも考えられる。精巧な石剣がこの地で作られたものでないとしても、列島内のどこかに模写の対象にした

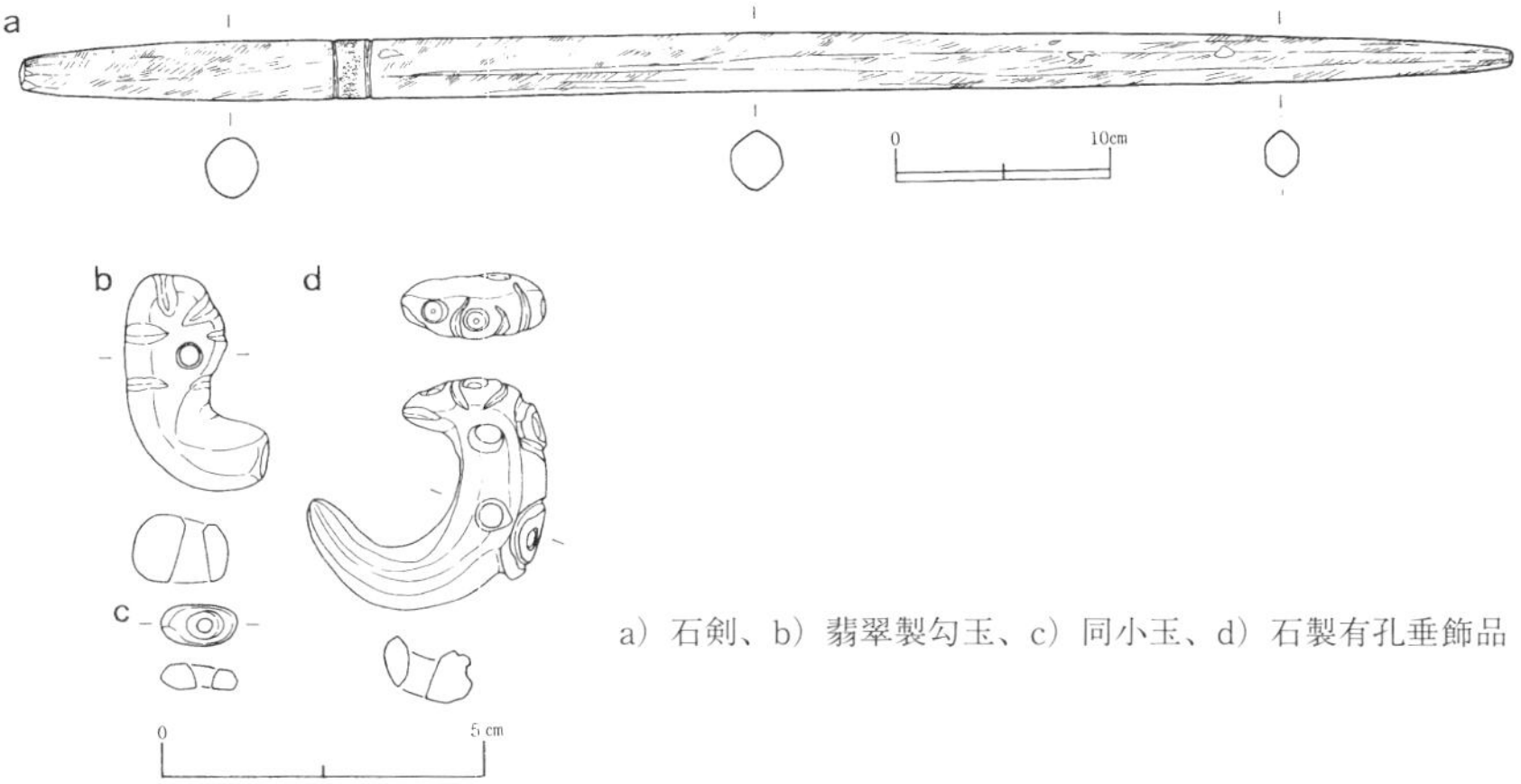

a）石剣、b）翡翠製勾玉、c）同小玉、d）石製有孔垂飾品

図 11　縄文晩期の土壙墓から出土した石剣と伴出品（秋田県横手市虫内Ⅲ遺跡）

青銅製の剣が存在した可能性は否定できないであろう。

これまで青銅製品の伝来は鉄器よりも遅い弥生前期後半頃とされているが、日本列島への青銅器の伝来が鉄器に遅れるというのは考え難い。今後の発掘調査によって時期が繰り上がることに期待したい。

(2) 弥生早期といわれる板状鉄斧

わが国では、福岡県二丈町曲り田遺跡（紀元前四世紀頃）から出土した小型の板状鉄斧の頭部破片がもっとも古いとされてきた。これを図12―aに示す。しかし土器の内外表面に付着した炭素質物質の放射性炭素同位体^{14}Cの測定結果をもとに従来の土器編年に疑いをもつ自然科学系研究者グループから、この資料の出土状況が発掘調査報告書に記述されていないことを理由にして、資料の考古学的価値についての疑問が出された。このような弱点があるものの、調査担当責任者は資料の出土を明言し

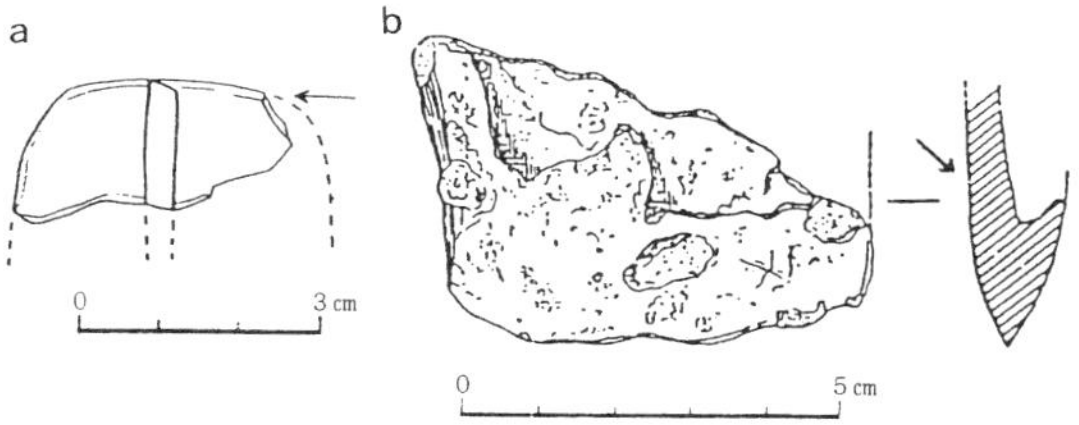

a）板状鉄斧頭部（福岡県二丈町曲り田遺跡）
b）手斧（熊本県玉名市斉藤山遺跡）
矢印は分析試料採取個所

図 12　最古級の鉄斧の計測図

ており、また金属学的解析を著者を含む研究者が担当した経緯もあるので、本書では「最古の出土鉄器資料」として扱うことにしたい。

　試片のミクロ組織は詳しく調べられたが、全体が赤錆化しており、しかも砂粒や岩石の微小な破片が鉄錆で結合されているため、組織観察は非常に困難であった。わずかに元の鉄の結晶*の形を止める微小な金属粒が見いだされたので、鉄斧の材質を「錆びる前は清浄な鋼と推定され、鍛造品と思われる」と報告した(1)。また紀元前四世紀頃という時代からいって、中国大陸からもたらされたものと考えた。

*鋼の結晶組織はフェライトとパーライトから構成されている。前者は炭素をほとんど含まない鉄の結晶で、α－Feと表わされる。パーライトは二種の極薄の結晶、すなわちα－Feとセメンタイト（化学組成Fe_3C）が互い違いに組み合わさった層状構造になっている。顕微鏡試料を腐食液に浸してのちに観察できる組織成分である。炭素含有量が〇・一%よりも低い場合は、鋼の組織はほとんどフェライトだけになる。炭素量〇・八%弱のときは、組織のすべてがパーライトになる。それより低い中間の炭素量では、フェライトとパーライトの混在した組織が現われる。

　ところがこの報告に対して、他の考古学と金属学系の研究者から〝鋳鉄脱炭鋼製品〟とする説が述べられた。当時の中国大陸の中原の地における鉄斧（袋式）はすべて鋳造品であるから、表面層の脱炭処理（中国での用語は退化処理）を行なった製品に違いないというものである。頭部に木製の柄を差し込む袋状のソケットが付いた袋式鉄斧ならば、その可能性を考慮する必要がある。しかし形状から鋳造品と判定するためには、小型板状の鉄斧を製造した鋳型が検出されていなければならない。さらに技術的立場からいうならば、鉄斧の刃部にどのような方法で切削性を付与したのか、批判者から根拠が示されないのである。このように曲り田遺跡の鉄斧については考古学と金属学の双方から異論が出されているため、確実な遺物資料としての評価が未だ確立していない。

　鋼材を赤熱状態から急冷したときは、炭素を過剰に含んだマルテンサイトという硬い結晶が析出して、材料を非常に硬くする。この操作が焼き入れで、利器の製作には不可欠の技術である。一方、鋳鉄製の鋳物は、炭素量四%前後

表５　手斧ならびに鉄鎌の化学組成と錆化前の推定炭素量

No.	遺　跡	時代	種類	分析試料採取位置	化学成分（%）（抜粋） T. Fe（全鉄）	Cu（銅）	P（燐）	Ti（チタン）	推定炭素量（%）
1	熊本県玉名市、斉藤山	前期初頭	手斧	胴部	60.5	<0.01	0.04	0.12	0.2〜0.3
2	福岡県小郡市、大板井	中期中葉	鉄鎌	表側中央	57.0	0.006	0.154	0.027	0.5〜0.6

注）推定炭素量はミクロ組織の観察にもとづく。

の銑鉄（日本の近世の用語では銑《ずく》）を再溶解して鋳型に注入し、冷却・固化させたものである。硬いが脆いという弱点があり、これを改善するために製品表面層の脱炭処理を行ない、軟らかさを付与したのが鋳鉄脱炭鋼製品である。中国ではすでに春秋戦国時代に開発され、弥生中・後期に出土する鉄斧の中によく見られる。後述するように、鋳鉄脱炭鋼の半製品が韓半島南部と日本列島内で流通していたという、一部金属学系研究者の見解の正否が問題になる。なお、徐冷された鋳鉄のミクロ組織には黒鉛化炭素の析出が見られる。急速冷却の場合はレーデブライトと呼ばれる複雑な組織になる。

(3)　前期初頭の手斧

時代がやや下がった弥生時代前期初頭の遺物に、図12—bの熊本県玉名市斉藤山遺跡出土の手斧がある（これについても前述の研究者からは推定年代について否定的な見解が述べられている）。その表面は、初回の金属学的調査の際にかなり広い範囲にわたって削り取られた跡が見られた。著者は保管責任者の立ち会いの下で、鉄斧表面の中央部付近から小さな錆片を採取し（図12—bの矢印）、顕微鏡によるミクロ組織観察と化学分析を行なった。錆層にはフェライトとパーライトから成る結晶組織の跡が観察され、錆組織から元の鋼の炭素量は〇・一〜〇・二%と推定された。低炭素の軟らかい鋼であることがわかったので、手斧は鍛造品の可能性が高いと報告した。[2] 錆試料の化学分析値の中で燐（P）がかなり高い数値を示す（表5参照）ことから、始発の原料鉱石は磁鉄鉱ではないかと考えられた。

この報告に対しても異なる見解が出された。型式的に手斧は鋳鉄脱炭鋼製品であり、著者らの調査は表面の脱炭層を観察しているに過ぎないというのである。これではもっと深く大きく調査

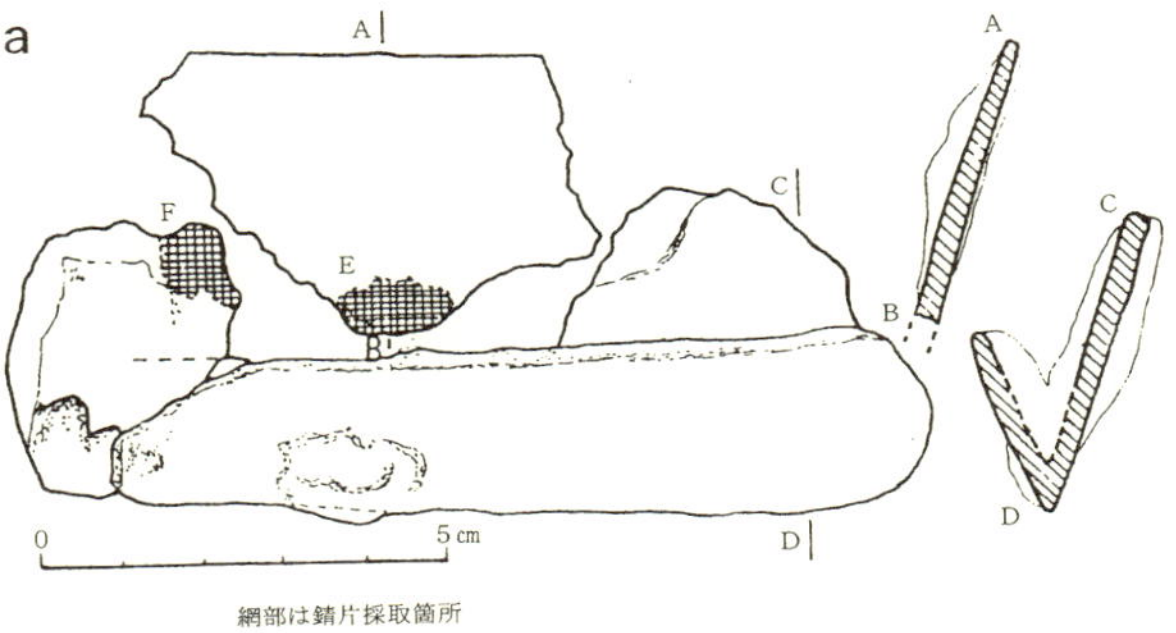

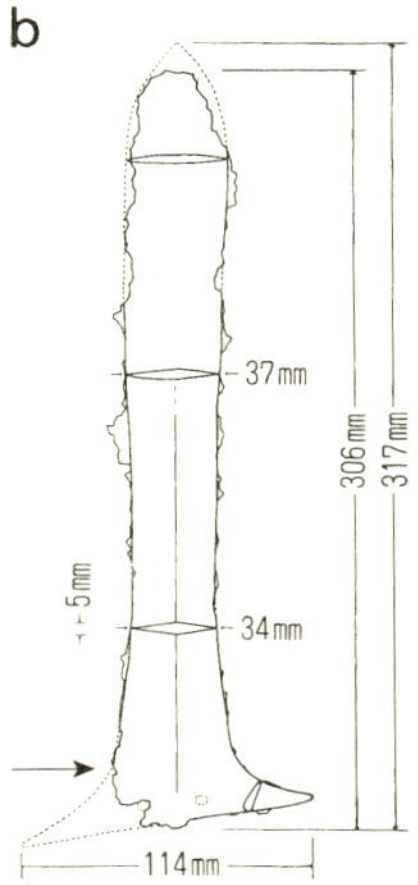

a）鋤先；山口県下関市山の神遺跡
b）鉄戈；長崎県大村市富の原遺跡
網かけ部と矢印は分析試料採取個所

図 13　鋳鉄製鋤先と大型鉄戈の計測図

試料を削らなければならず、手斧を損壊することになってしまう。鋳鉄脱炭鋼製品説は考古学と金属学の双方の研究者から唱えられているため、金属学的解析結果にもとづいて鍛造製品とする判定結果は、現在なお受け入れ難い状況にある。

(4)　前期後半の鋳鉄製鋤先

鋳造品と金属学的に実証された鉄器では、山口県下関市山の神遺跡出土の鋤先がもっとも古い。ただし土器編年にもとづく年代推定に、やはり前述の年代研究グループから疑問が出されている。計測図を図

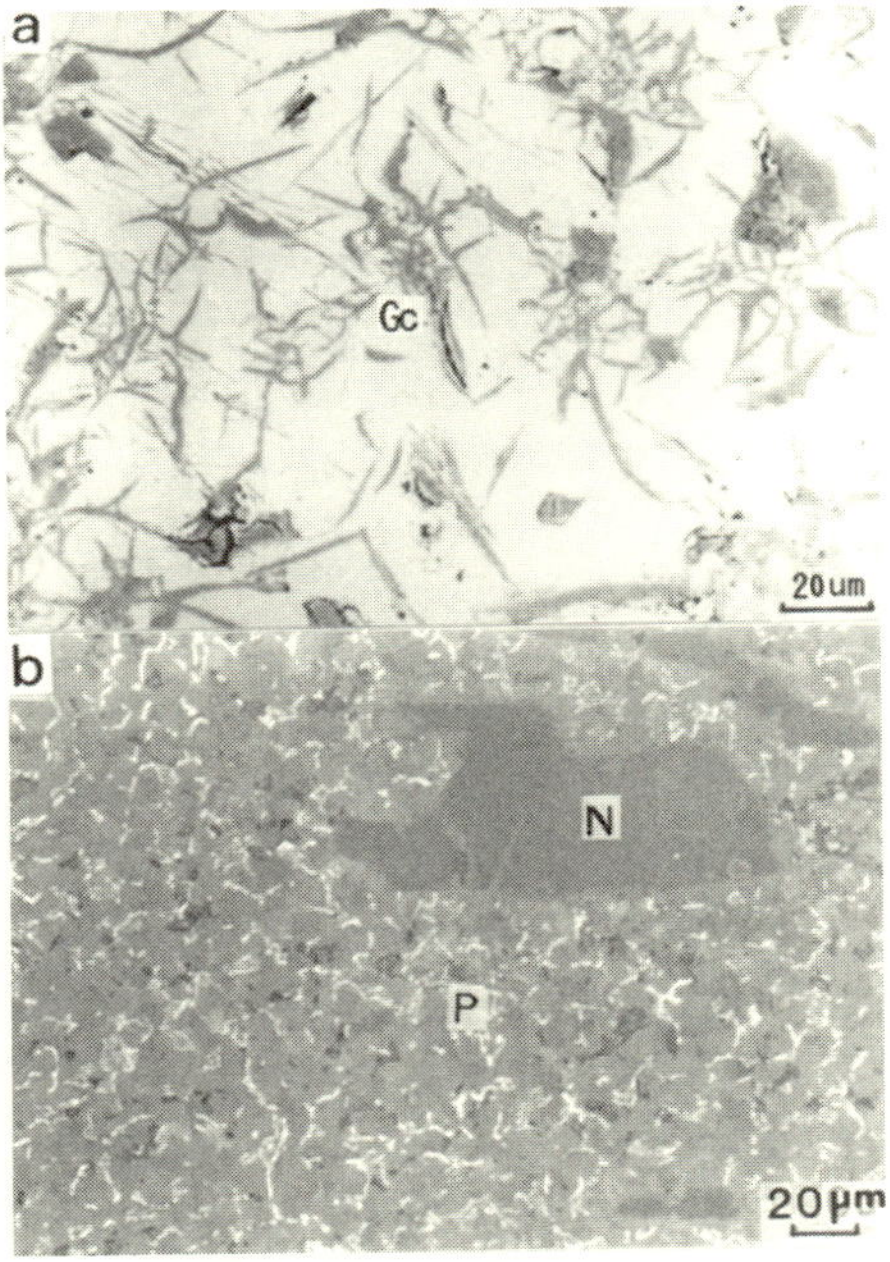

a）鋤先、b）鉄戈、符号 Gc）黒鉛化炭素
p）錆化前はパーライト、N）非金属介在物

図 14　鋳鉄製鋤先と鉄戈の錆片のミクロ組織

表6　鋳鉄製品の化学組成

No.	遺　跡	時代	鉄器種類 分析試料	化学成分(%)(抜粋) T.Fe	Cu	P	ミクロ組織
1	山口県下関市、山の神	前期末	鋤先、錆片	55.64	0.605	0.472	片状黒鉛
2	大分県杵築市、森山	中期中頃	鉄斧、錆片	56.49	0.077	0.609	球状化黒鉛

13—aに示した。網かけ部から採取した錆片のミクロ組織を調べた結果、鋤先は鼠鋳鉄製品であることがわかった。(3) それを証明するのが図14—aのミクロ組織写真で、黒錆層中に分解せずに残っているひも状のものは結晶質の黒鉛化炭素（符号Gc）である。この結晶の析出は、鋳型に鋳込んだのち製品が徐冷されたことを表わす。

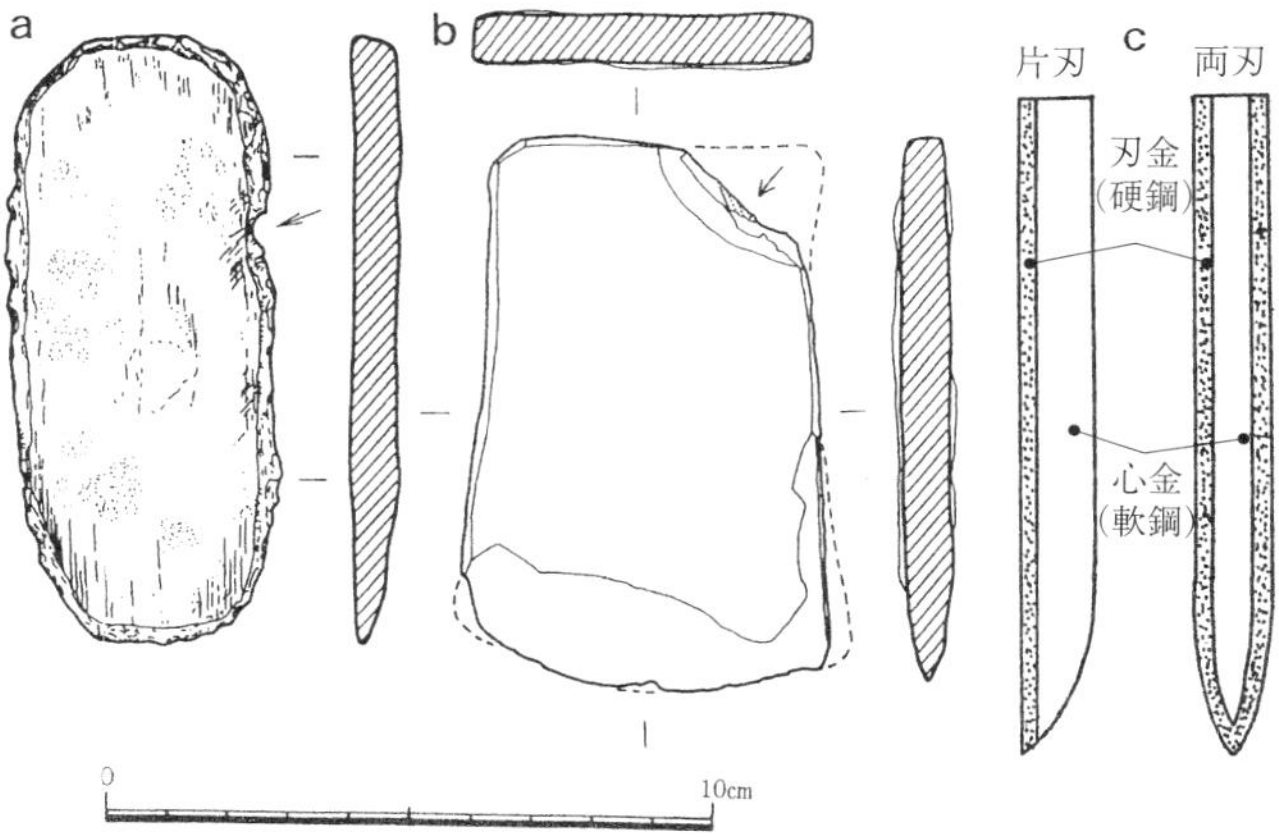

a）片刃、b）両刃、c）断面模式図。矢印は分析試料採取個所

図15　板状鉄斧の計測図と断面模式図（静岡県静岡市川合遺跡）

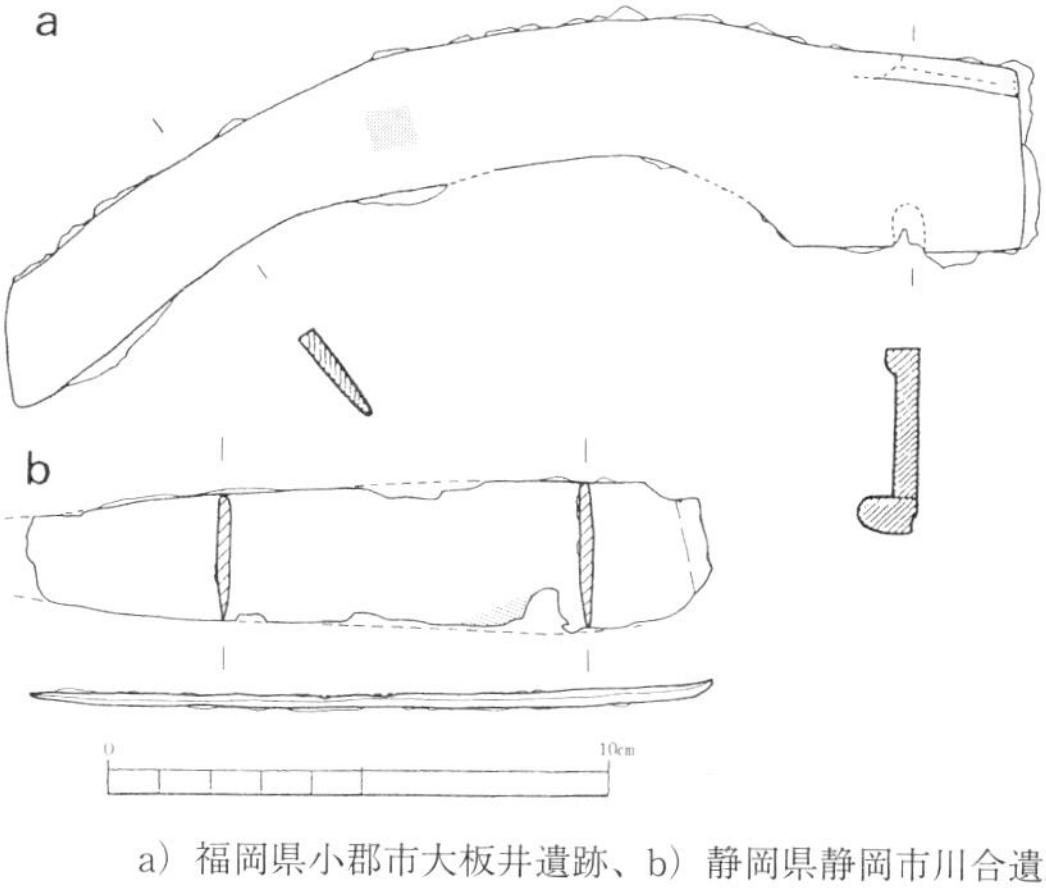

a）福岡県小郡市大板井遺跡、b）静岡県静岡市川合遺跡
網部は分析試料採取個所

図16　分析した鉄鎌の計測図

化学組成の特徴は、表6No.1に引用したようにCu（銅）含有量が〇・六〇五％と高値を示すことである。始発の原料鉱石は銅品位の高い磁鉄鉱であり、古代東北アジアの鉄生産の状況からいって中国の山東半島から長江下流域にかけた地帯の鉱山で採掘されたものである。鋤先は中国大陸で製造された製品で、大陸から直接もしくは韓半島南部を経由して船載されたと考えられる。このように鉄器使用の早い時期から、大陸との関係は非常に深い。

二　国内で製作された鋼製鉄器

(1)　板状鉄斧と袋式鉄斧

鉄器の製作に関しては、鉄鏃のような小型のものはすでに前期後半に行なわれたとする考えがある。しかし鍛造鉄器の地金として使用する鉄片が出土し、列島内に独特な板状鉄斧が現われるのは中期以降になってからであって、前期後半開始説はまだ実証されていない。

静岡県静岡市川合遺跡（弥生後期）出土の片刃と両刃の鉄斧の計測図と断面構造を模式化して示すと、図15のようになる[4]。炭素量が〇・五〜〇・六％の焼きの入る刃金鋼が、片刃の鉄斧では板状軟鋼の片面に鍛接され、両刃では軟鋼の心金を包むような形で造られている。

鉄斧にはほかに袋式のものがある。これは板状鉄斧中間品の上方三分の一程度を左右に拡げて円形に丸め、袋部を形成させた型（袋部は閉じていない）である。袋式の出土例は赤井手遺跡（弥生中期末）に見られる。その製作の工程は、橋口達也氏が赤井手遺跡出土の一連の中間製品をもとに再現した[5]。袋部が閉じた鉄斧もあるが、古代の日本では製作されなかったようである。

なお弥生中期には、鋳造鉄斧を熱処理して内部の黒鉛を球状化させた製品（表6No.2参照）も現われるが、やはり輸入品と考えられている。国内で鋳型が検出されないことが、その理由である。

(2) 鉄製利器の製作

① 鉄鎌

弥生時代の鉄鎌資料は錆が進んでいて解析が難しく、金属学的調査例は少ない。ここでは著者が行なった二例を紹介して、製作技術を検討してみよう。

図16―aに示したのは、弥生中期中葉の大板井遺跡（福岡県小郡市）出土の大型鉄鎌である。形状の観察から両刃の構造と判定された。計測図の網かけ部から錆片を採取し、分析した結果が表5№2である。ミクロ組織の観察では、錆層中にパーライトの残存組織が見出された。パーライト相が占める面積から錆びる前の鋼の炭素含有量を評価すると、〇・五～〇・六%になり、焼き入れ可能な鋼（以下刃金鋼と呼ぶ）が皮金として鍛着されていたことがわかった。[6] この大型鉄鎌は、合わせ鍛えの方法で造られたものである。後述の独特の形態をもつ大型鉄戈が日本列島内の製作であるとすれば、基本的にはそれと逆の方法（鉄戈では刃金鋼が心金として配置）で造ることができる。しかし発掘調査関係者は、これが実用製品ではなく祭祀用であり、形態上の特徴から韓半島南部の可能性もあるという。

他の一点は弥生後期の川合遺跡（静岡県静岡市）出土の中型鉄鎌で、計測図が図16―bである。両刃と判定されており、実用品と思われる。刃部から採取したメタル片のミクロエッチング組織から、炭素量は表側で〇・七～〇・八%、内側で約〇・一%と評価された。[7] 刃金鋼を皮金、軟鋼を心金に配置した構造である。合わせ鍛え法で造形されたことが明らかである。上述の大型鉄鎌と同じである。

それでは鉄鎌は農具としてどんな用途に供されたのであろうか。稲刈りは穂摘みで行なわれた時代であり、株から切り離す目的で使われたはずはない。当時の木製農耕具を研究した樋上昇氏によれば、静岡県静岡市曲金《まがりがね》北遺跡の弥生Ⅱ～Ⅴ期（東海地方の土器編年による）において、農耕具が環壕・方形周溝墓・溝・土壙・自然道路・谷に出土することから、「(それは) 土木具として使用された」と推定している。[8] 刃部に鉄製の刃を装着した木製農具も同じように使われ、廃棄されたことであろう。それに比べて鉄鎌は、例えば衣料繊維の原料植物を採取するなどして、本来の

表 7　長崎県大村市富の原遺跡出土大型鉄戈錆片中の非金属介在物の EPMA 分析結果

介在物 No.	化学成分（％）（抜粋） FeO（第一酸化鉄）	MnO（酸化マンガン）	CaO（酸化カルシウム）	MgO（酸化マグネシウム）	K_2O（酸化カリウム）	Na_2O（酸化ナトリウム）	Al_2O_3（酸化アルミニウム）	TiO_2（酸化チタン）	P_2O_5（五酸化燐）	SiO_2（酸化珪素）	鋼の種別（著者見解）
1	21.1	0.9	12.5	1.7	0.9	0.7	10.5	1.3	0.6	46.7	精錬した鋼
2	19.6	1.4	10.6	1.7	0.9	0.6	10.9	0.6	2.0	49.6	〃

注）いずれも非晶質珪酸塩の分析値である。スラグ成分を多く含有し、鉄滓に由来することを示す。

機能が利用されたのではなかろうか。

②　鉄戈と鉄剣

九州西北部で弥生中期後半の遺跡から出土する大型の鉄戈は、すでに二〇例を越えている。計測例を前掲の図13—bに示した。中国大陸や朝鮮半島にはこのような大型品の類例がなく、日本国内で祭祀用として製作したのではないかと考えられている。鉄戈には棟部に精巧な樋を有するものがある。当時の加工技術では切削不可能であるとして、鋳造品とする考古学的見解が長年続いた。しかし著者は無樋・有樋の計三点の鉄戈から採取した錆片を解析し、鋼製の鍛造鉄器であることを確認した。

製作法は次のようになる。中心を通って刃金鋼（錆片のミクロ組織から元の鋼の炭素量を〇・七〜〇・八％と評価）を、両側の棟部には軟鋼（同じく〇・一〜〇・二％）を配した構造で、基本的に剣と同じ製作法である。また鋼中に残る微小な夾雑物（非金属介在物と呼ばれる）を

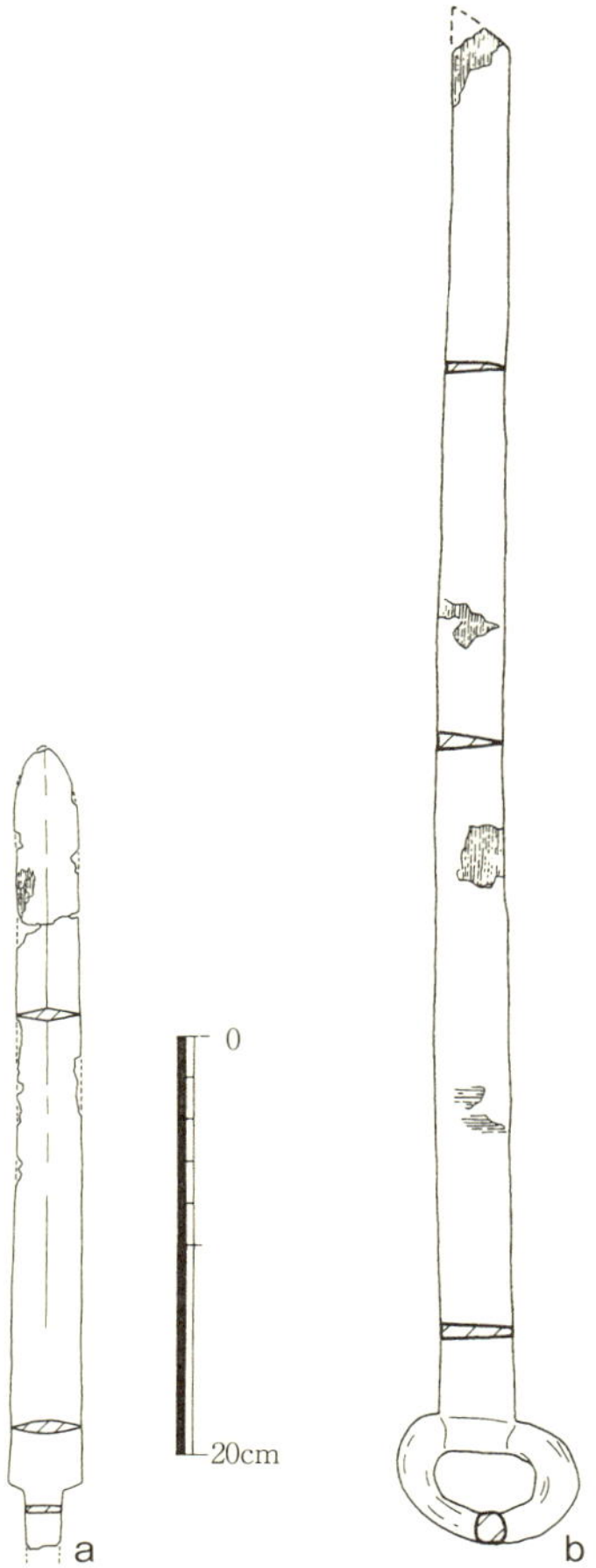

図 17　鉄剣と環頭大刀の計測図例
（a：佐賀県山古賀石棺墓、b：佐賀県三津永田出土）

EPMA（エレクトロン・プローブ・マイクロアナライザー、微小領域X線分析装置）で分析して、$CaO-MgO-K_2O-Al_2O_3-SiO_2$（順に酸化カルシウム、酸化マグネシウム、酸化カリウム、酸化アルミニウム、酸化珪素）系という結果が得られた。分析値は表7に示してある。これらの成分の由来は、原料鉱石に随伴した脈石ではなく、分離しきれなかった鉄滓にある。したがって鉄戈に使用の地金は、精錬した鋼と判定される。

ところが棟部の樋にあるT字型の突線について、タガネを使って浮き上がらせる方法は一部の考古学系研究者から非常に難かしいという疑問が出された。そこで古代の研削技術に詳しい研究者が実験を行ない、「この時代のタガネによって軟鋼の棟部に細い溝とT字型突線をつくり出し、研磨によって仕上げることはできたはず」と報告して[9]、この問題は最終的に決着がついた。

鉄剣（図17―a）の製作技術は大型鉄戈と基本的に同じであり、列島内での製作は可能であったと思われる。しかし実際に製作されたかどうかは不明である。小型の鉄製利器に比べてはるかに多量の刃金鋼を必要とするが、刃金鋼組成の原材料は見つかっていない。また輸入の原料銑鉄を精錬して炭素量を適正範囲に止め、刃金鋼を製造する操業が広く実施されていたともいえない。精錬炉をもつ鍛冶工房跡の検出が、あまりにも少ないからである。このように刃金鋼の供給の面から、大型の鋼製利器を製作したという見解は成り立ち難い。出土する鉄剣や鉄矛は列島外からの輸入品ではないかと思われる。

③ 大刀

この時代の大刀は、柄頭を輪状にした環頭大刀といわれるものである（図17―b）。切断調査例がないため製作方法は不明であるが、古墳時代の直刀の造りから推察すると、複雑な合わせ鍛えではなく、刃金鋼と軟鋼の鋼片を鍛着したあと、加熱・鍛打して刀身を造形する、「丸鍛え」（第三章三節参照）のような簡単な方法で造られたものであろう。しかし古墳時代の直刀が切っ先部の三寸（約九センチ）くらいは強く焼き入れし、柄元にいたる刃部までは弱い焼き入れ（薄焼き）に抑えられていることから考えると、環頭大刀は剣に比べてはるかに高度な技術で製作されたとみなければならない。その技術が列島に導入され、確立していたとは考え難い。環頭大刀はおそらく中国大陸や韓半島南部からの舶載品であろう。しかし環頭刀子ならば製作したかも知れない。熊本県阿蘇市狩尾遺跡群池田・古園遺跡（後期後半）の鍛冶工房跡から製作を窺わせるような状態で刀子が検出されている。もちろんこの場合も、輸入品が工房に持ち込まれた可能性は否定できない。

(3) 小型鉄器の製作

例として鉄鏃と鉄錐を取り上げる。

① 鉄鏃

鍛冶工房跡や墳墓からはいろいろな形状の鉄鏃が多数出土し、形態分類の考古学的研究は綿密に行なわれている。ここでは身部が薄いものに注目して、その先端部に鋭い貫通力を付与するための処理条件を考察してみたい。図18に池田・古園遺跡出土の六点を挙げた。④と⑤は断面菱形で身部はやや厚いが、出土数は少ない。

身部が薄い鉄鏃の中で、茎《なかご》のない①と②は軟らかい鋼板から鏨で打ち抜いたのであろう。有茎の鉄鏃③～⑥は、棒状の素材の一端を残したまま、他の部分は鍛打して薄い板状にし、鏨を使って刃部の形に切り落としたのではなかろうか。製法を裏付ける上で、ヒントになる遺物がある。刃部と相補的な形状をもつ三角形に近い錆化した鉄片が、鍛冶工房跡から出土する遺物の中にしばしば見いだされる。この遺物資料を検討した村上恭通氏は、切り出しの工程を「鏨切り」、三角形鉄片を「端切れ」と呼んでいる。[10]

図19には著者を含む研究チームが調べた、狩尾遺跡群出土の錆化鉄片五点の計測図を示した。[11] 裁断線が直線状の資料aは炭素量が〇・四％前後と評価された。この直線状の鉄片は鉄鏃以外の製品屑かも知れない。それに対して弧状を示す三点（b～d）の元の鋼の結晶組織はフェライトが主体であり、炭素量は〇・一～〇・二％（したがって軟鋼）と推定された。軟鋼の材料で作った鉄鏃を実用性あるものにしようとすれば、先端部分に浸炭・焼き入れ操作を施さ

なければならない。その操作は当然行なわれたであろう。こうしてはじめて中・大形動物の狩猟に使うことも可能になる。資料eは鋳鉄のミクロ組織を残しており、鉄鏃製作工程の残片ではない。鋳鉄製三角形鉄片の用途については次項で述べる。

なお、ここに挙げたような資料よりもさらに薄いものは、おそらく祭祀用ではないかと思われる。

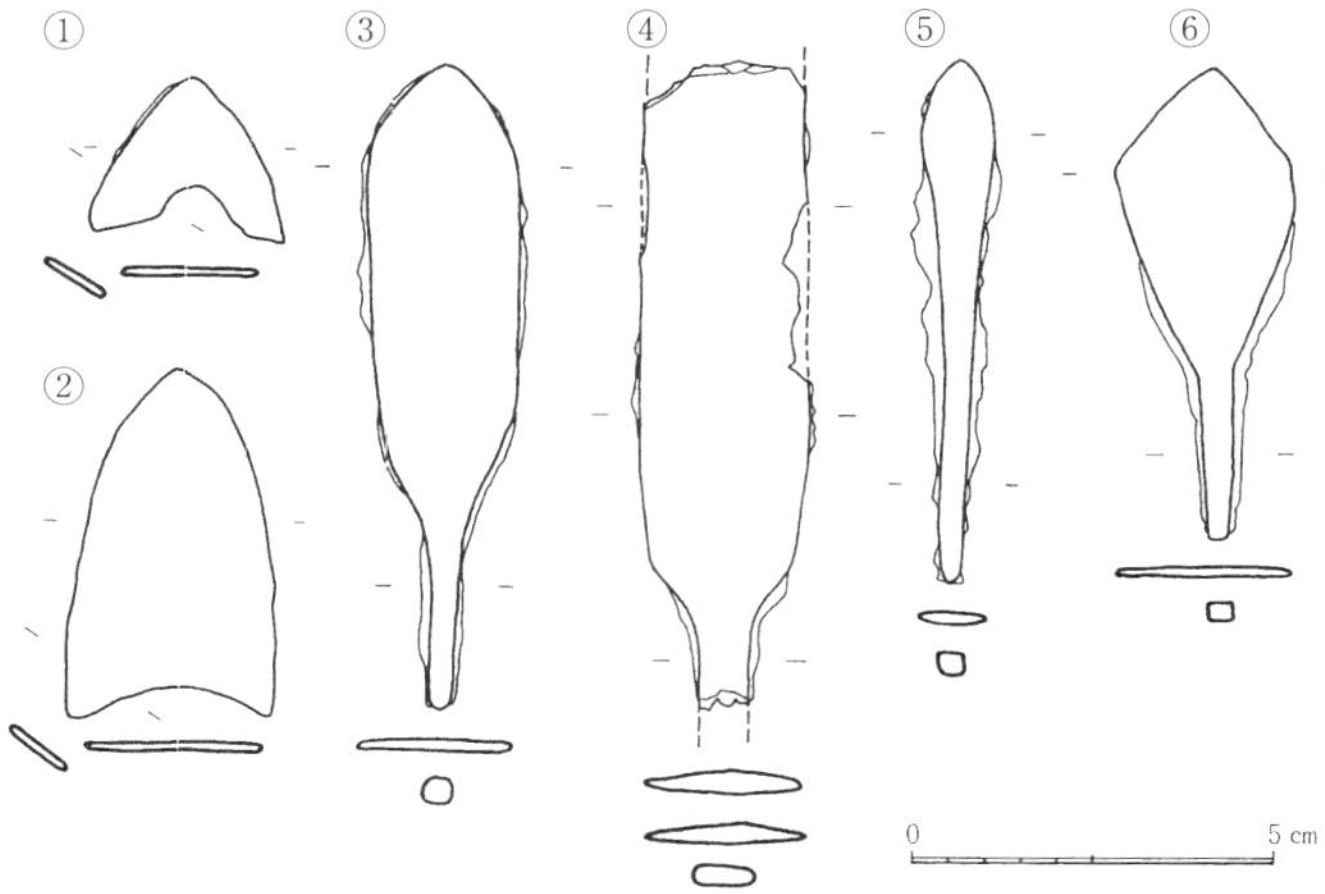

図 18　身部の薄い鉄鏃の計測図例（熊本県阿蘇市狩尾遺跡群）

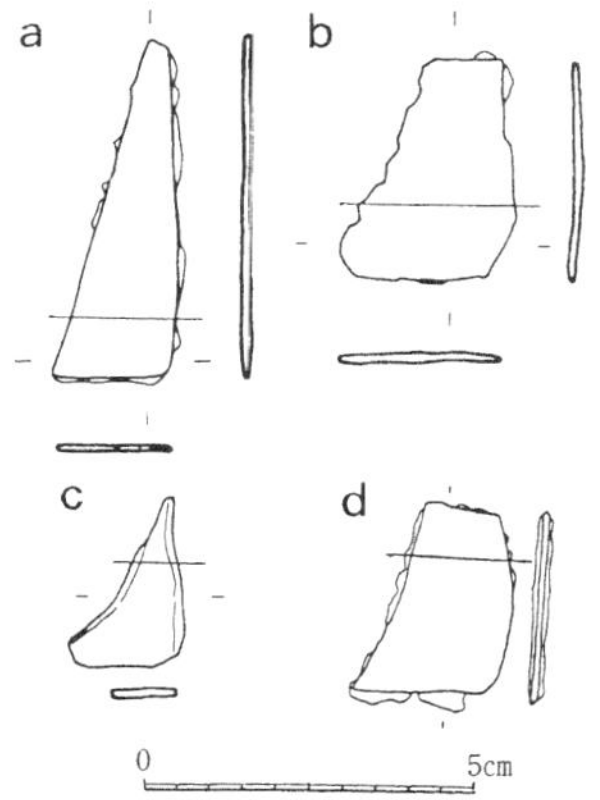

a）池田・古園遺跡、No.1413
b）池田・古園遺跡、No.1417
c）湯の口遺跡、No.591
d）池田遺跡、No.44
e）池田・古園遺跡、No.1385
細線はV字型に切り込みを入れて試料を採取した位置を示す。

a）裁断線が直線状、b～d）裁断線が弧状、e）錆化前は板状鋳鉄

図 19　錆化した"三角形鉄片"の計測図例（熊本県阿蘇市池田・古園遺跡）

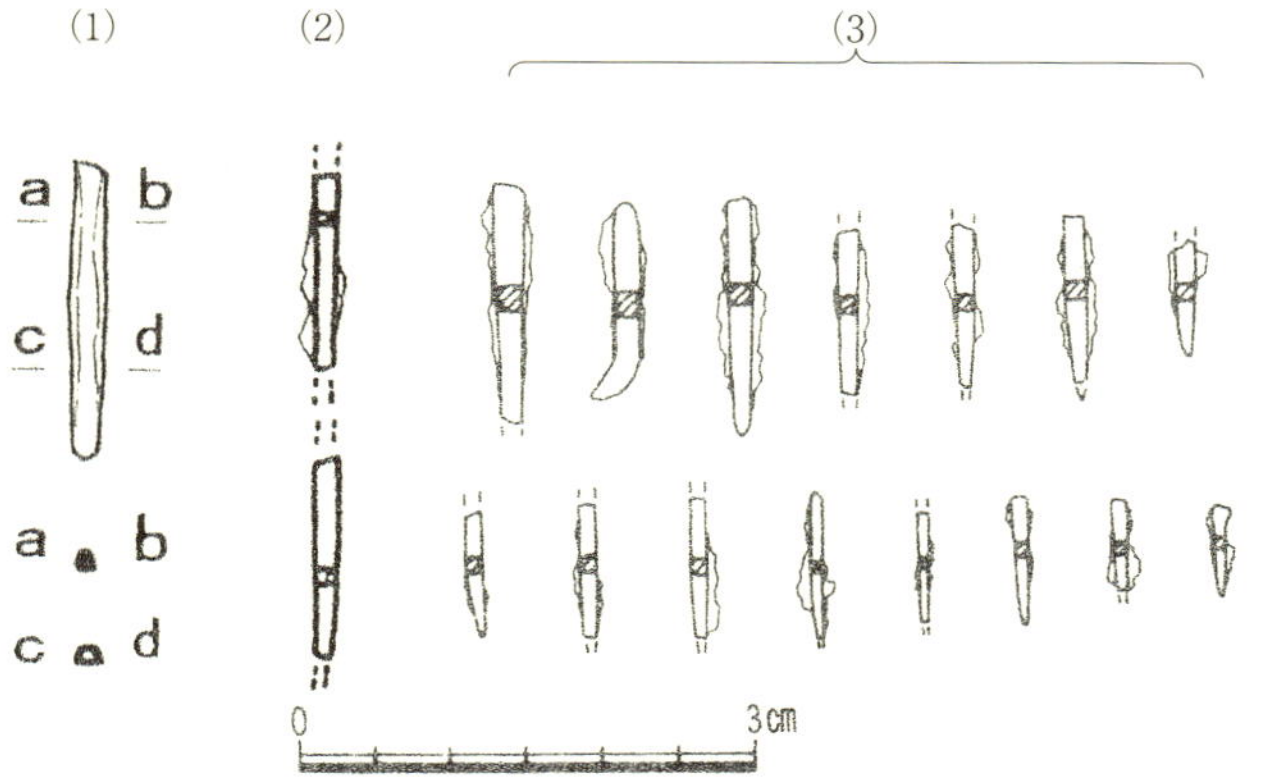

(1) 福岡県春日市仁王手遺跡（中期末）、(2) 同県築上町安武・深田遺跡（中期末）
(3) 福井県福井市泉田町林・藤島遺跡（後期後半）

図20　鉄錐の計測例

鋳鉄製の鉄鏃には切断調査報告が一件ある。弥生前～中期の鬼虎川遺跡（大阪府東大阪市）で出土し、金属学的な調査によって鋳鉄脱炭鋼製品と判定された。舶載品であるが、数量的には少ないと考えられる。

② 鉄錐

図20に計測図の若干例を引用した。遅くとも弥生中期末には石錐に代わって鉄錐が使用されたことがわかる。これにより翡翠のような貴石に細く深い孔を開けることが可能になった。穿孔技術の専門家が鉄錐（林・藤島遺跡出土資料）を切断して調べた結果によれば、断面はほとんどパーライトだけから成る組織（炭素量が〇・八％弱）で、焼き入れは施されていないという[12]。パーライトを構成する硬くて微細なセメンタイトの結晶が研磨作用を、一方軟かいフェライトは潤滑作用を果すので、鋼製の鉄錐は貴石の穿孔に適しているということである。インダス文明期のモヘンジョ・ダロ遺跡出土の石錐も、比較的軟らかい生地（マトリックス）の中に硬い微結晶鉱物を析出した岩石が使われているといわれ、材料の種類が違っても同様の性質が利用されたのであろう。

表８　赤井手・仁王手遺跡出土の棒状鋼半製品と鉄塊系遺物の化学組成例

No.	遺跡・時期 遺物資料の形状 分析試料	化学成分（%） C （炭素）	Cu （銅）	Mn （マンガン）	P （燐）	Ni （ニッケル）	Co （コバルト）	Cr （クロム）	Ti （チタン）	Si （珪素）	S （硫黄）	資料の種別 （著者見解）
1	仁王手、弥生後期、棒状、メタル	0.38	--	<0.001	0.018	<0.001	0.019	<0.001	0.002	0.063	0.025	鋼半製品
2	赤井手、〃、棒状、メタル	3.52	0.20	0.029	0.16	0.021	0.023	<0.006	nil	0.18	<0.001	鋳鉄半製品
3	赤井手、弥生中期末、塊状、錆化	—	0.069	0.038	1.13	0.013	0.013	—	0.046	5.46	—	鉄塊系遺物

注）No.2は『春日市史』には鋳鉄脱炭鋼と記述してある。No.3のSi分析値をSiO_2に換算すれば11.7%になるので、資料は多量の鉄滓が付着した鉄塊系遺物に分類するべきである。

三　弥生時代の鉄素材

弥生中・後期の鉄素材の製作・供給地については、とくに九州西北部と韓半島南部の間の交易ならびに文化交流と密接な関係があり、問題の解明に考古学系・金属学系研究者はともに重大な責任を負っている。

九〇年代に入って考古学の分野では、肉眼観察により鉄素材と思われる遺物の分類調査研究が大いに発展した。この間、韓半島の鍛冶関連遺構・遺物との比較研究が行なわれ、その成果は著書や総説論文でも重要な項目として取り上げられている。(13、14) 鉄素材の金属学的

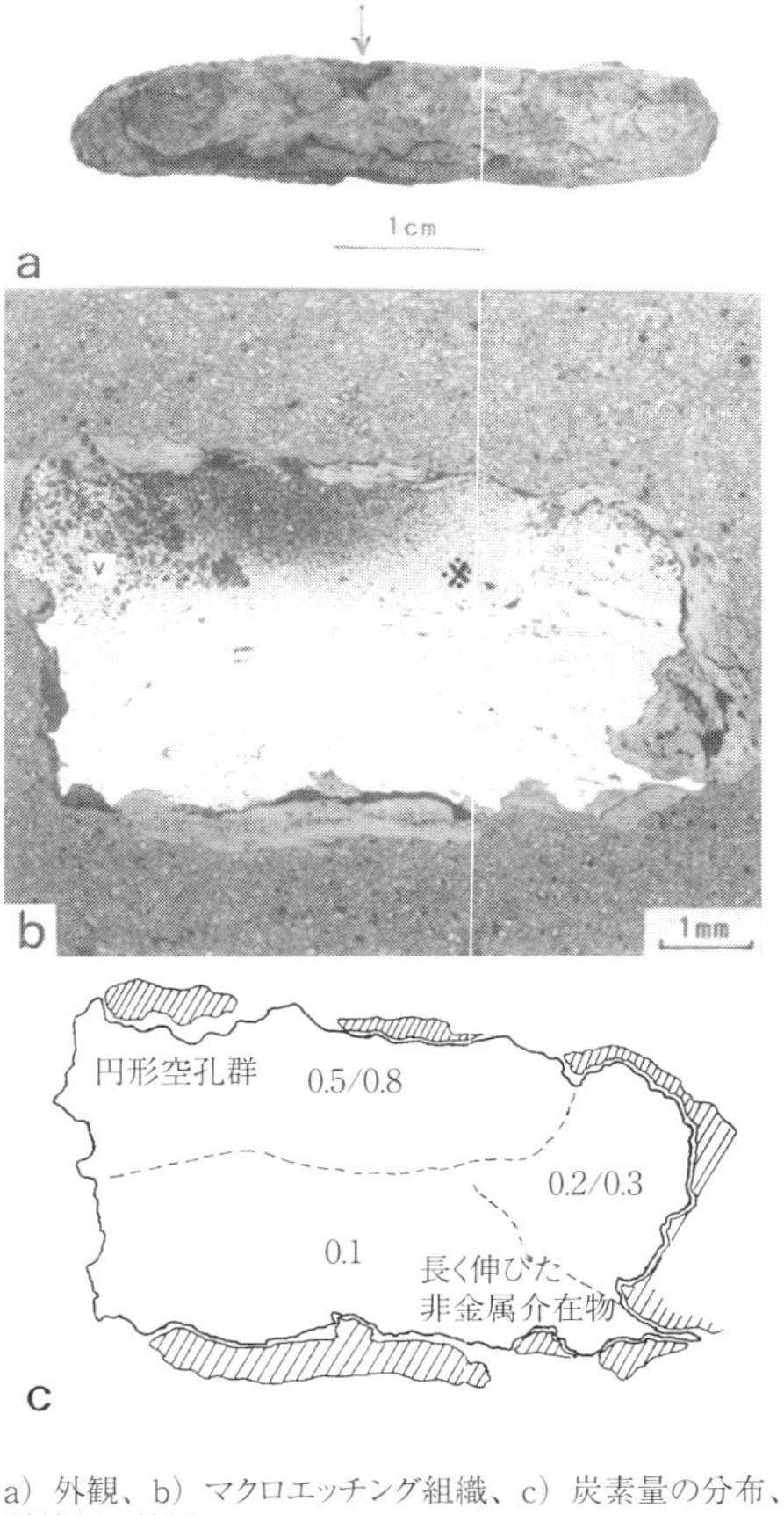

a）外観、b）マクロエッチング組織、c）炭素量の分布、斜線部は錆層

図21　棒状の鋼半製品の外観と断面の組織
（福岡県春日市仁王手遺跡）

調査も、こうした動向の中で行なわれてきた。しかし出土遺物の形状・破面・表面状態を肉眼観察する方法では、未成品や製品破片が鉄素材かどうかを識別することが難しく、材質の金属学的判定と合致しない場合もしばしば見受けられる。肉眼観察だけに頼る方法は、見直すことが必要な段階にきているのではないかと著者は考える。

(1)　棒状・板状の鋼半製品

福岡県春日市須玖遺跡群の仁王手・赤井手の両遺跡から出土した棒状の鉄製遺物二点を挙げて、鋼の半製品と判定した理由を説明する。外観を図21―aに示した。図からは完形の鍛造製品のように見える。ところが資料を切断して断面のエッチング組織を調べた結果、低炭素と高炭素の小さな鋼片が鍛接されており、鋼の半製品であることがわかった。(15)

仁王手遺跡出土の棒状資料は、マクロエッチング組織（図21―b）の観察から、複数の鋼片を鍛接したものと判定された。模式図（図21―c）には、その境界を破線で表わした。算用数字はエッチング組織から評価した炭素量％である。下側の低炭素（約〇・一％）の鋼片中にある「長く伸びた非金属介在物」は、ＥＰＭＡによる分析を行なって、粒状のウスタイト（FeO）と CaO-MgO-K_2O-Al_2O_3-SiO_2 系のスラグ地から構成されていることを確かめた。明らかに精錬した鋼である。

化学組成を検討すると、炭素分析値の〇・三八％（表８№１）からは焼きが入る刃金鋼の地金と判断しかねないが、上述のように高・低炭素領域が不均一に存在する半製品である。評価を間違わぬように注意する必要がある。

赤井手遺跡出土棒状半製品も、仁王手同様に複数の鋼片を鍛接したと推定される。ただし一部のメタル部分を残して錆が進み、赤錆化していた。メタル部に見られる多数の円形空孔は、銑鉄を精錬する過程で生成したものと考えられた。銑鉄中のある種の組織成分が比較的低い温度で溶解し、その跡は空孔になることが知られている。

(2) 棒状・板状の鋳鉄半製品

古代中国の鋳鉄半製品の鋳造用鋳型を図22に引用した。棒材范と板材范の二種がある。前者の棒状半製品の一部と思われる未使用鋳鉄半製品が、赤井手遺跡から出土している。後者の完形品は検出されていない。しかし断片はあり、前掲の三角形鉄片中の一点がそれに相当する。完形の板状鋳鉄半製品の出土は古墳前期初頭になる。

鋳鉄半製品と鋼の半製品を肉眼で判別することは非常に難しい。考古学研究者は遺物資料表面の赤錆と黒錆の生成状態から鋳鉄と鋼に分け、次いで表面の赤錆・黒錆の生成状態などから鋳鉄と鋼を分別する。しかし鋼の鍛造工程で発生する未成品が加わると、流通半製品との違いは見分けがつかなくなる。肉眼分類の間違いは金属学的材質判定に不一致という結果になって表われ、鍛冶技術水準の評価にも影響する。

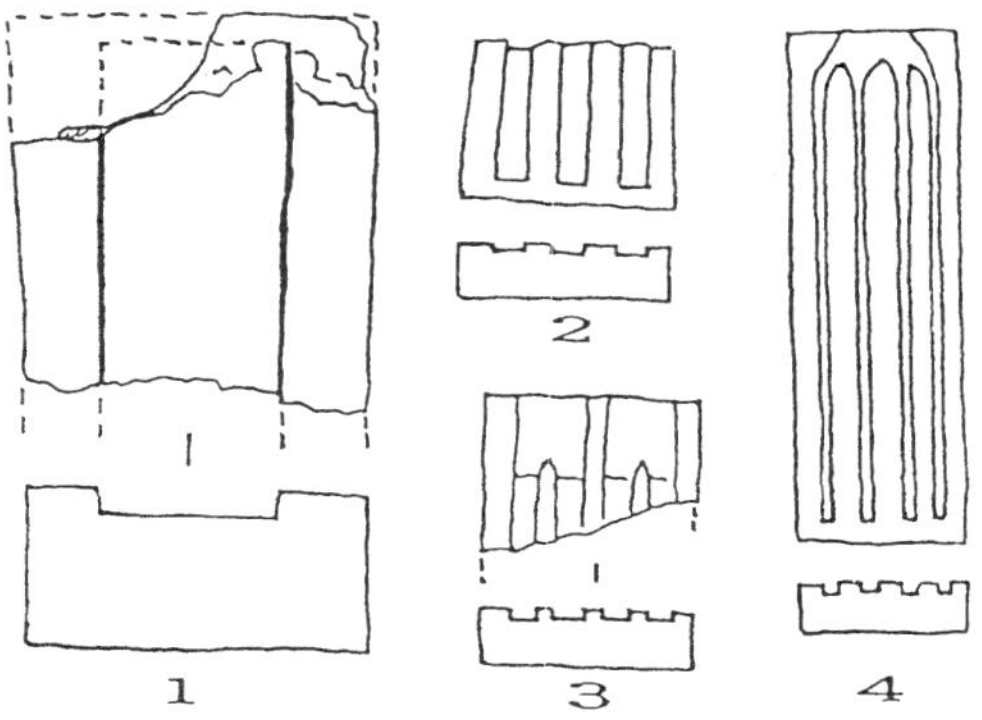

1：板材范、2～4：棒材范

図22　古代中国で出土した鋳鉄半製品の鋳造鋳型
（李京華氏による）

ところで鋳鉄半製品をすべて鋳鉄脱炭鋼とする、国内の一部金属学系研究者の主張がある。それに対して専門家からは、内部に鋳鉄組織が残存する材料の鍛造は不可能であり、鋳鉄製品の冷却過程で生成した表面脱炭層を誤認したのではないかという指摘がされている。鋳鉄脱炭鋼説の根拠の一つに、漢代には中原の地から周辺の国々に鋳鉄製品だけでなく鉄素材も供給していたとする、一九九〇年代の初期に中国の金属系研究者が発表した報告がある。(16) それによれば鉄素材は棒状・板状の鋳鉄半製品を想定し、一部は表面脱炭処理を行なった鋳鉄脱炭鋼とみている。中国大陸内部で薄い鋳鉄脱炭鋼板の出土することがその理由である。この見解を受け入れた日本国内の研究者は、遺跡出土の鉄片を肉眼分類して資料鉄片断面のミクロ組織観察を行ない、低炭素化した表面層と微小空孔を見いだすものについては鋳鉄脱炭鋼と判定してきた。しかし日本国内と韓半島南部では表面脱炭処理炉の遺構が検出されていない。もしも半製品が鋳鉄脱炭鋼ということになれば、鍛造鉄器の原材料はすべて中国から輸入し、簡単な脱炭炉（遺構として残らないような）で処理して鋼に変え、鍛造製品を製作したと考えざるを得なくなる。これは日本の考古学系研究者を困惑させている。

福岡県春日市須玖遺跡群の赤井手遺跡出土遺物の例を挙げて、この問題を検討してみよう。この遺跡については総括的に考察した考古学的報告がある。[17] その中の金属学的調査が行なわれた棒状鋳鉄半製品は資料内部（芯部）に片状黒鉛が析出したもので、溶融状態から緩やかに冷却されたときの鼠銑の組織を示している。[18] 化学組成は表8のNo.2に引用した。ここでC（炭素）の分析値三・五二%は、棒状鋳鉄資料から採取した分析試料全体の平均的組成を表わすことに留意しなければならない。

原報ではこの棒状鋳鉄内部は白銑組織（溶融銑鉄を急冷した場合に現われる）と述べ、さらに表面層が低炭素化（パーライト組織に変化）している原因は表面脱炭処理が行なわれたことにあって、棒状半製品は「鋳鉄脱炭鋼である」と結論している。鋳鉄製品の表面の脱炭は鋳造・冷却の過程で多少とも起こる。さらに内部に鋳鉄組織が残る鋼材を加熱・鍛打すれば割れが入って成形できないことは、鉄鋼関係の研究者には常識である。鋼製品を製作するために、このような鉄素材が流通していたとは到底考えられない。

著者がこれまで行なった半製品遺物の金属学的調査では、鋳鉄脱炭鋼の半製品に相当するものを見いだすことはできなかった。他の研究者による報告を検討し直してみると、①出土遺物を肉眼分類した際に間違えた、②ミクロ組織の誤認、のいずれかのようである。前者の場合は、おそらく鉄素材と誤って肉眼分類した鋳造鉄斧破片のミクロ組織観察を行ない、そのまま鋳鉄脱炭鋼半製品と報告したのであろう。鋳鉄製品の破片が工房跡から出土することは、著者も春日市磐石遺跡出土遺物の調査で経験している。このときは球状黒鉛化処理を施した鋳造鉄斧の破片であった。

後者の例を挙げると、錆化が進んだ鉄片資料について報告者は資料鉄片の赤錆化した組織写真を提示し、組織の特徴を簡単に述べただけで「鋳鉄脱炭鋼（半製品）の可能性あり」としている。[2] しかし、鉄が黒錆化する際には体積がおよそ一・二倍に膨脹し、さらに赤錆に進むとそれ以上に体積が増して内部には多くの亀裂が入る。鉄の結晶組織はもちろん、空孔の形状も大きく変わってしまう。赤錆層のミクロ組織観察から元の鋼の結晶組織を想定することは不可能であり、なぜそのような推定をしたのか理解に苦しむところである。

(3) 用途不明の鋳鉄製三角形鉄片

前述の「端切れ」に分類される三角形鉄片遺物には、鋳鉄製のものが含まれていることがある。例えば福岡県築上町安武・深田遺跡出土鉄片の中には、内部に黒鉛化炭素の析出が確認された資料がある。また、池田・古園遺跡（熊本県阿蘇市狩尾遺跡群）の工房跡出土の三角形鉄片の一点（前掲の図19—e）についても、断面のミクロ組織観察とＥＰＭＡ分析の結果をもとに、錆びる前は白鋳鉄（溶融銑鉄を急冷した場合に破面が白く見えることから付けられた名称）と判定された[19]。たとえ薄い板状であっても、鋳鉄製であれば硬く脆いために裁断は不可能であり、鏨様の道具を使って「はつる」（鋳鉄板表面に鏨の刃先を当て頭部を叩いて鉄板を割る）しか方法はない。安武・深田遺跡でも同様な遺物の出土例が見られることからも、こうした形状に揃えることはかなり広く行なわれていたと考えなければならない。

池田遺跡の工房跡では炉遺構と鉄滓は検出されないから、鋼製造の可能性はない。利用方法の一つとして著者が推測するのは、鋳鉄を木酢液中で処理し黒色鉄化合物を生成させ、黒色顔料製造の原材料にしたのではないかということである。実際に同種の鋳鉄製薄板を二〜三㎜の大きさに砕いてまとめられた状態のものが、名古屋市の弥生後期の方形周溝墓の溝跡から出土した。同様の著者見解を、関係機関発行の研究紀要に掲載の報文中で述べておいた[20]。

(4) 東北アジアにおける鉄素材の流れ

図23に著者の見解を要約した[21]。板状・棒状の鋳鉄半製品は、その鋳型がすでに春秋・戦国時代の遺跡から出土しており、中国大陸では広範囲に流通していたと考えられている。半製品の鋳造は、鉄鉱石産地の近くに止まらず、かな

中国大陸
板状・角棒状の鋳鉄半製品を製造
（鋳型出土）
↑
他に塊状の銑鉄も製造か

⇨

韓半島南部
鋳鉄を精錬し鋼に変えて板状・角棒状の鋼半製品に成形
（炉跡様遺構を検出）
↑
板状・角棒状の鋳鉄半製品の製造は不明
（鋳型が未検出）

⇨

九州西北部・山陰・北陸
舶載の板状・角棒状の鋼半製品を鍛造して各種製品を製作
（半製品が出土）
↑
鋳鉄を精錬して刃金鋼を製造か。ただし炉跡と精錬滓の検出・出土例は少数
（古墳前期初頭には関東北部まで急速に普及）

図 23　弥生中・後期の東北アジアにおける鉄素材の流れ（著者見解）

り離れた場所でも原料銑鉄を入手して行なわれていたようである。流通した板状・棒状半製品のほかに、鋳造しない不定形の塊状銑鉄があったかも知れない。

製鉄開始以前の韓半島南部では、おそらく中国大陸から搬入された鋳鉄半製品を処理して鋼に変え、定形的な半製品に成形したあと、それを加工・製品化したと思われる。原三国時代の鋼精錬炉の確実な遺構は未発見であるが、精錬工程廃棄物の鉄塊系遺物と推察される資料の分析値が報告されている。今後の発掘調査により遺構が検出される可能性は十分にあると考える。続く三国時代初期の炉遺構のある住居跡から出土した遺物の分析結果は、第三章一節で後述する。

韓半島南部で製造した鋼は何種類かの定形的な半製品として加工され、西日本の多くの地に運ばれた。一方、鋳鉄半製品は九州西北部と山陽・山陰・北陸の沿岸部で若干の箇所で精錬されたが、確認できる遺跡の数は多くない。輸入の鉄素材が軟鋼（低炭素鋼）であることを考慮すれば、列島内での精錬の目的は利器の刃部に用いる刃金鋼の製造にあったとも考えられる。古墳時代に入ると鋼精錬は関東南部にまで波及し、炉遺構は内陸部でも検出されるようになる。こうした見解を裏付ける遺物の金属学的解析結果は、以下の節で述べることにする。

四　韓半島南部と日本列島における鋼の精錬

(1)　韓半島南部からの鋼素材の供給

弥生中・後期の鋼素材は、韓国の原三国時代（紀元前四世紀〜紀元三世紀頃）の韓半島南部から供給されたというのが一般的な考えである。これには一〜三世紀頃の状況を伝える『三国志』魏書・韓伝・弁辰の条の、次の記事が大きな影響を与えている。

「その国鉄を出す、韓・濊《わい》・倭、争ってこれを取る……」

この弁辰国は現在の釜山地域に比定される。

文献史学や考古学の分野では、「鉄を出す」の記述を鉄生産と理解するのが普通である。この生産プロセスは、鉱石から金属鉄を抽出する製錬工程と、不純物を多く残した製錬産物を純化する精錬工程の二つから成っている（音が同じ製と精を「製造の製」「精神の精」のように区別して口頭で説明することが多い）。「鉄」は現代用語でいえば鍛打・加工が可能な鉄鋼材料のことであり、原料の銑鉄を処理して含有炭素を低減したものである。中国の漢代には、鉱石を製錬して得た銑鉄が半製品として広域的に流通しており、海外にも運ばれた可能性がある。弁辰国での鋼の生産は、①遺跡に近い鉱山から採掘した鉱石の製錬とその生成物である銑鉄の精錬を行なった、②産地不明の遠い地から搬入された銑鉄を精錬した、の両方またはどちらか一方の場合があることに考慮を払わなければならない。

弁辰の地域で、屋外の製錬炉遺構や関連廃棄物が検出され、さらに比較的近い場所で鍛冶工房跡に精錬炉遺構が確認されたならば、銑鉄と鋼の一貫生産が想定できる。一方、工房内の精錬炉遺構しか見つからないときは、鋼の生産が証明されるに止まる。弁辰国の鉄がはたして前者なのかどうか、いまだ確実な金属学的裏付けのある考古学的報告は見あたらない。現時点では二つの可能性を考慮して、当該地域の鋼の供給能力を過大に評価しないことが必要なの

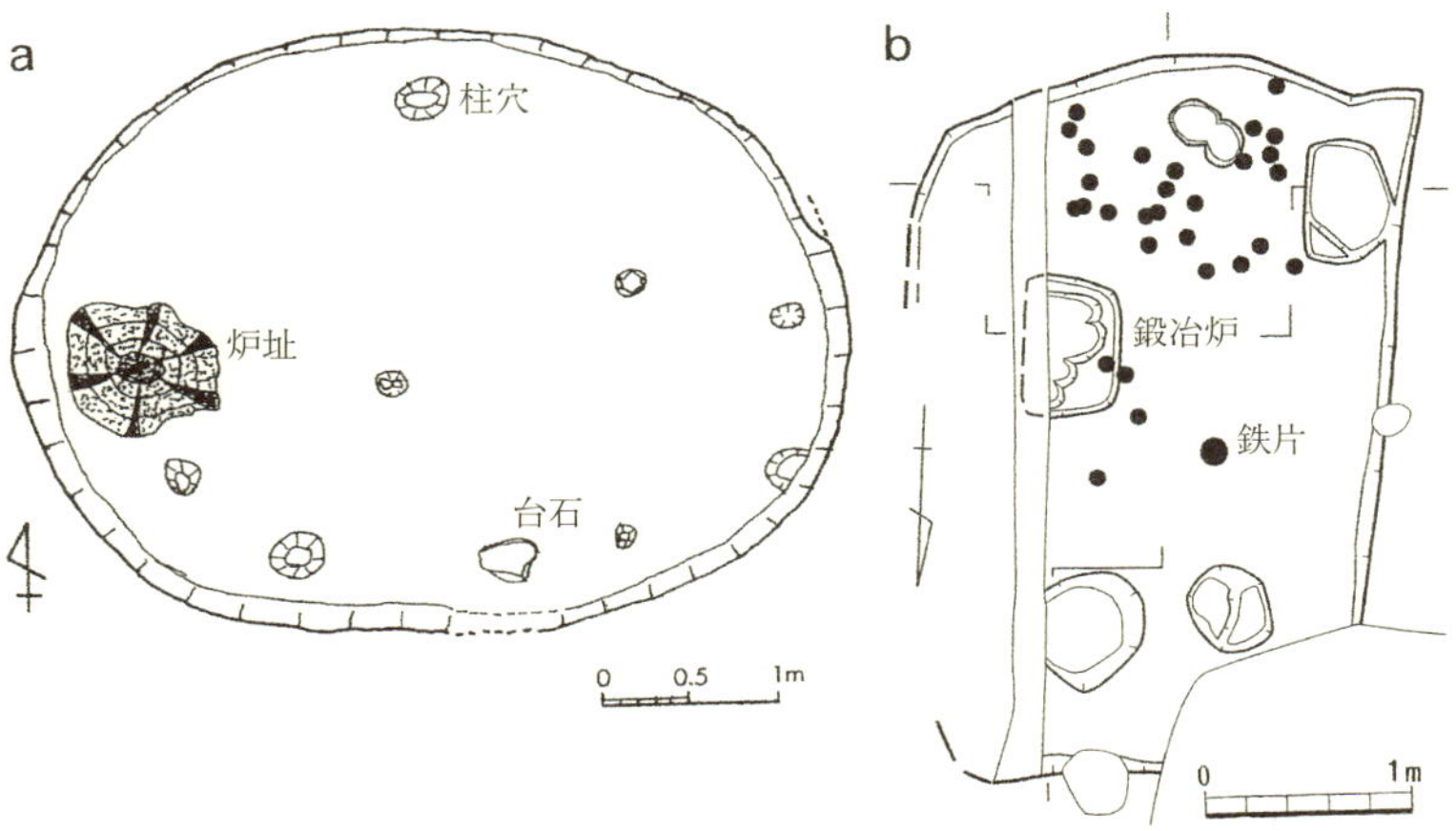

a）隍城洞遺跡（1-タ11号工房）、b）赤井手遺跡33号住居跡

図24　韓国慶州市隍城洞遺跡（Ⅰ期）と福岡県春日市赤井手遺跡の鍛冶工房遺構の比較

表9　韓国慶州市隍城洞遺跡Ⅰ期出土鉄関連遺物の化学組成

a）メタル資料

No.	記号	遺物資料の名称	化学成分（%）（抜粋）							資料の分類（著者見解）
			C	Cu	Mn	P	Ti	Si	S	
1	GH-41	鉄塊	2.52	0.001	0.04	0.367	0.047	0.37	0.46	鋳鉄半製品
2	GH-41	小鉄塊	0.58	0.003	0.73	0.402	0.083	0.33	0.027	精錬鋼塊か
3	GH-41	球状鉄塊	0.61	0.004	0.65	0.334	0.111	0.26	0.028	〃
4	GH-41	小鉄塊	0.47	0.003	0.13	0.082	0.042	0.30	0.035	〃

b）錆化資料

No.	記号	資料の名称	化学成分（%）（抜粋）										資料の分類（著者見解）
			T.Fe	M.Fe	FeO	Fe_2O_3	SiO_2	Al_2O_3	CaO	MgO	TiO_2	Cu	
5	KOJ Ⅱ-42	小鉄塊	46.06	1.78	7.88	54.76	15.16	4.20	1.14	0.75	0.20	0.002	鉄塊系遺物
6	KOJ Ⅱ-44	鉄片	56.38	1.35	14.16	62.94	7.91	1.82	0.51	0.48	0.09	0.002	〃

注）No.1は一部銹化している可能性がある。№5、6鉄塊中のSiO_2, Al_2O_3, CaO分がもしもスラグの構成成分と確認されるならば、資料は鉄塊系遺物として評価することが可能になる。

ではなかろうか。

同じ時代範囲にある慶州市隍城洞遺跡Ｉ期（紀元前一世紀〜紀元一世紀後半）の鍛冶工房跡では、固く焼き締まって地床炉跡を思わせる遺構が検出されたことを金世基氏が報告している。(22) 図24—ａに示すように工房内には地床炉だけでなく台石もあって、鋼の精錬と製造した鋼塊の精製処理を行なった工房のように思われる。論文を考古学的立場から検討した武末純一氏は、「本遺構ではこの時期すでに鉄器製作だけでなく、銑鉄を精錬して鋼素材も得ていたとみられる。」と述べている。(23) 同論文から出土小鉄塊の分析値を引用したのが、表９—ａである。備考欄には鉄塊についての著者の見方も併記した。№１鉄塊の炭素分析値は二・五二％と純粋組成の銑鉄に比べてやや低いが、おそらく表面の一部が酸化した銑鉄塊であろう。他の三資料は鋼の組成範囲にある。表９—ｂの錆化資料の№５、６は、酸化鉄成分と SiO_2 や Al_2O_3 分が多い。ミクロ組織の観察結果が記載されていないので断定はできないが、二点の遺物資料を著者は精錬滓と推測する。

上述の解析が正しければ、隍城洞遺跡のＩ期には鋼を精錬する鍛冶工房が操業されていたことになる。日本列島への鋼半製品を供給した基地はこのような規模であったと思われる。なお遺跡内の鍛冶工房跡は時代的に連続しているものの、一時期に一棟の操業とみられるので、鋼の生産・供給量が大きいとはいえない。韓半島南部にいくつもの鋼生産基地が設置されて、はじめて「韓・濊・倭」などのクニの需要に応じられたのではなかろうか。

(2) 列島内の鋼精錬

数は少ないが九州西北部から山陽・山陰・北陸にかけての沿岸部で地床炉跡や鉄滓が検出されており、列島内での鋼の精錬が行なわれたことは否定できない。鋼の素材が輸入される一方で、原料の銑鉄を処理して鋼を製造する目的はどこにあったのだろうか。利器の刃部に用いる炭素含有量組成の定形的素材（流通品といえるような）は見つかっていないので、利器製作のための刃金鋼を製造したのではないかと著者は推察する。

しかし上述の発掘調査では、炉跡の検出と鉄滓の出土がそろっていない。現時点では炉遺構の性格評価に不確実さが残る。その場合鋼精錬の傍証となるのは、鉄塊系遺物の出土である。この遺物は半溶融状態で脱炭処理を行なって鋼に変える途中の産物であり、利用出来ないため廃棄されたと考えられる。したがって炉跡付近でこの遺物が出土すると、精錬の実施を間接に裏付けることになる。さらに工房跡あるいはその近傍で検出される椀形状鉄滓も、精錬の実施を裏付けるものとして重要である。

赤井手遺跡の33号住居跡では炉様遺構が検出されており、発掘調査報告書にはその下部構造が掲載されている。境晴紀氏が改めて整理した実測図を図24—bに示す。報告書には「隅丸方形に近い形状の一辺七〇cm、深さ二〇cmのピットが掘られており、壁面の焼痕が甚だしくピットの廻りにも焼痕が認められる。」と報告され、また工房床面上にほぼ円形の焼土面の状況写真が掲載されている。これについて当時の発掘調査者は、「シャベルで掘り崩せないほどに固く焼け締まっていた」と語っている。しかも床面からは弥生時代中期後半〜末の土器片が出土し、時期が確定できる貴重な工房跡である。炉底部の遺構が失われているために炉の性格を考古学的に判定することは難しいが、幸いにして『春日市史』には「記号P－90、33号住居跡出土」とする塊状資料の分析結果が記載されている。[24] この遺物の記述は報告書に見当たらないものの、直接発掘調査に当たった関係者によれば、資料の出土個所は確かであろうという。資料のミクロ組織写真では内部に黒鉛化炭素の析出が認められ、元は鋳鉄であることがわかった。* 一方、表面層は低炭素化しており、脱炭が進んでいることを示した。

＊資料内部には黒鉛化炭素が析出し、外側はフェライトの地に円形・不定形の空孔が生成している。また前掲の表8№3で見られるようにSi（珪素）分析値が五・四六%で、これをもとにSiO_2とAl_2O_3分から成る鉄滓の付着量を概算すると一〇数%になる。

『春日市史』に本資料は「鋳鉄脱炭鋼」と記されているが、多量のスラグが固着していることからいって、この判定は明らかに誤りである。表面層の空孔もまた精錬途中で形成したと考えられる。現在の金属学的な知識にもとづけば、鋼の精錬工程で脱炭が不十分なために廃棄された鉄塊系遺物として分類されるべきである。本資料を鉄塊系遺物に修正するならば、従来からあった赤井手の工房で精錬が行なわれたのではないかという期待は果たされることになる。

五　弥生時代の製鉄と戦争を検証する

(1) 弥生の製鉄炉遺構

前章でも述べたように、古代中国では鉄鉱石を竪型炉で還元し、溶融銑鉄を製造していた。この工程では鉱石に随伴する石部（脈石）の成分は分離・除去され、炭素含有量が四％前後の、不純物をほとんど含まない銑鉄が得られる。しかし漢代に塊錬鉄も生産していたとする見解が、中国の金属系研究者の間には根強い。塊錬鉄とは、塊状の鉄鉱石を固体状態で還元し、酸化鉄成分を金属化した生産物のことである。これは低温還元鉄ともいわれる。脈石成分は溶けずにそのまま残るので、還元産物は純度の悪いものになる。不純物の少ない溶融銑鉄を製造する一方で、それが多く残る還元産物を生産・利用したというのは納得し難いところである。かつて中国河南省鞏《きょう》県鉄生溝遺跡の発掘調査では八基の炉跡が報告されたが、のちの関連論文からすべて消え去ったことが指摘されている(25)。

このように塊錬鉄の炉遺構が未検出という状況にあるが、現在は金属系研究者が鉄製遺物から試片を採取してミクロ組織観察を行ない、使用材料が塊錬鉄かどうかを判定している。この方法は、低温還元の中間過程で生成した酸化鉄が脈石（鉄鉱石中の石部）と反応して酸化鉄質の化合物になるという仮定をおき、顕微鏡下で鋼の製品中に酸化鉄質の非金属介在物を見出した場合に、その鋼製品を塊錬鉄と判定するものである。さらに製品の表面下に高炭素層が観察されたときには、「塊錬鉄で造られた製品の表面には浸炭処理が施され、硬化している」という推定を行なう。これは中国だけでなく日本でも同じである。

表 10　広島県小丸遺跡 B 地点出土の鉱石と鉄滓の化学組成

No.	遺物資料	化学成分（％）（抜粋） T.Fe	M.Fe	FeO	Fe_2O_3	SiO_2	Al_2O_3	CaO	MgO	TiO_2	MnO	T.Fe/MnO	遺物の種類（著者見解）
12	鉱石（土壙）	20.76	0.11	0.57	29.03	29.68	6.80	0.16	0.29	0.065	16.30	1.29	鉄マンガン鉱
1	鉄滓（炉内）	35.95	0.27	39.66	5.67	28.18	4.82	1.21	0.57	0.20	11.02	3.26	鋼精錬滓
2	鉄滓（土壙）	32.35	0.22	27.59	14.43	30.79	5.86	2.00	0.64	0.44	8.30	3.90	〃
7	鉄滓（〃）	32.57	0.27	36.15	4.89	30.55	5.81	1.90	0.53	0.49	7.80	4.18	〃

注）資料番号は発掘調査報告書にもとづく。ほかに、A 地点出土鉄滓の中性子放射化法による分析値（ppm）は Fe；380000, Mn；35000 と報告されている。この方法は分析採取試料が極少量のため、鉄滓全体の平均組成を表わすとは限らないが、T.Fe/MnO を求めると 8.4 になる。B、A 両地点ともに鉄マンガン鉱石に比べて鉄滓中の鉄分が著しく増加しており、明らかに製鉄滓ではない。鋼の精錬工程で生成した鉄滓と考えられる。

しかし、列島内で出土した鋼の製品・半製品中の非晶質珪酸塩系介在物をＥＰＭＡで分析したときには、鋼精錬滓に由来した化学成分の含有が確かめられている。鉄鉱石に随伴する脈石とは違う成分組成を示すので、明らかに低温還元鉄ではない。日本の中・近世の鋼製鉄器中介在物を分析しても同様の結果を得られるので、酸化鉄質介在物の検出を根拠にする判定方法が正しいとは思われない。もちろん塊錬鉄の半製品は確認できない。

上述の塊錬鉄説は、炉遺構の性格を調査する国内の研究者に大きな影響を与えてきた。弥生時代の製鉄遺跡と報告されているものに、広島県三原市小丸遺跡がある[3]。近接したＡ、Ｂ両地点で平断面が円形の炉跡が検出され、炉体の地上部分は失われて不明であるが、考古学系研究者はこれを竪型製鉄炉遺構と判定した。生産物は塊錬鉄もしくは還元鉄と鉄滓が入り交じったものを想定し、再処理を行なって鉄素材に利用したと考えるようである。

この推論については、一部の金属学系研究者からも支持的見解が述べられた。炉遺構から出土した塊状鉱石と鉄滓を分析した研究機関の報告書では、「鉱石は鉄マンガン鉱で、製鉄原料として使用された」と述べている。しかし化学分析値（表10—№12）を見ると、鉄マンガン鉱石の鉄分は二〇％に過ぎない。鉄マンガン鉱は鉄品位が低く、難還元性であるために、現代でもこれを製鉄の主原料に使用されることはない。

それでは酸化マンガン量に対する鉄含有量との比（T.Fe/MnO）を算出し、鉱石と鉄滓の間で比較してみよう。表10の最右欄には、鉄マンガン鉱石と鉄滓の中の全鉄の対酸化マンガン比（T.Fe/MnO）の算出値を記載した。鉱石の一・二九に対して、鉄滓では三・二六から四・一八と著しく高くなっている。マンガン鉱石の還元と鉄滓の生成が行なわれる工程では、MnOの大部分が鉄滓側に移る。鉄滓中のT.Fe/MnOの増加は、鉄分を含む何らかの材料が加えられ、鉱石と一緒に処理されたことを示唆している。この〝何らかの鉄材料〟は少量の鉄マンガン鉱石の破砕粉が脱炭材として添加されたもので、おそらく銑鉄を再溶融して鋼に変える精錬が行なわれたと著者は考える。

表10の脚注には、B地点からやや離れたA地点の炉跡で採取された鉄滓の分析値（分析法が異なる）から算出したT.Fe/MnOを示した。これも高値なので、やはりB地点と同じく鉄マンガン鉱石の使用が推定される。報告書でB地点の炉を^{14}Cの測定値から弥生後期と推定し、一方、A地点では須恵器の破片をもとに遺跡の年代を奈良時代と判定している。しかし、近接した二つの地点で同じような操業が行なわれ、その間に数百年の年代差をおくことには問題があるように思われる。

小丸遺跡の発掘調査報告は、九州西北部や山陽地方の先進的地域で小規模な鉄生産（砂鉄ならびに鉄鉱石）が行なわれたと推測する考古学系研究者の、有力な論拠になっている。例えば熊本県阿蘇谷に賦存する大規模な褐鉄鉱鉱床（湖沼の底に沈殿した水酸化鉄が鉱石になったもの）と、鍛冶工房跡から出土した鉄滓様遺物とを関連づけて、褐鉄鉱を原料にした製錬が行なわれたのではないかと期待したことがあった。しかしその鉄滓様遺物は、褐鉄鉱を焼成して弁柄を製造する中間工程での失敗作であることがわかり、製鉄を裏付ける資料にはならなかった(26)。

(2) 武器製作からみた弥生の戦争

弥生時代の戦争を想定する人達に大きな影響を与えているのは、中国の史書『三国志』魏書・韓伝・弁辰条の記事である。それは二世紀後半の「倭国乱」の状況を伝えている。

「桓（帝）霊（帝）の間、倭国大いに乱れ、更々《こもごも》相攻伐し、歴年主なし。一女子あり、名を卑弥呼という。……」

この争乱に関連する考古学的事項として、防衛機能を有する環壕集落、高地性集落（九州地方）と狼煙台（九州・山陽地方）、石剣や鉄鏃が刺さった人骨（九州西北部のカメ棺墓）などの考古学的状況証拠がしばしば挙げられる。手工業が発達した一部のクニを除けば、各地域で一時期に操業した鍛冶工房はきわめて少なく（首長が居住する集落にせいぜい一棟程度）、鍛冶工も少人数であったと思われる。その鍛冶工は、本章二節で述べたように、剣・大刀を製作しないだけでなく修理もできなかったであろう。社会的に未発達のクニで、規格性ある多くの武器を調達できたはずはない。鉄製武器の製作技術の面から弥生の戦争の問題を検討してみたい。

①　鉄製武器の生産能力

環頭大刀は剣に比べると刺突力だけでなく斬撃力にも優れており、当時の中国大陸や韓半島では徒歩の戦闘部隊を率いる指揮官にとって標準装備の武器であった。しかし列島内で製作途中の大刀や刀装具の半製品が出土しないので、その製作は実証できない。環頭大刀はおそらく舶載品であったろう。

剣や大刀の製作には、大型鉄戈の技術があれば可能である。しかし刃金鋼を身部全体に使用しなければならないので、小型の利器に比べて多量の刃金鋼が必要になる。これを求める先の韓半島南部に、刃金鋼素材の十分な供給能力があったかどうかは不明である。

貫通力の高い尖根式鉄鏃は、合わせ鍛え法による製作である。これを裏付ける遺物は確認できず、輸入品の可能性もある。それに対して薄板状の平根式鉄鏃は、仮に表面に浸炭処理が施されているとしても狩猟用であろう。皮革製防具を貫通できないからである。墳墓から実用性のないものも出土するので、この種の鉄鏃は祭祀用と思われる。

多く出土する銅鏃は錫青銅製ならば殺傷力が高いが、銅製（錫が少なく純銅に近い）の場合は、軟らかすぎて貫通力を期待できない。やはり祭祀用ではないだろうか。福岡県春日市須玖岡本遺跡出土の鋳型は銅鏃生産を示す重要遺物として評価されているが、はたして青銅製鏃の鋳造に使用されたかどうか、検討が必要と思われる。なお列島内の製作とみられる銅剣や銅矛に、純銅組成（現代の純銅品位とは違う）材料の使用例が多いことはよく知られている。

②　集団の鉄製武器装備

規格性ある武器を装備することができないので、大人数の集団の編成は考えられず、おそらく首長の身辺や居館の警護を目的にした小規模の部隊であったろう。

「相い攻伐す」の地域範囲については、すでに東西日本の土器が相互に流通する時代に入っており、国内交易が盛んになる中で抗争をどうみるかが重要である。確かに九州地方西北部では、クニ同士の集団的衝突に鉄製武器を使うことができたかも知れない。山陽・近畿地方は鉄器全体の使用量（出土数で評価される）が少なく、そこでの使用は疑問である。また九州と山陽・近畿との地方間に抗争が発生した場合、前者の地から鉄製武器を装備した比較的少人数の部隊を海上輸送することは可能だとしても、後者を武力で制圧したことを裏付ける証拠は挙げられないのではなかろうか。

鉄製武器の生産には鉄素材とくに刃金鋼の入手と、高度な鍛造技術が必要である。製品を輸入する方がはるかに容易であったに違いない。弥生後期に列島内の広範な地域に及ぶ大規模な戦争は、生産技術の面からは考え難い。

六　まとめ

（一）弥生中期から古墳前期初頭にかけて生産・流通した鉄素材について著者の見解を述べ、要点を図にまとめた。

（二）弥生中・後期の鉄素材は精錬した鋼であり、おそらく韓半島南部で銑鉄を処理して鋼を生産し、板状・棒状に加工した半製品は日本列島の九州西北部を中心とする地域に輸出されたと考える。ただし、数は少ないものの国内でも地床炉様の遺構が検出され、また精錬滓と推定される鉄滓が出土するので、一部の地では鋼の生産を行なった可能性もある。その目的は利器の刃部に使用する刃金鋼の製造にあったかも知れない。

（三）奴国の手工業生産中心地に比定される福岡県春日市須玖遺跡群の赤井手遺跡では、弥生中期末の工房跡で固く焼け締まった地床炉様遺構が検出されている。もしも市史に鋳鉄脱炭鋼と記述された出土遺物の一つが、精錬不十分で廃棄された「鉄塊系遺物」に改められるならば、この工房において鋼精錬を実施した可能性があるという従来の見解は物的証拠で補強されることになる。

（四）弥生中期中頃から始まる鋼製鉄器の製作には、輸入の鋼素材が使用されたと考える。精錬した鋼であることは、鉄器中の非金属の微小夾雑物（非金属介在物）が鉄滓の成分を多く含むという分析結果で裏付けられる。しかし塊錬鉄の使用は、製品のミクロ組織解析によっても実証されない。

（五）弥生時代の鋳鉄脱炭鋼の半製品は、著者が調査した範囲では確認できなかった。鋳鉄脱炭鋼と判定もしくはその可能性が高いと報告された例を再検討したところ、次のようになった。すなわち、①表面脱炭処理が施された鋳造鉄斧の袋部破片と思われる鉄片資料をミクロ組織観察で鋳鉄脱炭鋼の半製品と判定した例、②棒状鋳鉄半製品資料の鼠銑組織を白銑と誤認したことに加えて、表面の脱炭層を冷却過程ではなく表面脱炭処理法による生成と判定した例、③鉄滓が多く付着した塊状資料の内部に鋳鉄組織が残り、脱炭が進んだ個所で空孔が生成していることを理由に、鋳鉄脱炭鋼の可能性をもつと述べた例、④銹化の進んだ鉄片資料についてミクロ組織観察による確実な金属学的根拠を示すことなく鋳鉄脱炭鋼の可能性ありとした例である。

（六）弥生製鉄の根拠とされる広島県三原市小丸遺跡の竪型炉跡は、出土した鉄マンガン鉱石と鉄滓の化学組成を比較・検討した結果、鉄滓側でのマンガン分（鉄対比）の著しい増加がみられるので、操業の目的が鉱石を使用する製鉄にあったとはいえない。鋼の精錬炉とみるべきであろう。

（七）弥生後期の鉄器製作技術からみた場合、鉄製武器で装備・編成された軍事的集団が、広域的かつ大規模な戦争を行なったとは考え難い。

註

（1）佐々木稔「弥生時代の鉄と鉄器製作技術」『古文化談叢』第三〇集、九州古文化研究会、一九九三年、一〇六一頁
（2）註（1）に同じ
（3）註（1）に同じ
（4）註（1）に同じ
（5）橋口達也「弥生文化と鉄」『季刊考古学』第八号、一九八四年、一二頁
（6）註（1）に同じ
（7）註（1）に同じ
（8）樋上　昇「「木製農耕具」ははたして「農耕具」なのか」『考古学研究』第一八七号、二〇〇〇年、九七頁
（9）鈴木　勉・松林正徳「有樋鉄戈の樋加工技術について」『古文化談叢』第三三集、九州古文化研究会、一九九四年、二七頁
（10）村上恭通『倭人と鉄』青木書店、一九九八年、八八頁
（11）佐々木稔・赤沼英男・伊藤　薫・清永欣吾・星　秀夫「阿蘇谷狩尾遺跡群出土の小鉄片と鉱滓様遺物の金属学的解析」『古文化談叢』第四四集、九州古文化研究会、二〇〇〇年、三九頁
（12）鹿田　洋氏からの私信
（13）註（10）に同じ、九七頁
（14）藤尾慎一郎「弥生時代の鉄」『国立歴史民俗博物館研究報告』第一一〇集、国立歴史民俗博物館、二〇〇四年、三頁
（15）佐々木稔「仁王手・赤井手遺跡出土の棒状鋼製品の組成」『奴国の丘歴史資料館報』第二号、奴国の丘歴史資料館、二〇〇五年、二四頁
（16）李京華「秦漢時代の冶金技術と周辺地域との関係」たたら研究会国際シンポジゥム予稿集『東アジアの古代鉄文化―起源と伝播』一九九三年
（17）境　晴紀「弥生時代の鍛冶工房の研究」『たたら研究』第四四号、二〇〇四年、一頁
（18）春日市史編さん委員会編『春日市史・上巻』春日市、一九九五年
（19）清永欣吾・佐々木稔・星　秀夫「須玖磐石遺跡出土遺物の金属学的調査」『須玖磐石遺跡』春日市教育委員会、二〇〇一年、三五頁

（20）深谷　淳・佐々木稔「名古屋台地の弥生集落より出土した鋳造・鉄関連遺物」『研究紀要』第一〇号、名古屋市見晴台考古資料館、二〇〇八年
（21）佐々木稔「弥生中期から古墳前期にかけての鉄素材の形態と組成」『七隈史学』第七号、七隈史学会、二〇〇六年、二四八頁
（22）金世基（金井塚良一訳）「慶州 隍城洞 原三国時代の工房址と武器製作」『埼玉考古』第三二号、一九九六年、二二五頁
（23）武末純一「三韓の鉄器生産体制」『韓半島考古学論叢』すずさわ書店、二〇〇二年、二八一頁
（24）註（19）に同じ
（25）佐原康夫「漢代の製鉄技術について」『漢代都市機構の研究』汲古書院、二〇〇二年、三九三頁
（26）註（11）に同じ

発掘調査報告書

〈1〉秋田県埋蔵文化財センター『東北横断自動車道秋田線発掘調査報告書ⅩⅦ―虫内Ⅲ遺跡』一九九四年
〈2〉大澤正己「奈具岡遺跡出土鉄製品・鉄片（切片）の金属学的調査」『京都府遺跡調査概報告』第七六冊、京都府埋蔵文化財調査研究センター、一九九七年、一四七頁
〈3〉広島県埋蔵文化財センター『山陽自動車道建設に伴う埋蔵文化財発掘調査報告（Ⅺ）』一九九四年

第三章　古墳時代における鉄器の生産増大と墳墓への大量副葬

一　はじめに

弥生後期から古墳時代に移行する中で、鉄素材の輸入と鉄器の国内生産の増大が重要な役割を果したかどうか、明確な回答は出されていない。しかし、鉄関連遺跡と出土鉄器を検討した考古学系研究者からは、「少なくとも鉄を社会変革の主たる動因にすべきではない」という指摘がなされている。[1] このような見方は、技術論的立場から著者も同意できるところである。

古墳前期初頭の鉄器生産の特徴の第一は、九州西北部で角棒状の鉄素材（鋼半製品）の寸法と重量が大きくなり、第二に地床炉をもつ鍛冶工房の設置・操業が東国の内陸部にまで波及したことである。[2] この二つは技術進歩によるものではなく、社会的変革があって生じた結果としか考えられない。

古墳中期になると、近畿地方では輸入の鋼素材が板状のもの（板状鉄鋌《てってい》と呼ばれる）が現われ、一方輸入の銑鉄を精錬して鋼を製造する鍛冶工房が急速に増加する。鋼製鉄器の製作の中心地は九州西北部から山陽・近畿地方に移り、それとともに墳墓に副葬される鉄器の種類と量が増える。副葬される鉄器は、畿内では中期、東国で後期に最大となる。

本章では、鉄素材と刀剣を重点的対象に取り上げて、この間の技術進歩を紹介するとともに、国内の製鉄開始に係

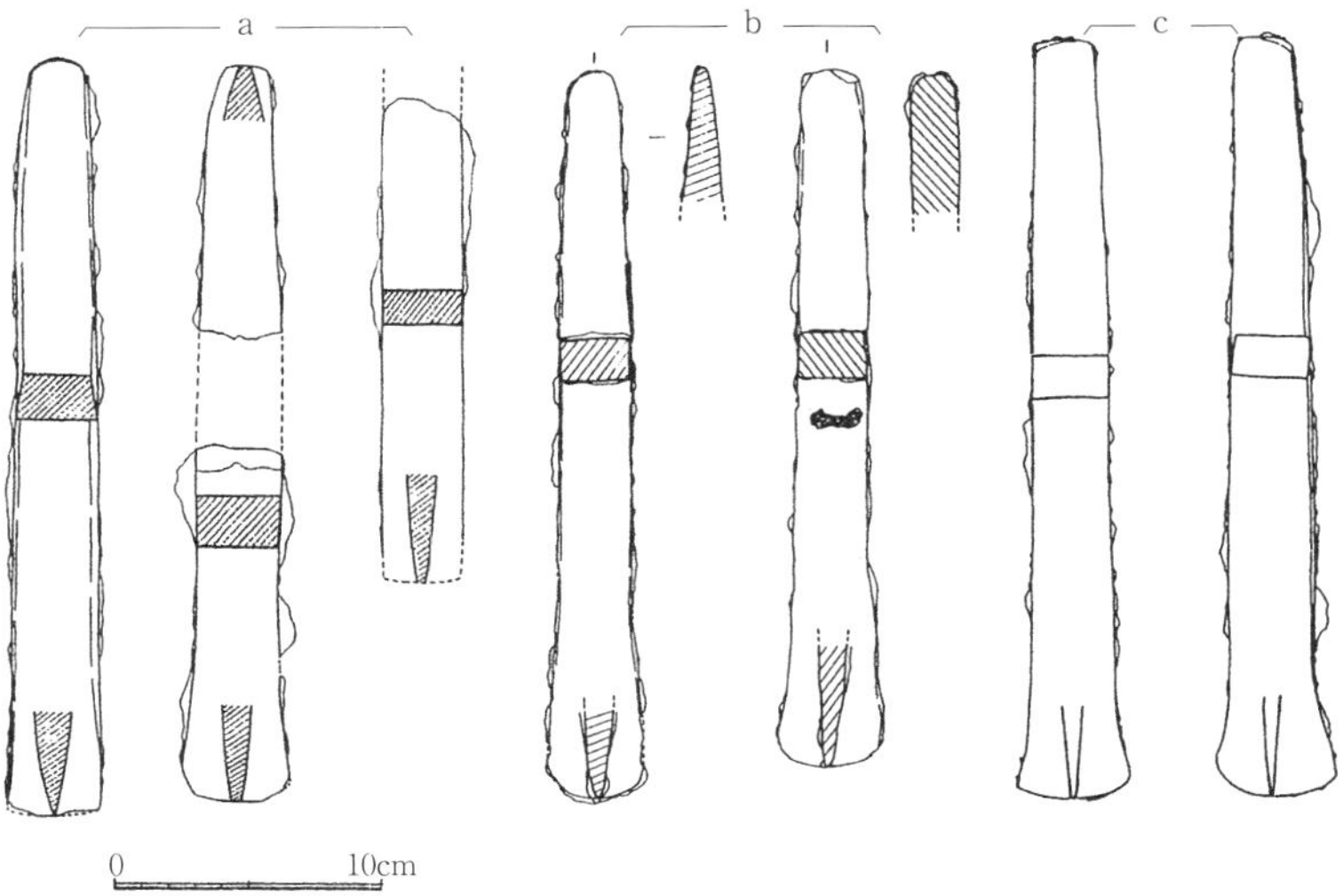

a）福岡県春日市赤井手遺跡、b）韓国金海良洞里遺跡、c）同蔚山下垈遺跡

図25　古墳時代前期における日韓出土棒状鉄素材の形状比較（境晴紀氏論文から抜粋）

わる問題を検討してみたい。

二　鋼素材の国内生産の拡大

(1)　輸入鋼素材の形状変化

①　棒状素材の寸法と重量の変化

弥生後期に比べて古墳時代前期における際立った変化は、より大きな寸法の棒状鉄素材が出土することである。赤井手遺跡の例を挙げると、図25—aのように断面の拡大に加えて、長さが三〇cm前後になる。形状と寸法がほとんど同じものが韓国慶尚南道良洞里遺跡などから出土（図25—b、c）するので、韓半島南部の製品とみられている[3]。

赤井手遺跡の資料一点が分析調査され、炭素分析値は〇・二五%と報告されている。平均組成としては軟鋼の範囲に入る。報告書の中では塊錬鉄を鍛打・成形したのち浸炭処理を行なった製品と述べられている[4]。しかしエッチング組織写真をよく見ると、炭素濃度の高い層は片面にしか生成していない。片面浸炭という処理方法はないので、棒状資料は精錬した鋼の半製品（炭素量分布が不均一）ではないかと思われる[5]。

この種の輸入鋼素材は折り返し鍛錬を行なって材質を均一化したあと、実用の刀剣や鉾などの武器を製作する場合には、焼きの入る刃金鋼を鍛接して製品化したものと考えられる。それはまた、前時代の鉄戈に見られたように高度な鍛造技術の普及を促すことになったのではなかろうか。

②　板状鉄鋌の出現

古墳時代中期になると、畿内では角棒状の鋼素材は消えて板状の鉄鋌に変わる。よく知られているのは、奈良市大和6号墳から出土した大・中・小合わせて八七二枚、一四〇kgの鉄鋌である。計測図の代表例を図26に引用した。詳しくは関連の考古学的文献を参照していただきたい。

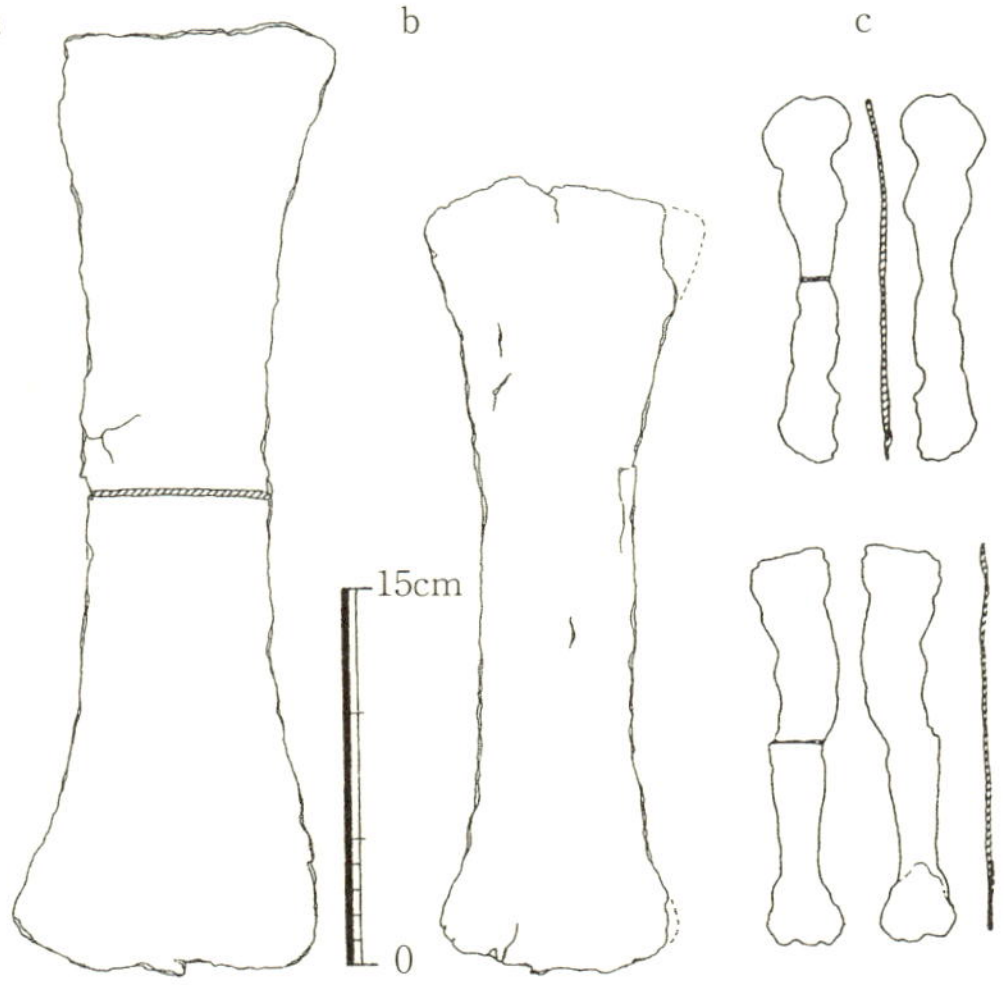

a）大型、b）中型、c）小型

図26　板状鉄鋌の計測図例（奈良市大和6号墳）

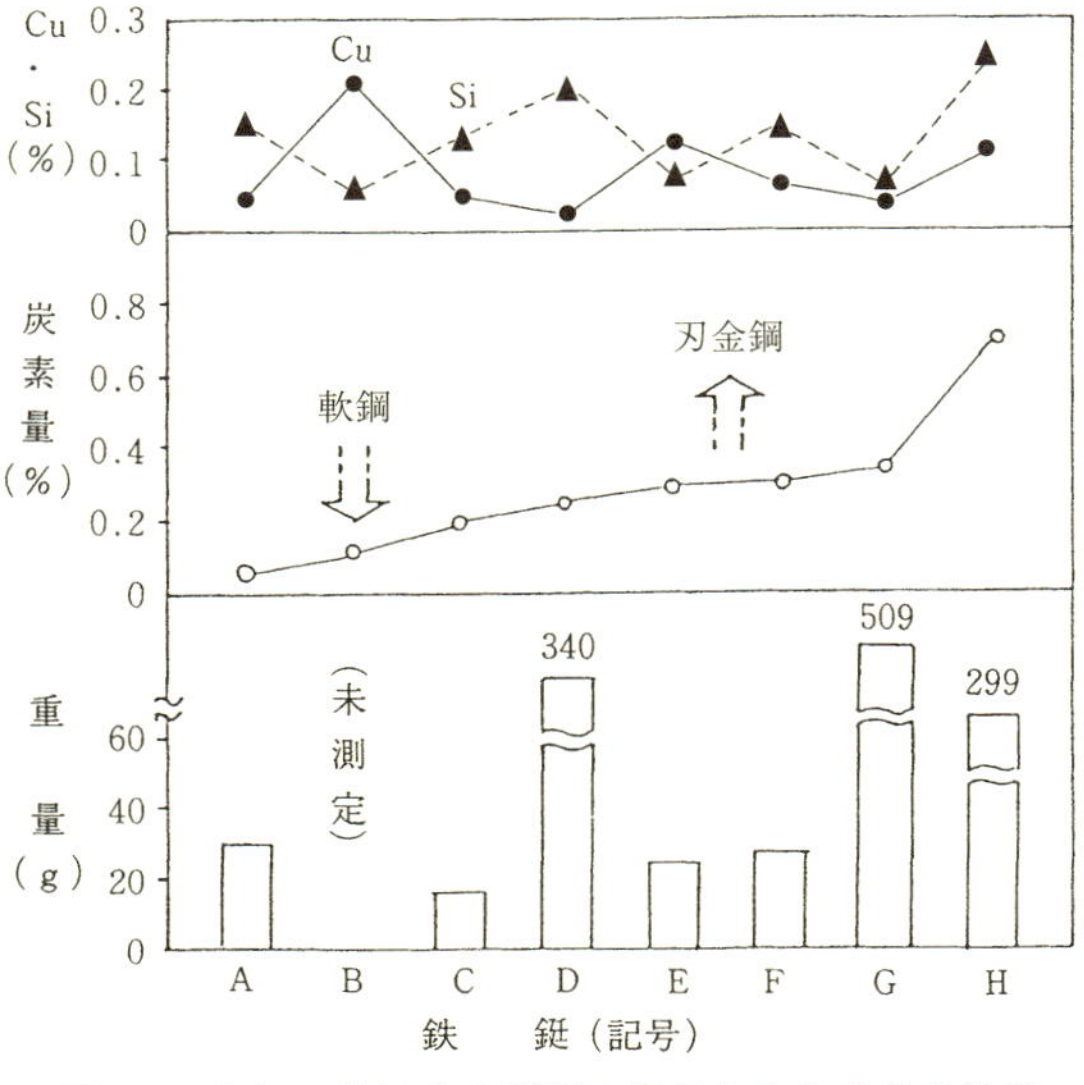

図27　大和6号墳出土鉄鋌の重量と含有成分の比較

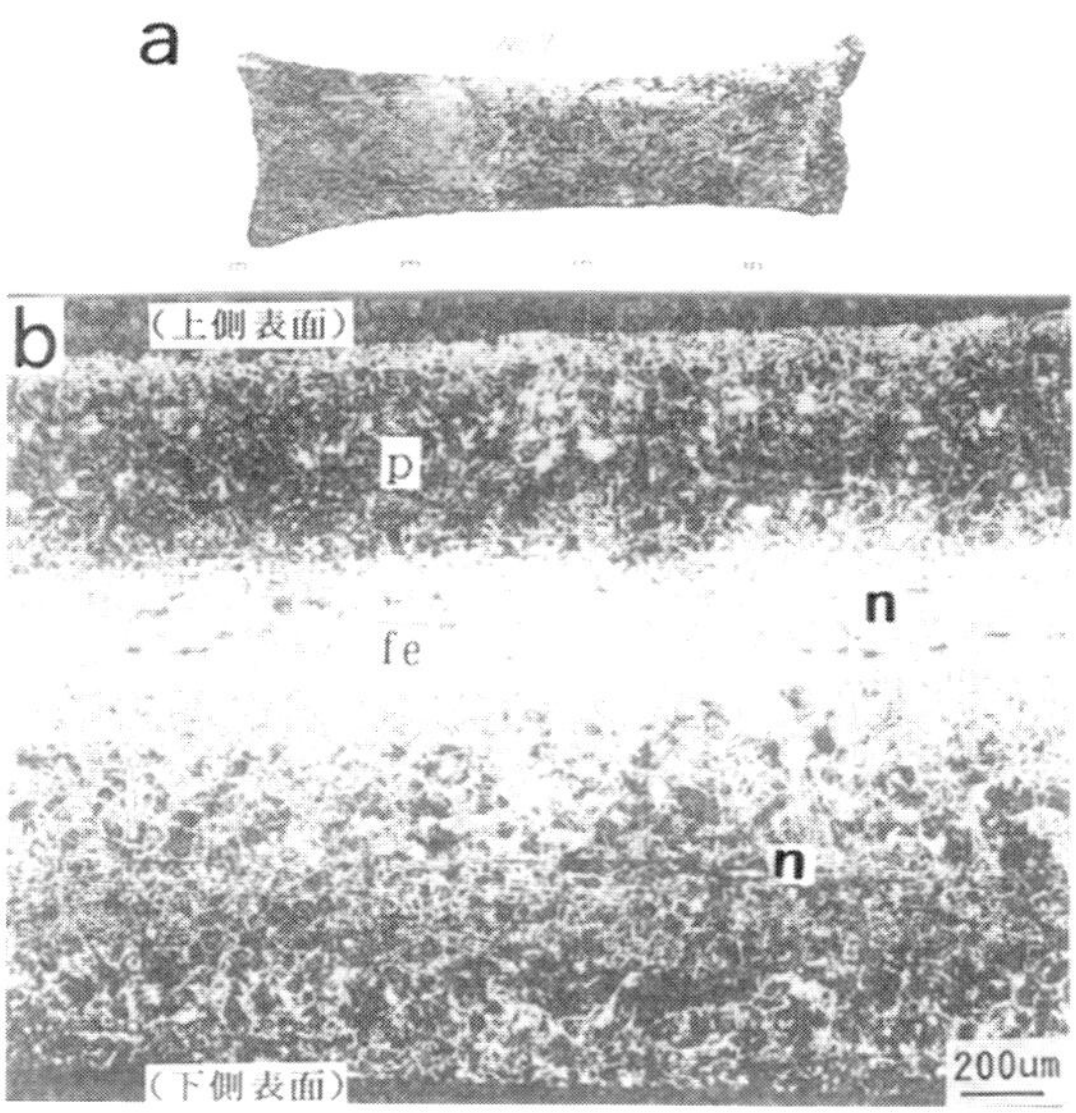

a）外観、b）断面、p；パーライト、fe；フェライト、n；非金属介在物

図28　大和6号墳出土鉄鋌断面のマクロエッチング組織

（奈良県立橿原考古学研究所の許可を得て転載）（註5より）

鉄鋼材料としてみた場合、大・中型の鉄鋌は表面が平らな鋼板である。図27からわかるように、分析された範囲内では低炭素の軟鋼に入る資料が多く、一点だけが〇・七%強の高値を示すにすぎない。断面のマクロエッチング組織の例が図28―bである。エッチングされた黒色の層はパーライト（符号p）に富む炭素量の多い部分、されない白地の層が主としてフェライト（fe）から成る炭素量の少ない部分である。層状になる原因は、①精錬過程では脱炭が均一に進まないため成品鋼塊の炭素量分布が不均一であった、あるいは②もともと炭素量が異なる鋼片を集め成形したのいずれかであり、鍛打の行程で薄く延ばされたと考えられる。

鉄鋌には材質的に必ずしも清浄といえない資料がある。図28―bで観察される紐状の異物（n）は非金属の夾雑物（非金属介在物と呼ばれる）で、分離が不十分で残った鉄滓が鍛打によって細長く伸ばされたものである。しかし軟鋼であれば、介在物が多くても強度を必要としない製品部位に使うことができる。

Cu（銅）含有量の高値は、始発の原料鉱石が銅の鉱物を随伴した磁鉄鉱であることを意味する。日本の国内産出の砂鉄では、CuとT・Fe（全鉄）の比（鉄対比という）が〇・〇二%を上回ることはまずない（ただし精度の高い分析法による）。古代の東北アジアでは、中国大陸の山東半島から長江下流域にかけた地帯にある鉄鉱山から、銅分の高い鉱石が採掘・製錬された。Ni（ニッケル）とCo（コバルト）についても同様のことが考えられるが、関連する鉱山は現在のところ不明である。日本列島で出土するCu、Ni、Co含有量の高い鉄鋼製品は、後の時代になってもかなり高い頻度で見いだされる。この種の原料鉄の生産・供給基地は、長期にわたって存続したものと思われる。

大・中型の板状鉄鋌の形状が、すべて同様の形状に整えられたかどうかは異論がある。福岡県小郡市花聳《はなそげ》2号墳出土板状製品は、一端だけが撥型に開いた資料である。[6]切断試料の金属学的解析結果は、一点の炭素分析値が〇・七四%、他の錆びた資料では推定炭素量が〇・一〜〇・二%、[7]断面のミクロ組織は両者ともに均一であった。鋼の半製品という報告に対して考古学系研究者は形態から板状鉄斧と判定し、両者の見解は一致しないままである。

大・中型の板状鉄鋌の用途として考えられるのは、甲冑製作の原材料である。軟鋼の平板を裁断・穿孔・鋲留めをして、短甲や兜が作られる。輸入の鉄鋌に頼ったのは、鋼塊を平板に加工するのにそれまでと違って大きな平たい金床（表面に焼き入れが必要）と重い鉄槌、さらに新しい鍛打加工技術を要したからであろう。

小型の鉄鋌は厚みが薄く形状が不整で、辺縁に滑らかさがない。鋼塊・鋼片屑を集めて成形したものである。このような鉄鋌は材質的に不均一なので、予め折り返し鍛錬を行なってから製作材料に供したものと思われる。

板状鉄鋌は朝鮮半島南部でも出土することから、その地で製作し日本に輸出されたと考えられている（中国本土では出土例がない）。弥生時代の〝弁辰の鉄〟がもしも鋼素材を指すとすれば、その舶載は板状鉄鋌で終わって、以後はおそらく中国大陸から直接もしくは間接にもたらされた原料銑鉄を処理し、国内で全面的に鋼を製造する体制に転換したことが考えられる。

(2)　地床炉による鋼生産の増大

本項では、古墳時代に入って鋼の増産がどのような方法で行なわれたかを検討してみたい。

畿内における鍛冶工房跡の検出分布の時代変化を研究した花田勝広氏によれば、弥生時代後期に炉跡はほとんど検出されないが、前期に入って急速に増加するという。操業は工房一棟に一基の地床炉をもつ方式（仮に〝一房一炉式〟

と呼ぶ）で行なわれている。炉容積を拡大して増産するのは後期からで、それは直径が二〇cmを越えるような大型の椀形滓の出土で証明される。

① 鋼の精錬法

地床炉による鋼の精錬方式は、中国の前漢の時代に開発された炒鋼法の名でよく知られている。図29―aに、中国河南省南陽市北関瓦房庄遺跡の炉遺構図を引用した。皿型の炉床しか残っていないが、上部にはドーム状の粘土製の覆いがあったと推定される（ドーム状構造については第四章二節で日本の調査例を挙げて説明する）。炉内に木炭と原料の銑鉄を装入したあと、粘土製覆いの壁に装着した羽口を通して空気を送り、木炭を燃焼させると同時に銑鉄の溶融・脱炭を行なったと考えられている(8)。韓半島では韓国慶州市隍城洞遺跡Ⅱ期（二世紀後半頃～五世紀初頭頃）に、炒鋼法による精錬が始まったとされる。炉の遺構図を図29―bに引用した。ここでは塊状の銑鉄（推定）も出土している(9)。この精錬法は弥生中期後半には九州西北部に伝えられた可能性が高い。前述の福岡県春日市赤井手遺跡の鍛冶工房跡

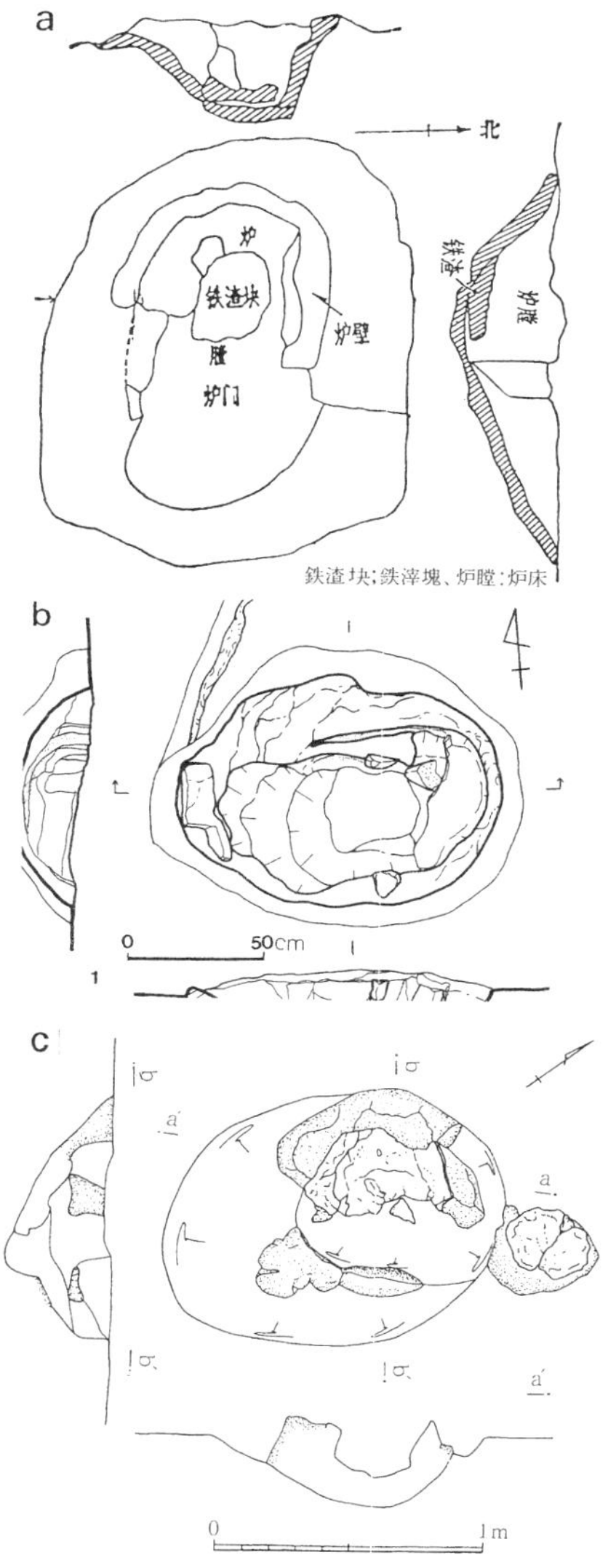

a）中国河南省南陽市北関瓦房庄遺跡
b）韓国慶州市隍城洞遺跡Ⅱ期
c）千葉県八千代市沖塚遺跡
図29　鋼を精錬した地床炉の遺構図

表11　古墳前期初頭の鍛冶工房跡から出土した砂鉄の化学組成

酸化物換算値（%）（抜粋）				
Fe_2O_3（酸化鉄）	SiO_2（酸化珪素）	Al_2O_3（酸化アルミニウム）	CaO（酸化カルシウム）	TiO_2（酸化チタン）
81.8	2.96	1.43	0.41	10.92

注）千葉県八千代市沖塚遺跡。分析試料は千葉県文化財センターの提供。蛍光X線分析法による。

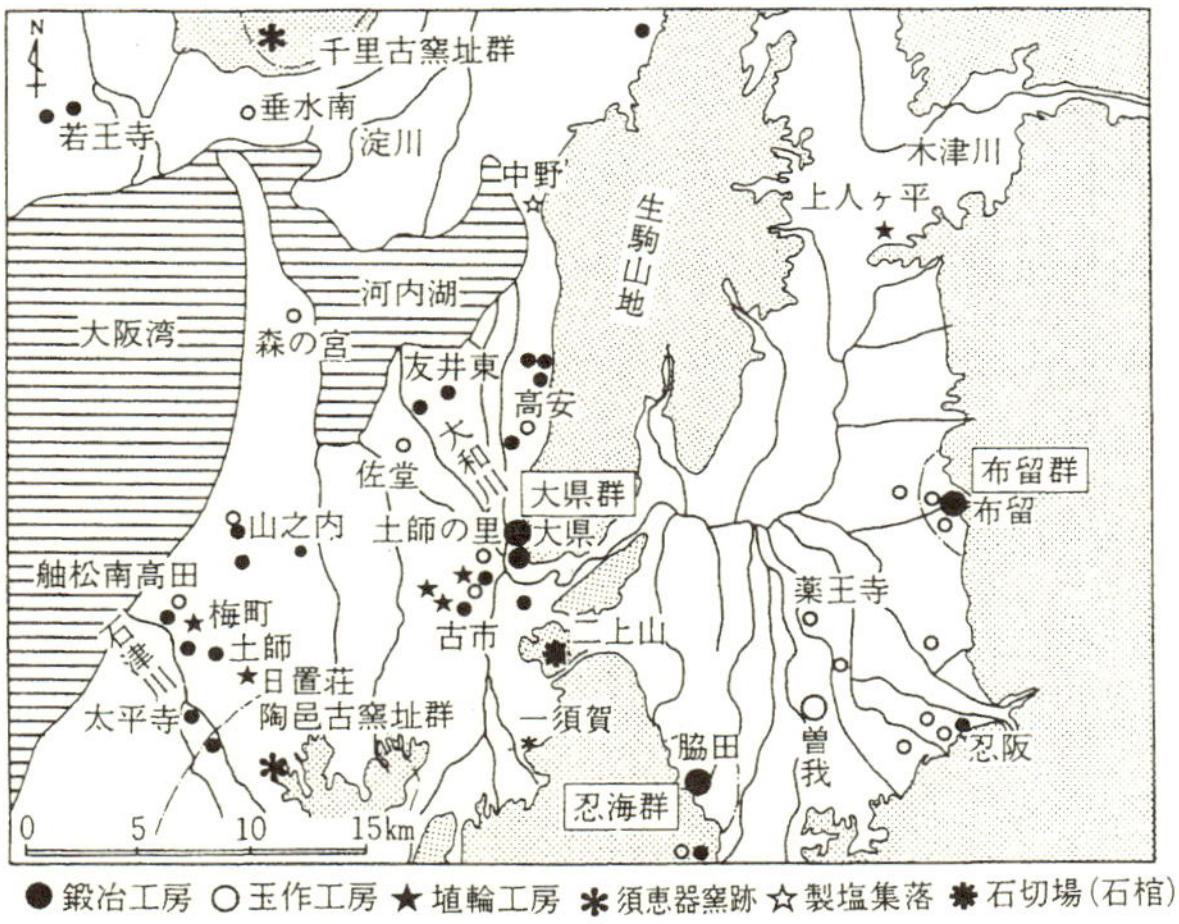

図30　畿内の生産遺跡群の分布（花田勝広氏による）

では、床面で固く締まった赤黒色の焼土痕が検出され、また鋼精錬を裏付ける鉄塊系遺物が出土した（前章四節参照）。古墳前期初頭における同様の例として、千葉県八千代市沖塚遺跡の炉遺構の計測図を図29―cに示す。工房跡からは、精錬途中の銑鉄を内部に残す鉄塊系遺物が出土し、それに加えて砂鉄が工房の床面から採取された。砂鉄の化学組成を表11に示す。後述するように溶融銑鉄の脱炭材として使用するために用意したものと思われる。

以上三例の炉下部構造には共通性が見られるので、当時の中国大陸と韓半島南部ならびに日本列島の間に精錬法の基本的な違いはなかったと著者は考える。

②　鍛冶工房の性格分類

花田勝広氏は、畿内の祭祀用品を集約的に生産する工房群中の鍛冶の性格を「専業集落型」、豪族の墳墓埋納品を製作する鍛冶は「非専業集落型」と分類している。(10) 図30に同氏による工房跡分布を引用したが、おおよその年代区分はⅠ期＝三世紀後半～四世紀、Ⅱ期＝五世紀代、Ⅲ期＝六世紀代である。Ⅲ期になると鍛冶工房はいくつかの群に集約される傾向が見られるという。非専業集落型鍛冶はⅡ期の多くを占めており、経営主体は支配層の豪族で、首長墓に副葬する鉄器を製作したと推測する。専業集落型鍛冶はⅢ期の工房群に属し、奈良県天理市布留遺跡群（五世紀中頃～六世紀初め）、大阪府柏原市大県遺跡群（五世紀～七世紀代）、大阪府堺市陵南遺跡群（五世紀中～末）、奈良県御所市南郷遺跡群（六世紀代）などが挙げられる。遺跡からは刀装具・銅製品・貴石加工品・木製品などが出土した。大県遺跡群における鉄器生産のピーク時期は、間接的な評価ではあるが、図31の鉄滓と羽口の出土数をもとに六世紀後半と推定している。

吉備地方における鉄鋼生産は、岡山県総社市の関連遺跡群の変遷が興味深い情報を提供している。例えば砂子《ざこ》遺跡では、五世紀末と推定される住居跡で鉄滓が出土しており、この頃から地床炉による鋼の製造が始まったとみられる。[11,12] 遺跡内の住居跡（四〇棟以上）の多くは六世紀後半～七世紀前半に集中するが、注目すべきは小さく砕かれた鉄鉱石が出土することである。鉱石を砕きやすくするために、事前にそれを焙焼した炉の跡が確認されたことも重要である。粉砕した鉄鉱石を精錬の工程で脱炭材として使用する方法は中国の後漢の時代に遡るとされ、韓半島南部の隍城洞遺

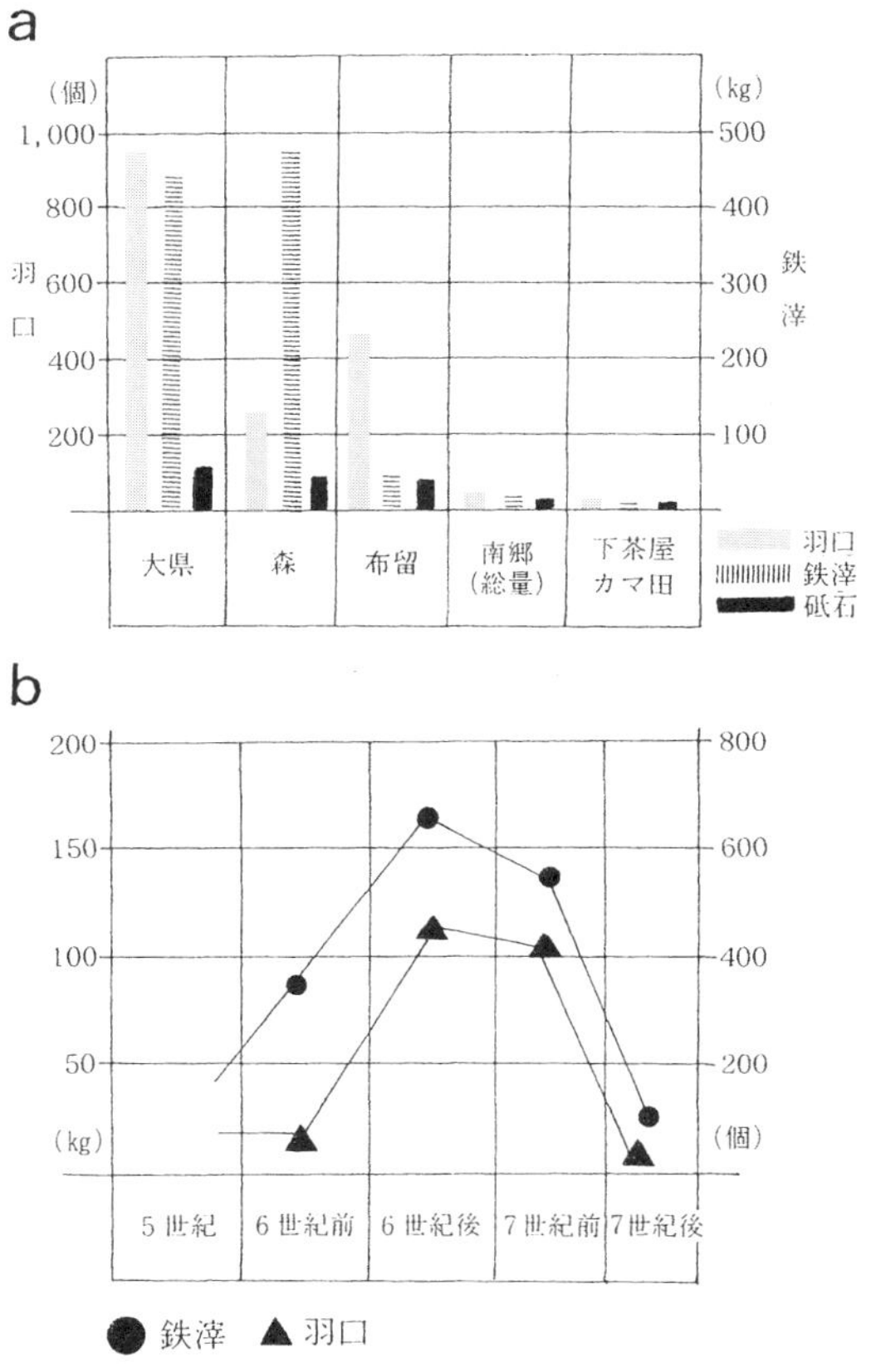

a）各遺跡群の鉄滓・羽口・砥石

b）大県遺跡の鉄滓・羽口出土数の時期別変化

図31　畿内の生産遺跡群における鍛冶関連遺物の出土数量変化（花田勝広氏による）

跡Ⅱ期の鍛冶工房跡でも粉鉱石の出土が報じられている。(13)

　地方の生産集約型工房群中の鍛冶工房としては、荒川水系の河口域にある東京都足立区伊興《いこう》・舎人《とねり》遺跡（六世紀初～七世紀初）の例がある。(14,15) 遺跡からは鉄製品のほかに、銅製品・貴石加工品・木製品などの祭祀用製品が出土しており、あたかも畿内の官衙工房群の規模を小さくした生産拠点のようである。

　地方の豪族居館の遺構復元例としてよく挙げられるのは、群馬県高崎市三ツ寺Ｉ遺跡（五世紀末～六世紀初頭）である。(1) 利根川上流域にあって、水利に係わる祭祀行事が長期にわたって行なわれたことが確認されている。居館には鍛冶工房が付属していて、図32に示す第二張出区域に設営された〝一房一炉式〟工房である。(16) 遺跡のＩ期に存続し、Ⅱ期には廃絶したとみられている。

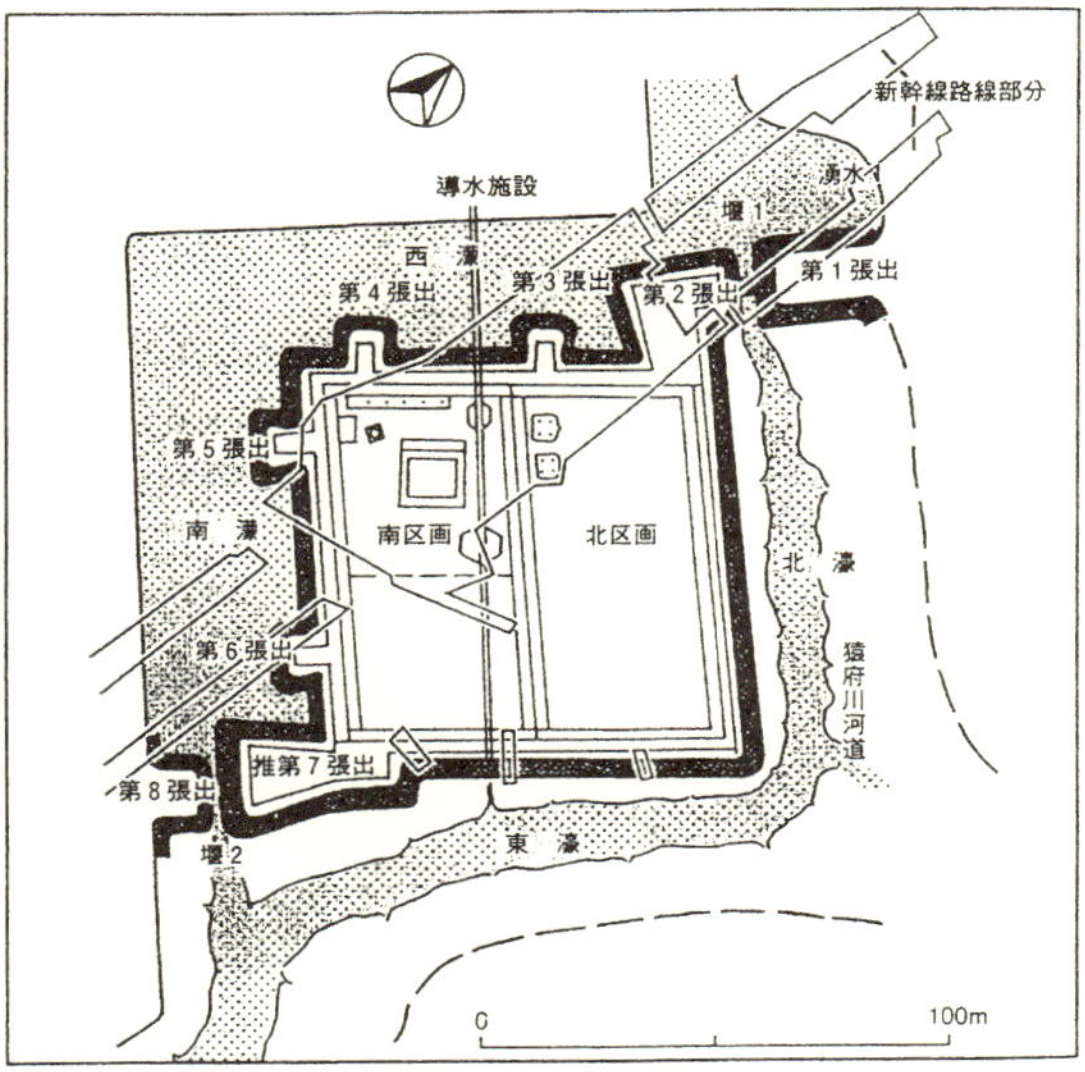

図32　地方豪族の居館付属鍛冶工房の例（群馬県高崎市三ツ寺Ｉ遺跡）
（鍛冶工房は第2張出区域に設置）（若狭徹『古墳時代の地域社会復元・三ツ寺Ｉ遺跡』新泉社、2004年による）

居館の外壕跡から発掘された関連遺物の調査結果からは、祭祀用品を製作した可能性が考えられる。著者の考察を述べると次のようになる。①るつぼ内壁に付着した銅滓の組成からは「純銅（古代の材質基準による）を坩堝で溶解したときに発生した銅酸化物が坩堝内壁と反応してできた付着物」と推測され、溶解の目的は小型製品（おそらく祭祀用）の鋳造にあったと思われる。②銅滓中の鉛の同位対比測定結果から中国産鉛と判定されている。この鉛は銅鉱石に随伴した鉛鉱物に由来する。なお国産鉛が検出された最初の銅製品は、七世紀前半の奈良県飛鳥地方水落遺跡で発掘された水時計に使用の銅管である。③鉄滓の組成は鋼の精錬滓を示しており、工房に搬入された原料鉄を処理して鋼を製造したことが明らかである。おそらく小型の鉄器を鍛造したと思われるが、祭祀用であったかどうかは不明である。

この居館では工房廃絶後も水利に係わる祭祀の儀式が行なわれているので、金属製品が引き続き使われたとすれば、それは外部から持ち込まれたことになる。三ツ寺Ⅰ遺跡と前述の伊興・舎人遺跡（古墳中・後期）を関連づけると、荒川・利根川水系の河口域には総合的な製作センターがあって、上・中流域の各地に製品を供給したことが推測される。

③ 精錬の原材料と軟鋼ならびに刃金鋼の造り分け

鋼の原材料は炭素量が四％前後の銑鉄である。通常これは原料銑鉄と呼ばれている。そのままでは硬く脆いので鍛造は不可能である。鋼に変えるための処理操作の基本は、炉中に木炭と一緒に装入して空気を送り込み、木炭の燃焼

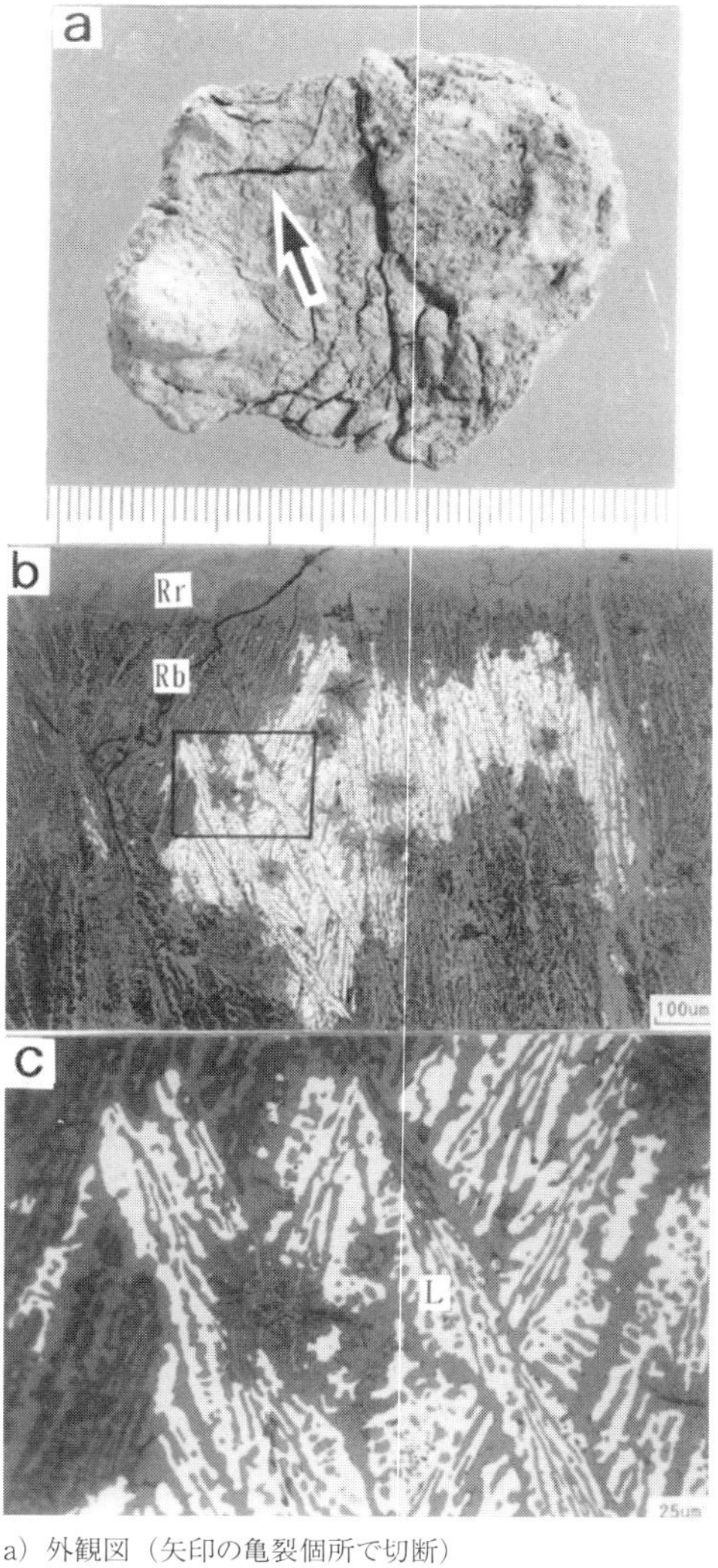

a）外観図（矢印の亀裂個所で切断）
b）断面のマクロ組織、c）同ミクロ組織
Rr；赤錆、Rb；黒錆、L；錆化途中のレーデブライト

図33　未使用の板状鋳鉄半製品の例（鳥取県大山町茶畑第1遺跡）

熱で溶解すると同時に、空気中の酸素で溶融銑鉄に含まれる炭素をガス化して低減し、半溶融状態で精錬を行なうことにある。

古代の鉄関連遺跡から、原料銑鉄が使用前の形状を保った状態で見つかることは少ない。古墳前期初頭の鳥取県大山町茶畑第1遺跡では、図33―aに示すような状態で出土した[2]。全体に錆びが進み、表面には多数の亀裂が入っている。断面のマクロ・ミクロ組織写真（b、c）で明色の繊維状に見えるのは、錆びずに残ったレーデブライト組織（符号L）である。こうした観察結果から、錆びる前の遺物は鋳鉄の板状半製品と推定された。

精錬工程における脱炭が不十分で、かつ鉄滓を細かくかみ込んだ産物は、鋼の部分を取り出すことができないために廃棄される。これが鉄塊系遺物（金属学的意味での）と呼ばれるもので、その出土から鉄関連遺跡では精錬が行なわれたことを推測できる。前出の沖塚遺跡の地床炉遺構（図29―c）の付近から、内部に銑鉄の組織を残した鉄塊系遺物が出土した。また前章で述べたように、赤井手遺跡の弥生中期末の鍛冶工房跡（炉遺構は計測されていない）でもこの種の遺物が採取されている。

溶融銑鉄の脱炭には、補助的に固体の脱炭材が添加・使用される。古墳時代の鉄関連遺構で出土したのは、砂鉄と鉄鉱石粉である。前者は沖塚遺跡の鍛冶工房跡の作業面から採集された。化学組成は前掲の表11のようである（蛍光X線分析法による）。同時に採取した鉄滓もTiO_2含有量が高いので、精錬工程で砂鉄を使用したとみてよいであろう。なおこの工房跡からは、口縁の一部をコの字形に小さく欠いた土器が見つかっており、砂鉄を炉内に装入するための容器に使われた可能性が指摘された。

後者の鉄石粉は六世紀末の千引かなくろ谷遺跡で検出されている。しかし五世紀後半の岡山市堂山2号墳の石室に充填された鉄滓の表面に、磁鉄鉱の破砕粉が付着した状態で見いだされており、使用の年代はこの時期まで繰り上がると考えてよい。前述の隍城洞遺跡Ⅱ期の鍛冶工房跡からも鉄鉱石粉が出土し、精錬工程での使用が推定されている。

精錬工程で溶融鉄滓の流動性を改善する目的から、造滓材を加えた可能性がしばしば議論になる。鍛冶工房跡の内外から軽石状遺物が出土するという報告もあり、造滓材として準備されたものかも知れない。千葉県旭市岩井安町遺跡の鍛冶炉の炉壁片内側に、角閃石系（含カルシウム・マグネシウムのアルミノ珪酸塩）の鉱物粒子が多数付着しているのが観察されている。(17) 炉壁を構築した材料粘土の中に元々入っていたもの（角閃石主体の火山灰層に由来）で、この場合は炉壁自体が造滓成分供給の役割を果たしたと考えられる。

未解決の大きな問題は、焼きの入る刃金鋼（炭素量がおよそ〇・八〜一・〇四％）と低炭素の軟鋼をどのようにして造り分けていたかである。脱炭の進行度を見計らって途中で送風を止めなければならないが、その操作方法はまったく不明である。現代の刀鍛冶が小型の炉を使って銑鉄を脱炭し、刃金鋼を製造する方法と同じであったとは思われない。

(3)　畿内の鍛冶工房への地金供給

古墳後期には畿内で鉄器製作のための地金の需要が増大したはずであるが、鍛冶工房跡の検出数は減少するという現象が見られる。これについては、いくつかの地方で畿内に向けた鋼の大量生産が開始され、地金を供給したのではないかと考えられている。

花田勝広氏は畿内と吉備の両地方の鍛冶工房跡出土の鉄滓・羽口数を比較して、「六世紀後半に生産がピークに達した畿内の鍛冶工房は、七世紀に入ると生産が下降する。七世紀中頃以降は吉備地方生産の鉄地金（鋼素材）を受け入れたのではないか」という見解を発表している。それを傍証するものとして、岡山県総社市遺跡群で鉄関連炉遺構が長期間にわたって検出されることが挙げられる。

こうして大規模で安定した地金の生産地が新たに吉備地方（それ以外の地方にも）に生まれ、海上・水上のルートを経て需要の多い地に運ばれたのであろう。畿内の鉄器生産の推移（鋼精錬の廃棄物をもとにした間接的評価ではあるが）は、鋼地金の生産と供給の面から合理的に説明できる。

遠隔地から畿内に供給された地金は、古墳時代の輸入鉄素材と後世の鉄鋌の組成から考えて、大部分が軟鋼であったに違いない。それでは利器の刃部に使用する刃金鋼は、一体どこで製造したのだろうか。もしも中期以降は十分な量の軟鋼の地金が畿内に供給されたとすれば、畿内での地床炉による精錬操業の主たる目的は刃金鋼の製造に移ったのではないかと著者は推察する。

(4) 中・後期古墳出土鉄器の組成から推定される始発原料鉱石

国内砂鉄製鉄の開始時期について、考古学・文献史学研究者の多くは炉遺構の発掘調査あるいは出土鉄滓調査の結果をもとに六世紀後半から七世紀初頭、また一部の人達は五世紀後半と考えている。そこで同じ時期の古墳出土鉄器の金属学的調査結果が、これらの見解を支持するかどうか検討してみる。調査したすべてを紹介することはできないので、始発原料鉱石が砂鉄とはいえない分析例を多く挙げて説明したい。

本来、原料鉱石を判別する標識化学成分は、健全な鉄器のメタル試料の分析値で検討するのが望ましい。しかし今日では文化財保存のために、メタル片を採取することはなかなか難しく、しばしば錆試料から元の鋼の組成を推定することになる。この場合成分の濃縮・溶出・汚染などを考慮しなければならない。このような前提をおくことを読者はあらかじめ了承していただきたい。

また、前章でも説明したように、鉄鋼製品の化学組成をもとに始発の原料鉱石を磁鉄鉱と判定する上で、著者はメタル試料のCuとPの分析値が〇・一%以上、NiとCoは〇・〇数%以上を基準にしている（錆試料では鉄対比）。国内の砂鉄を原料にした場合、製品中の成分含有量がこれらの基準値を越えないことが根拠になっている。

表12で健全な直刀の分析値を見てみよう。千葉県八日市場市の二振りはいずれも七世紀の古墳からの出土である。神崎刀はCuが〇・〇六三%で、メタル試料であることを考慮すれば、原料鉱石は磁鉄鉱としてよい。米倉刀は〇・二二%、安中刀は〇・六八%のCuを含有しており、明らかに磁鉄鉱である。つぎに六世紀後半の鎌倉市采女《うねめ》塚の直刀はCu含有量が〇・六三%の高値を示し、間違いなく含銅の磁鉄鉱である。

表 **12**　出土鉄刀剣などの化学組成例

No.	出土地	時代	鉄器種類 分析試料	化学成分（%）（抜粋） T.Fe	C	Cu	P	Ti	推定 炭素量 （%）
1	千葉県八日市場市神崎古墳	7C 代	直刀、メタル	—	0.57	0.063	—	0.003	
2	同上米倉古墳	7C 中葉	〃　〃	—	0.35	0.22	0.020	<0.01	
3	群馬県安中市二子塚	中期中頃	〃　〃	—	0.46	0.68	0.012	0.001	
4	神奈川県鎌倉市釆女塚	6C 後半	〃　〃	0.051	0.05	0.63	0.004	<0.01	
5	埼玉県行田市稲荷山古墳	辛亥銘	鉄剣、錆片	—	—	0.35	Mn0.012	0.02	0.2/0.3
6	島根県松江市岡田山１号墳	6C 後半	直刀、〃	63.03	—	0.54	0.084	0.006	0.2/0.3
7	奈良県飛鳥寺塔心礎	飛鳥時代	挂甲小札、〃	58.8	—	0.07	0.119	0.013	0.1/0.2

注）錆片試料については黒錆層中に残る元の結晶組織を推定して炭素量を評価した。

これに対して、稲荷山鉄剣から採取された錆試料の分析結果では、Cuは〇・三五%と非常に高い。この黒錆中の鉄分はおそらく六〇%前後であろうから、錆びる前の鋼の中にはCuは〇・四~〇・五%程度含有されていたと推定される（鉄が錆びる過程では水素と酸素が付け加わるため元のCu含有量はこのように補正して評価しなければならない）。したがって原料鉱石は含銅の磁鉄鉱である。

岡田山一号墳出土の銘文鉄刀もまたCuが〇・五四%と非常に高い。錆試料のミクロ組織観察では金属銅粒の析出が認められるので、銅分は元々材料の鋼に含まれていたと考えられる（金銅の刀装具から溶け出した銅分が刀の黒錆層にしみ込むことはない）。原料鉱石は含銅の磁鉄鉱とみてよい。

つぎに鉄刀以外の武具について検討してみる。奈良県飛鳥寺の塔心礎の下から発掘された挂甲は、蘇我馬子が五八六年に埋納したものであることが日本書紀の記述でわかっている。著者はこの挂甲小札の錆片を分析したが、結果の一例を紹介するとCuの鉄対比（銅と鉄の含有量の比を%で表示したもの、以下同様）は〇・一一九%、Pは〇・二〇二%といずれも高く、原料鉱石は磁鉄鉱と推定した。

それでは一つの古墳あるいは古墳群から出土した複数の鉄器の場合はどうであろうか。三例を挙げて出土鉄器の化学組成を検討してみる。錆試料が多いので、標識成分の含有量の鉄対比を算出し、図34に棒グラフで表わした。

① 福岡県苅田町番塚古墳

五世紀末~六世紀前半と推定される古墳である。種類・量とも豊富な鉄器が出土したが、大刀・挂甲小札・挂甲腰札片・鉄斧の各一点、鉄鏃の二点、ならびに鉄釘

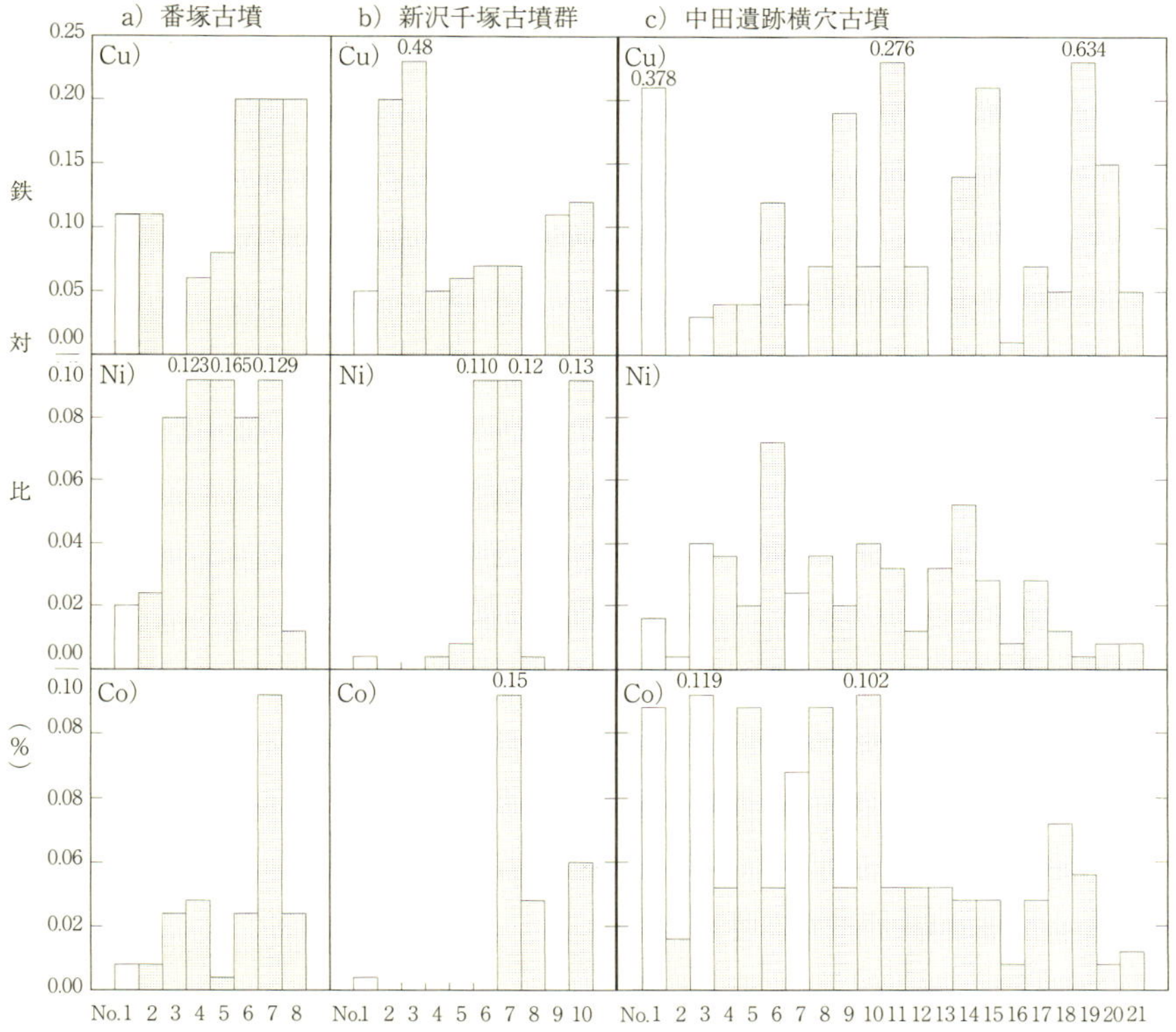

a)No.1 大刀、2 挂甲腰札、3 挂甲小札、4，5 鉄鏃、6 ～ 8 鉄釘
b)No.1 ～ 10 刀剣
c)No.1 ～ 8 直刀、9 ～ 12 刀子、13，14 馬具、15 ～ 21 鉄鏃
白地はメタル試料（T.Fe>85%）、網かけは錆化試料（T.Fe<85%）

図 34　古墳出土鉄器中の主要化学成分の関係図

の三点を選んで分析した[18]。大刀には象嵌文様が施され、それが江田船山刀に類似することから使用の地金についても注目されていたものである。図34―aで大刀No.1の含有するCuの鉄対比は〇・一%を越えており組成は稲荷山鉄剣に共通している。挂甲腰札2のCuからも同様のことがいえる。しかし挂甲小札3は標識成分の鉄対比が低くて、原料鉱石を評価できるレベルにない。鉄鏃4と5はP、Ni、Coの、また鉄釘6はCuとNiの鉄対比が高い。7の鉄釘はCu、Ni、Coが、また8の鉄釘

もCuがかなりの高値を示す。こうして挂甲腰札以外の七点は、原料鉱石がいずれも磁鉄鉱と判定される。

②　奈良県橿原市新沢千塚古墳群

この古墳群は中期から後期にかけて、数多くの円墳が造営されたことでよく知られている。刀剣・鉾・鎧など二三点が分析された[19]。その中の刀剣一〇点を選んで標識成分の鉄対比を図34―bに示した。Cuの鉄対比が〇・一％を越えるものは四点、NiとCoは〇・〇数％以上がそれぞれ三点と二点である。重複する分を除くと、原料鉱石が磁鉄鉱といえる資料数は六点になる。ただし分析値は一九八〇年頃の原子吸光光度法によるものなので、現在の分析法（ＩＣＰ―ＡＥＳ法）に比べ一桁精度が低い。それを考慮に入れて鉄対比を評価したが、一〇点のうち六点という割合は極めて高いといわざるを得ない。中国大陸で生産された原料銑鉄を韓半島南部あるいは日本国内で処理して鋼に変え、刀剣製作材料にしたことが理解されるであろう。

問題はこれらの刀剣が国内の製作か、それとも舶載品かということである。型式から推測する方法もあるが、やはり鍛冶工房の中で占める刀剣製作工房跡の検出比率から検討するのが妥当と思われる。次節で著者の考察を述べることにしたい。

③　茨城県つくば市中田遺跡横穴古墳

墳墓の形態から六世紀第3四半期の造営とされる。石室内から多数の鉄製品が出土した。その中の二七点が分析調査された[20]。直刀・刀子・馬具・鉄鏃の二一点を選んで、図34―cに標識成分の鉄対比を示した。磁鉄鉱と判定できるものは一五点に及び、残る六点も砂鉄といえるものはない。

本項では武器を主体に取り上げたが、鋤先や鉄鎌などの農工具についても標識成分の鉄対比が高いものは、かなりの頻度で見いだされる。五世紀中頃から六世紀後半の古墳に埋納された多くの鉄器は磁鉄鉱を始発原料鉱石としており、輸入の鋼素材をそのままか、もしくは輸入の銑鉄を国内で精錬した鋼を利用したことは間違いない。

三　刀剣の製作法

(1) 鉄剣銘文の技術的解釈

国内の銘文鉄剣には、銘文中に何らかの技術用語を含むものが四点知られている。それらの銘文を表13に、また鉄剣の計測図を図35に示した。東大寺山古墳の直刀（中平、西暦一八四～一八九年）に「百練」、石上神宮に伝世する七支刀（泰和四年、西暦三六九年）に「造百練□（銕）」、稲荷山古墳の剣（辛亥、西暦四七一年）に「百練利刀」、稲荷台一号墳の剣に「廷□」、そして江田船山古墳の直刀には「用大錡釜并四尺廷刀八十練六十捃三寸上好□刀」がある。このほか中国では山東省澧《れい》山出土の直刀（永初六年、西暦一一二年）に「三十練」が見られる。

ここで共通して現われるのが「練」である。中国の文献によれば、練の前は煉の字が使われ、刀剣の製作工程では加熱することを意味していて、加熱・鍛打を繰り返すごとに脱滓と脱炭が進んで清浄な鋼になるとし、加熱・鍛打の一回が一練で折り返しの回数でもあると説明されている。そして百練鉄の技術は漢代に発達したが、もっぱら美術工芸品に用いられ、一般には普及しなかったという。しかし前漢の終わり頃には、銑鉄を溶融、脱炭して清浄な鋼にする炒鋼法が発明されており、進んだ鋼製造法がある一方で加熱・鍛打による脱滓・脱炭法が行なわれていたというのは、技術的立場からは理解し難いところである。炒鋼法が発明される前の方法の「練」の数でランク付けされていたのが、その方法が廃れたあとでも、なお呼称だけが残ったのかも知れない。

そこで、稲荷山鉄剣の鉄錆の解析を通して「練」の数の意味を考えてみよう。分析した錆試料の外観と試料断面のミクロ組織観察で見出された非金属介在物（分離されずに鋼中に残った微小な鉄滓）の一つを図36に示した。ここでは形状に特徴のある珪酸塩質介在物を紹介するが、比較的薄く伸ばされたものである。加工変形の度合いがかなり低いといえる。しかし折り返しの回数は、後者の場合でも多く見積っても十数回程度ではないかと思われる。百回の折り

表13　鉄刀剣にある銘文

○東大寺山古墳直刀銘

中平□□五月丙午造作□□百練清□上応星宿□□□□

○石上神宮所蔵七支刀銘

（表）泰和四年□月十六日丙午正陽造百練□七支刀□辟百兵宜供供侯王□□□□作

（裏）先世以来未有此刀百滋（済）王世子奇生聖音故為倭王旨造伷（伝）示□世

○稲荷山古墳鉄剣銘

（表）辛亥年七月中記乎獲居臣上祖名意富比垝其児多加利足尼其児名弖已加利獲居

其児名多加披次獲居

其児名多沙鬼獲居其児名半弖比

（裏）其児名加差披余其児名乎獲居臣世々為杖刀人首奉事来至今獲加多支鹵大王寺

在斯鬼宮時吾左治天下令作此百練利刀記吾奉事根原也

○稲荷台一号墳鉄剣銘

（表）王賜□□敬□

此廷□□□□

○江田船山古墳鉄刀銘

□□下獲□□□鹵大王世奉□《事》典曹人名无利弖八月中用大《加》錡釜并四尺廷刀八十練六十捃三寸上好□刀

服此刀者長寿子孫注ゝ得三恩也不失其所統作刀者名伊太□書者張安也

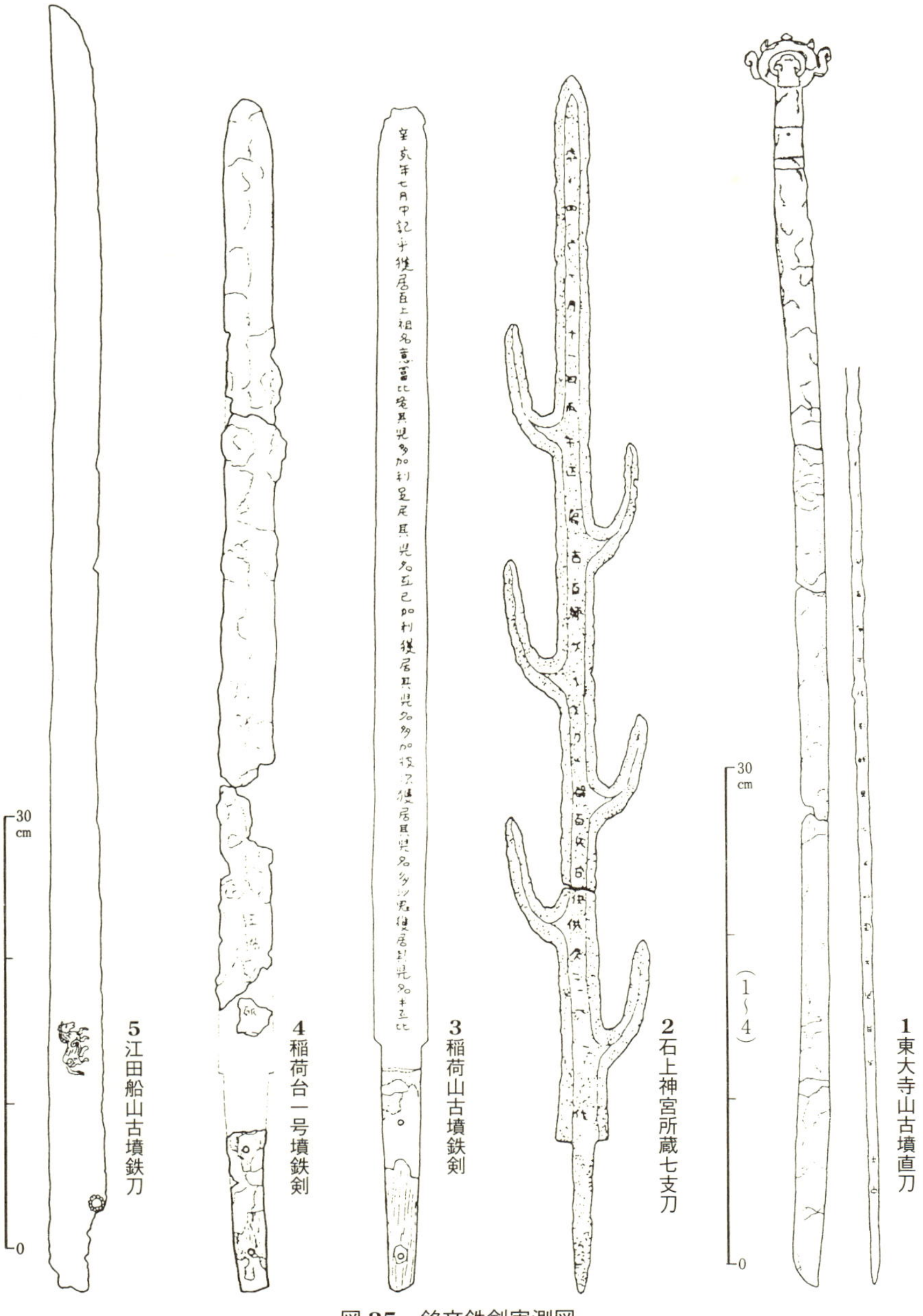
1 東大寺山古墳直刀
2 石上神宮所蔵七支刀
3 稲荷山古墳鉄剣
4 稲荷台一号墳鉄剣
5 江田船山古墳鉄刀
30 cm
0
（1～4）

図35　銘文鉄剣実測図

返しであれば、介在物はおそらく二～三ミクロンメートル（1um=1/1000mm）以下の厚さになってしまう。「百練」の鋼でないことは明らかである。すでに「百練」は非常に良質の鋼を意味する用語に変わり、さらにそれは鉄剣の〝位〟に対して使われるようになったのではなかろうか。この段階になれば、「練」の数は技術的内容が失われる。

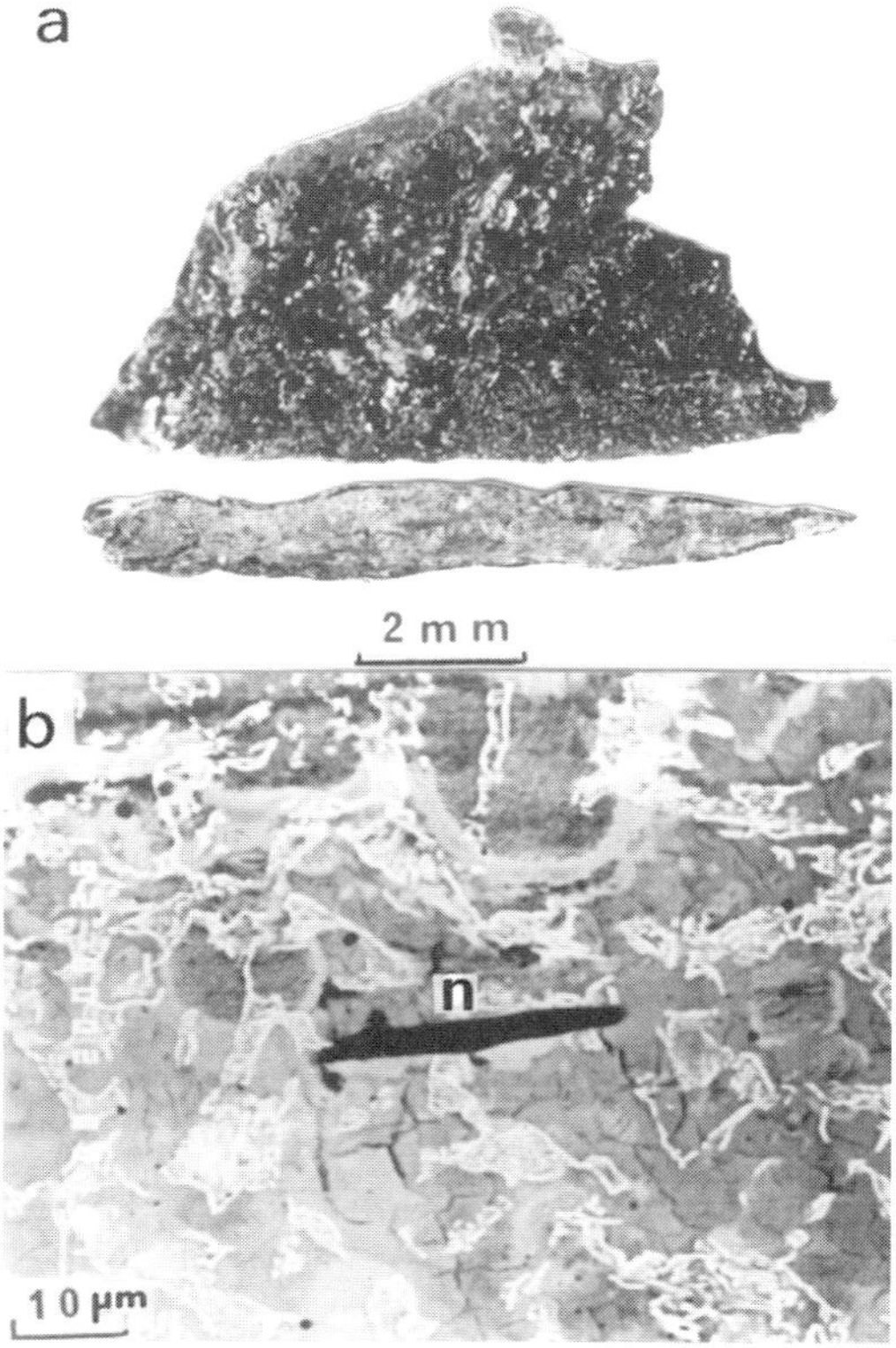

a）錆片の表面と破面、b）ミクロ組織
明るい網目状の組織は錆化途中のパーライト相
n）非金属介在物

図 36　稲荷山鉄剣の錆片と断面の組織

七支刀も百練銕（鉄の古語）で造ったとしてあり、これも清浄な軟鋼が用いられていると思われる。* 左右にL字形に出ている「支刀」は、真ん中の幹状の剣に鍛接されたものである。著者が間近に拝観したときに左側最下段の支刀は付け根から折れていた（このような折損の現象は金属学の分野で〝しなえ〟という）。そして両方の折損面は何か硬いものに当たったためか、めくれているように見えた。剣も「支刀」も軟鋼であることは間違いなく、象嵌が容易な材質である。

＊鉄を鋳造して七支刀を復元したという報告（鈴木勉・河内国平『復元　七支刀』雄山閣、二〇〇六年）も見られるが、これはあくまでも鋳鉄造形品の表面脱炭処理を行なって象嵌可能な軟鋼の層を形成させた、新しい材料による七支力を試作したとみるべきであろう。「百練鉄」が実態を表わしていない字句だとしても、使用材料は精練した鋼である。鋼を鍛造・

加工した事実まで否定することには同意できない。

なお三十練や八十練については、練数に技術的な意味が失われた以上、技術的な議論をすることができない。

つぎに稲荷山鉄剣錆片のミクロ組織から、錆びる前の鋼がはたして軟鋼かどうかを検討してみよう。図36で観察される明るい網目状の模様は錆びる前はパーライト相で、それを構成していたセメンタイト（Fe_3C）が残ったものである。このセメンタイトから成る網目部分が全体に占める面積割合を見積もって、元の炭素量を評価した結果〇・二〜〇・三%になった。間違いなく軟かい鋼である。剣の棟金として用い、象嵌を施すには適切な材質といえる。一方、銘文には「利刀」とあるので、鉄剣は鋭利な刃を有し、刃部に刃金鋼を配した構造をとっていると考えられた。断面の鍛接構造を模式化して示すと、後掲の図37—xのようになる。実際にこの推定にもとづいて、鉄剣の復原が試みられた。[21]

最後に「廷口（刀）」と「用大錡釜幷四尺廷刀」について考察する。稲荷台一号墳出土の鉄剣の象嵌が入っている棟の部分は当然軟鋼であるが、稲荷山鉄剣のように利刀と刻銘せずに廷刀としたのは、鋭利な刃を有する鉄剣ではないことを表わしているのではあるまいか。だとすれば廷刀は、軟鋼片を鍛着し、造形しただけのものと考えざるをえない。同様に江田船山古墳出土刀にある「四尺廷刀」は、鋭利な刃がない儀杖用の大刀ということになる。このような大刀の例は他にも見られる（俵国一氏五十四号刀や石上神宮御禁足地出土刀）。

それでは江田船山刀は、何故「大鋳釜」と「四尺廷刀」を用いたのであろうか。銘文は刀背部は象嵌されており、したがってこの部分は軟鋼である。廷刀を切断し、軟鋼の素材として使ったと考えられる。また銘文には「三寸上好口刀」とあって、切先から三寸までの間に何らかの処理（おそらく焼き入れ）が施されて、〝好い〟性能が付与された直刀であることが窺える。この大刀は刃金鋼と軟鋼を組み合わせた〝併せ鍛え〟でなければならない。錡は鋳と同義である。刃金鋼を得るのに鋳鉄製の「大錡釜」を用いたのではあるまいか。もちろん「大錡釜」をそのまま精錬することはできないので、破砕して小片としたのち、溶融・脱炭処理を行なったと推測される。しかし原料鉄鉄が容易に入手できるのに、なぜ鋳釜を壊して刃金鋼を製造しようとしたのか、著者には理解し難い。これはもはや技術的解釈ができる範囲を越えた問題と言わざるを得ない。

(2) 製作法の推定

古墳出土の直刀を金属学的に調査して製作法の解明を計った研究は、大正年間に俵国一氏が着手して以来、長谷川熊彦氏や末永雅雄氏らによって引き継がれてきた。しかし現在は文化財保護の立場から出土した直刀を切断することは許されず、断面の鍛造組織をもとにした製作法の研究はきわめて困難な状況にある。

十振りの直刀を調べた俵国一氏は、製刀法を(イ)丸鍛え、(ロ)併せ鍛え(縦に鍛接)、(ハ)併せ鍛え(横に鍛接)の三種に分類した。

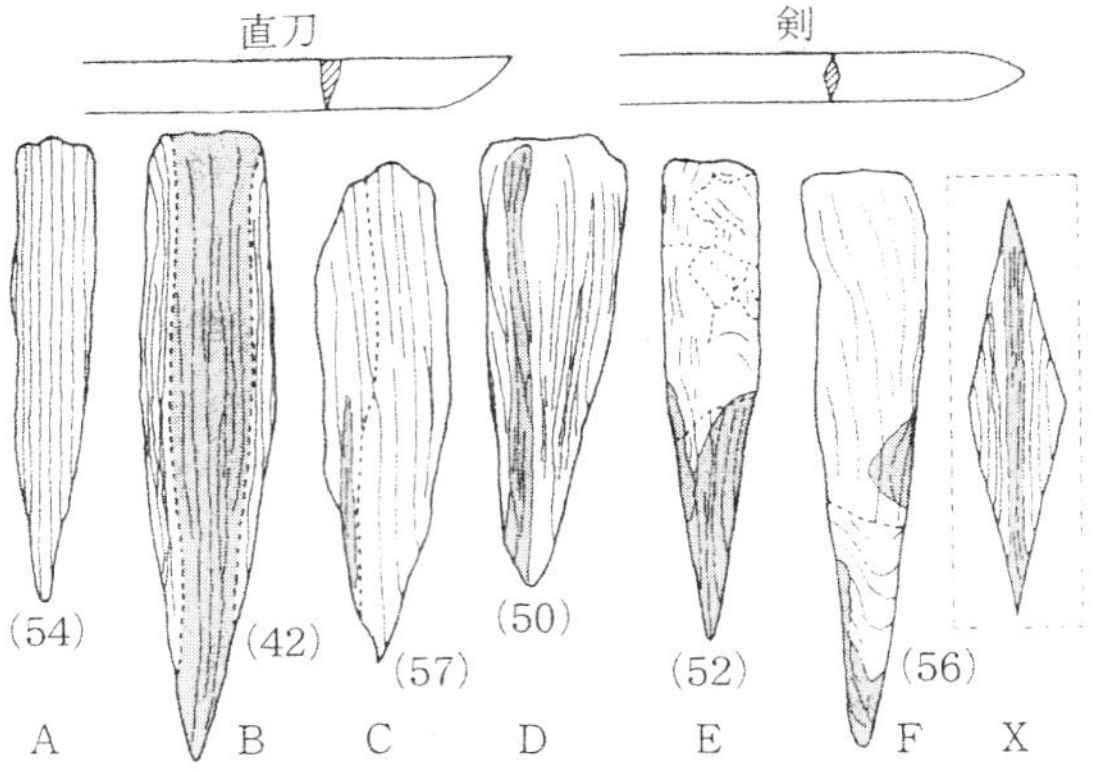

A) 丸鍛え(無刃)、B ~ D) 縦に鍛接
E、F) 横に鍛接、X) 剣の例(著者)
網かけ部は炭素量0.5%以上の領域を示す。

図37 古墳出土直刀の断面構造模式図 (俵国一氏による)

著者なりの見方で、俵国一氏の報告から直刀断面の鍛造組織を引用したのが、図37である。仮に文字A~Fを付し、括弧内には資料番号と分類名を記入した。Aは軟鋼片を鍛着してから折り返し鍛錬を行なって材質の均一化を計り、そのあとで造形したと思われる。刃部には鋭利な刃が見られないので、儀杖用の大刀であろう。Bは刃金鋼を心金に、両側には折り返してよく鍛えた軟鋼を鍛接してある(鍛接線は太い点線で示す)。Cは刃金鋼の層が二枚あり、中心の軟鋼部分には図面の上で鍛接線が見られない。これが間違いなければ、軟硬の鋼片それぞれ三枚と二枚を交互に積み重ね、硬鋼(刃金鋼)の鋼片は刃部形成のために一端を鍛着してから、鍛打、造形したと推測される。Dはブロック状の軟鋼と硬鋼を鍛着し、後者が刃部を形成するように加工したもので、(ロ)の併せ鍛えに分類される。Eは刃部に相当する鋼のブロック自体が軟鋼と刃金鋼を横並びに鍛着した、一種の複合体から出発している。刃金鋼を節約する意図があったように思われる。製作法の分類では、(ハ)の併せ鍛えになる。このように多くの調査結果は、俵国一氏の分類にもとづいて整理することができる。

ところが地方の族長級を葬ったと推定される静岡県御前崎市石田横穴群1号墳出土の横刀の調査では、上述の三つの方法に該当しない鍛造法が見いだされた[22]。この型の比較的短い直刀は正倉院の御物には残されていないが、東大寺献物帳に長さ「一尺四寸五分」と記載されている刀ではないかといわれる[23]。東海・関東・東北地方と北海道の一部の終末期古墳からしばしば出土し、族長級が所持したものと思われる。著者が提示した切断面の鍛造組織模式図に対してまくり鍛え*ではないかというのが刀剣研究家の意見であり、先に逆甲伏鍛えとした著者の報告は訂正しておきたい。この方法は後世の日本刀製作に多用された。外反りの彎刀を製作するための要素技術の一つは、すでにこの時期に準備されていたと思われる。

＊ブロック状の刃金鋼と軟鋼を鍛着し、加熱・鍛打を行なって伸ばしたあと、真中辺で切れ目を入れて折り返す。その際刃金鋼が刀身の表側になるようにする。再び加熱・鍛打して刀身に造形する。

(3) 刀剣の製作工房

鍛冶工房跡を含む遺跡からは、各種の鉄器の未製品のほかに、鍛冶具、金床、砥石や鉄滓などが出土する。したがって刀剣を生産した遺跡かどうかを判定するには、刀剣もしくは刀装具の未製品が検出されることが必要である。前述の花田勝広氏の報告では畿内の遺跡群として布留、陵南、大県が挙げられているが、その後の発掘調査により、畿内の奈良県御所市南郷遺跡群[3]、また古代吉備の岡山県総社市遺跡群で、同様の遺物を出土する鍛冶工房跡が見つかっている。

表 14　京都府京丹後市遠所遺跡出土の鉄滓と砂鉄の化学組成

No.	種類	出土個所・年代	化学成分（%）（抜粋）								TiO_2/T.Fe	種別判定（著者見解）
			T.Fe	FeO	Fe_2O_3	SiO_2	Al_2O_3	CaO	MgO	TiO_2		
1	鉄滓	J 地点埋土、5C 末～6 初	34.9	38.8	6.58	20.5	6.80	2.17	2.64	18.4	0.527	精錬滓
2	〃	〃　〃	45.8	52.6	6.34	19.1	6.73	1.08	1.98	7.74	0.015	〃
3	〃	〃　〃	43.7	49.3	7.38	12.5	5.53	1.05	2.26	18.5	0.425	〃
4	砂鉄	E 地点 3 号炉内、6C 後半	56.24	24.76	52.88	4.51	3.34	0.29	1.15	10.01	0.178	
5	〃	〃　〃	48.85	13.87	54.42	2.89	2.87	0.23	1.66	22.60	0.423	

注）原報告書では鉄滓を製錬滓としているが、TiO_2/T.Fe が鉄滓中で減少する例のある事実を説明できない。

このような専業集落（特定工房）は五世紀代では比率としては多くはない。しかし次の六世紀代に入っても存続し、非専業集落が終息するのとは異なる傾向を示すことが指摘されている。畿内では刀剣製作の工房は最初から専業化された集団として成立し、長期間操業が続いたことがわかる。他の地方においても、鍛冶工房の性格、とくに刀剣製作の可能性を検討する際には、これらの点を考慮しなければならない。

記紀には刀剣製作の記事があって、短時日の間に千口の剣を製作したと書かれている。これは鍛冶部《かぬちべ》の祖先が、専業集落の工房で多数の刀剣を迅速に造り上げたという伝承なのであろう。

四　古墳時代の国内鉄生産開始説を検証する

(1) 中期開始説が依拠する出土鉄滓の肉眼判定法の問題点

古代史を専門とする文献史学系研究者の中には、国内鉄生産は中期に始まったと考える人達がいる。拠り所にしているのは、五世紀中頃の北九州市潤崎遺跡の祭祀土壙から出土した外表面が流状を呈する鉄滓（慣例にしたがって流状滓と呼ぶ）を、製錬滓（製鉄滓）と〝金属学的に判定〟した報告である。この土壙からは椀形滓（前出）も一緒に出土しているが、それについては何ら触れられていない。しかし椀形滓が鋼の精錬工程で生成することは、製鉄技術史の領域における研究者の共通認識である。流状滓が椀形滓を伴って出土した事実を無視するというのは理解できない。潤崎遺跡出土の流状滓の化学組成とミクロ組織には、通常の椀形滓と明確に区別できる違いは見られず、また報告に判定の金属学的理由が説明されていない。鉄滓が「流状を呈する」という肉眼観察結果だけが根拠になっている。その後の遺跡発掘調査では、比較的大きな地床炉で操業した遺構から、流状滓はしばしば椀形滓を伴って出土することがわかっている。

いま一つ文献史学系研究者が援用するのは、京都府京丹後市遠所遺跡で五世紀末〜六世紀初の埋土層から出土した鉄滓が製錬滓と判定された報告書で〈4〉、鉄滓が遺構に伴わない点は潤崎遺跡と同じである。表14に引用した鉄滓と砂鉄の化学分析値からは、製錬滓と断定する根拠は見だされない。ただし遠所遺跡では六世紀後半の長方形箱型炉遺構が検出されており、それが一部の文献史学系研究者に五世紀末の砂鉄製錬への期待をいだかせたのではないだろうか。

同様の肉眼判定は繰り返し行なわれており、例えば韓国慶州市隍城洞遺跡Ⅱ期の鍛冶工房跡出土の流状滓を製錬滓としているが、炉遺構を鍛冶炉跡と報告した考古学的論文が出された後になっても訂正されないままである。

以上の理由から、五世紀中頃の潤崎遺跡や五世紀末の遠所遺跡などの出土鉄滓の肉眼判定結果に依拠して、鉄生産の開始時期を古墳時代中期あるいは後半におくのは改める必要があると考える。

(2)　後期開始説が根拠とする長方形箱型炉遺構の技術的評価

岡山県総社市奥坂遺跡群の千引かなくろ谷遺跡で、六世紀末〜七世紀初頭の箱型炉遺構四基が検出された〈5〉。うち一基の炉下部土壙は二・〇五×一・三五mの長方形、一基は一・一m強の方形に近いものであった（図38―a）。後者は地山を深さ約二〇cmに掘り込み、その底面上に直接か、あるいは平に敷いた石材の上に、鉄滓混入のない木炭粉が約一〇cmの厚さに充塡されていた。炉跡付近からは鉄鉱石の破片が出土した。四基の炉は時期を違えて操業したと推定している。遺構を製鉄炉跡とする見解が強い。しかしこの規模の炉では地上部の想定炉高が数一〇cm程度にすぎず（次章で詳述）、炉の還元機能に疑問が生ずる。著者は鋼の精錬炉跡と考える。

やや時代が下る岡山県津山市大蔵池南遺跡で、製鉄炉跡と考古学的に判定された炉跡付近から、マンガン鉱物に富

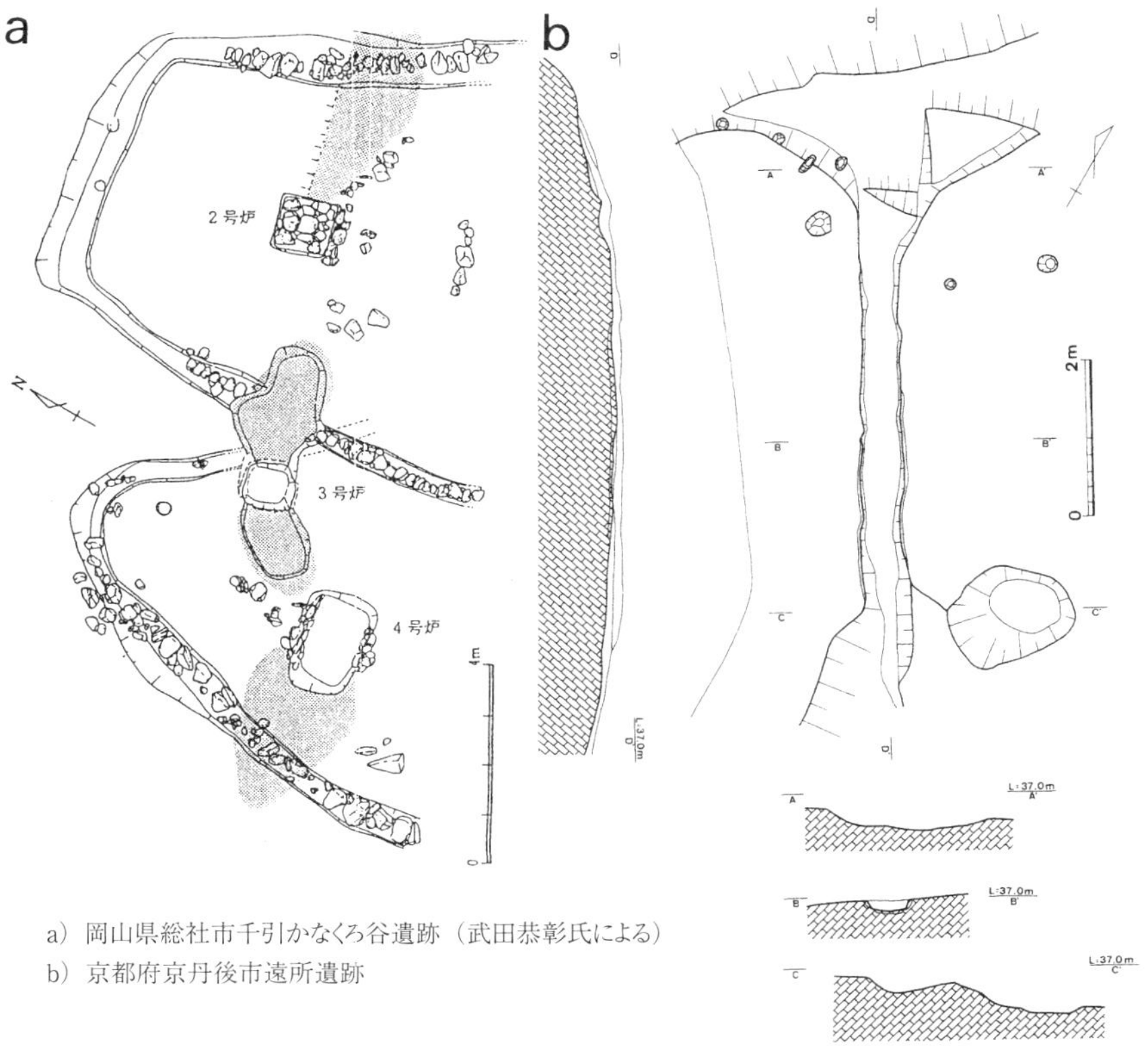

a）岡山県総社市千引かなくろ谷遺跡（武田恭彰氏による）
b）京都府京丹後市遠所遺跡

図38　長方形箱型炉跡の遺構全体図の例

む塊状の鉱石とマンガン含有量の高い鉄滓が出土した。前者はおそらく鉄マンガン鉱石を破砕したときに分離した石部で、廃棄されたものである。鉄マンガン鉱石は製鉄原料ではなく、その粉砕物が精錬工程の脱炭材として添加・使用された可能性が高いことは、すでに前章で広島県三原市小丸遺跡の例を説明してある。

ここで、前述の遠所遺跡における六世紀後半の長方形箱型炉遺構の性格を見直すことは、きわめて重要である。四基の炉跡のうち、一基の被熱酸化面は残存長が二・〇×幅一・〇×深さ〇・二mで、炉底面には偏平な花崗岩の石材が敷かれており、その上面には木炭粉と砂を混ぜた粉炭層が薄く残っていたという。別の一基は炉本体が花崗岩の削り面の上に作られ、長さ二・〇×幅〇・三×深さ〇・一mの範囲が赤色変化していたとされる。後者の遺構図を、図38―bに示す。炉下部に明確な保温・防湿設備が見られないため、長方形箱型炉遺構とすることは鉄関係の考古学研究者に受け入れられないようである。

箱型炉は地床炉に比べて炉床面積が大きく、したがって一基当たりの生産性が高い。製造した鋼の地金は近くの鍛冶工房に送るだけでなく、鋼の地金が余剰に生産された場合はかなり離れた地域に供給することが可能になる。六世紀末の吉備地方にとどまらず、もしも丹後地方や炉遺構が未検出の他地方においても箱型炉による鋼の生産が始まったとすれば、畿内への鋼地金供給システムはより広域的に考えなければならないであろう。

五　対外軍事進出と国内征服戦争の武器装備

文献史学の分野でこの時代の戦争に関連して取り上げられるのは、次の三つの問題のようである。

(1)　広開土王碑文にある四世紀の韓半島への軍事進出

高句麗の広開土王（好太王、在位三九一～四一二年）の業績を讃えてこの墓所を守るべきことを記した石碑碑文の読み下し文から、関係個所を引用して以下に示す。

「百残〔百済〕新羅旧より是れ属民にして、由来、朝貢せり。而るに倭、辛卯の年〔三九一年〕をもって来たり海を渡りて百残□□、新羅を破り、以て臣民を為せり。以て〔永楽〕六年の丙申〔三九六年〕、王躬《みずか》ら水軍を率ゐ、残国を討科（伐）す。」

ここにある三九一年頃の「倭国」について、その武器生産能力をどのように評価したらよいであろうか。四世紀末の鍛冶工房跡の分布状況を調べてみると、検出数の多い九州西北部で工房群を形成して鉄器の大量生産体制が出来上がっていたとはいい難い。また輸入鉄素材の形状や加工技術の水準から考えても、鉄鏃ならば比較的多く生産したかも知れないが、短甲はもちろん刀剣や鉄槍も製作し得なかったと思われる。仮に多人数の「倭軍」を韓半島に送り込んだとして、列島内で武器装備を調達し得たかは甚だ疑問である。

古代史の研究領域では、当時の「倭国」の地理的範囲は曖昧なものであり、しかも流動的であったとする見解が多いようである。そうだとすれば、倭軍が装備した武器の多くが「倭国」を動かす列島内外の勢力によって提供された可能性もある。武器装備の問題は国内に限定せずに、より広域的に考える必要があるのではなかろうか。

(2) 倭王武の国内征服戦争

宋書倭国伝〔四七七年〕の中で、倭王武が宋の皇帝に奉じた上表文の関係個所は次のようである。

「封国は偏遠にして藩を外になす。昔より祖禰《そでい》躬ら甲冑を擐《つら》ぬき、山川を跋渉し、寧処に遑《いとま》あらず、東は毛人を征すること五十五国、西は衆夷を服すること六十六国、渡りて海の北を平ぐること九十五国。……」

倭王武は記紀の雄略・ワカタケルに当たるとされる。

ここでもやはり王が率いた軍隊の武器装備が問題になる。五世紀中頃に倭国の中心地で刀剣を製作したことは、鉄剣の銘文からも確かである〔甲冑は不明〕。しかし畿内の鍛冶工房跡の検出数はこの時期まだ多くなく、九州西北部と同程度とみられる。花田勝広氏によれば、畿内の鉄器生産能力は六世紀後半が頂点といわれる。これは大県遺跡の鉄滓と羽口の出土数にもとづいた考察である。こうした状況の中で、倭王武が大人数の軍隊を刀剣・鉄槍・鉄鏃で装備することに畿内の鍛冶工房が応えられたかどうか、定量的な評価はできないにしても、それが可能であったとは思われない。

一方、畿内と九州西北部を除く地方の鍛冶工房の刀剣製作能力は、おそらくゼロに近かったであろう。豪族居館に付属する鍛冶工房は一棟で、設置された鍛冶炉は一基である。さらに前述の複数工房群から成る東京都足立区伊興・舎人遺跡では、六世紀代に実用鉄器だけでなく祭祀用のミニチュア銅鏡や木製品なども製作している。鍛冶工房の活動は武器製作に限られない。この時代の全国的戦争の有無を検討する場合、地方の武器生産能力の評価を合わせて行なうことが必要である。

(3)　六世紀代の韓半島南部での軍事支援活動

韓半島南部諸国の要請により「倭軍」を派遣した記事は関連史料にかなり多く見られるが、それについては該当する専門書を参照していただきたい。ここで問題にしたいのは国内の武器生産能力である。畿内と吉備は別として比較的大きな鋼生産基地があった丹後地方においても、刀剣を製作した鍛冶工房跡は検出されない。数百人規模の軍隊を装備する鋼製武器を、国内で短期間に生産する体制にはなかったと思われる。派遣された倭軍の武器の装備は、列島内外の「倭国」支配勢力と支援を要請した韓半島南部諸勢力の双方からの供給を考慮すべきではなかろうか。

六　まとめ

(一)　古墳前期初頭の鉄器生産の特徴の第一は、九州西北部で角棒状の鋼半製品の寸法が大きくなり、第二は地床炉をもつ鍛冶工房の設営・操業が東国の内陸部にまで波及したことである。これらは技術進歩によるものではなく、社会的変革があって生じた結果としか考えられない。中期に鋼素材は板状の鉄鋌に変わるが、定形的な素材の輸入はこれで終わるようである。しかし一方で、輸入の銑鉄を地床炉で精錬して鋼を製造する鍛冶工房が、近畿・山陽地方と九州西北部で急速に増加する。鋼製鉄器製作の中心地は近畿地方に移り、祭祀用品を集約的に製作する工房群での鉄器生産のピーク時期は六世紀後半と推定される。

関東地方では比較的小規模の生産集約型工房群が大きな川の河口域に設営され、六世紀初頭から七世紀初頭にかけて鉄製品のほか祭祀用のミニチュア銅鏡と木製品などを製作しており、製品は他地域に供給したことが推定される。

それより早い時期、異なる水系の上流域にある豪族居館付属の鍛冶工房では、小型銅製品の鋳造と鋼の精錬を実施している。

（二）大規模で安定した鋼地金の生産地が新たに吉備地方や他の地方に生まれたが、余剰の地金は海上・水上のルートを経て需要の多い畿内に運ばれたと思われる。遠隔地から供給された地金は、古墳時代の輸入鉄素材や後世の鉄鋌と同様に軟鋼であったに違いない。地金が流入した畿内での精錬操業は、利器の刃部に使用するための焼きが入る刃金鋼の製造を重点にしたのではないかと著者は推察する。

問題は炭素量がおよそ〇・八～〇・四％の刃金鋼をどのような方法で製造したかである。①脱炭の進行度を見計らって途中で送風を止める高度な操業水準に達していた、②可鍛性が生ずる約一・九％以下に脱炭したあと、折り返し鍛錬を行なって炭素量を低減した、のいずれかと考えられる。

（三）中・後期古墳出土の鉄器の組成から推定される始発原料鉱石は磁鉄鉱の場合が多く、砂鉄を使用する国内製鉄の証拠は見いだされない。また外観が流状を呈することを理由に鉄滓を製錬滓（製鉄滓）と判定するのには、金属学的根拠が認められない。

鉄生産の後期開始説の根拠とされる、六世紀末～七世紀初頭の岡山県総社市千引かなくろ谷遺跡群の長方形箱型炉遺構については、長方形ならびに方形の焼土面の平断面寸法をもとに想定し得る地上部炉高が数十㎝程度にすぎない。製鉄炉跡と仮定した場合に、炉の還元機能に大きな疑問が生ずる。京都府京丹後市遠所遺跡における、六世紀後半の長方形箱型炉遺構を見直すことはきわめて重要である。炉下部に後世のたたら製鉄炉のような保温・防湿設備が見られないが、偏平な花崗岩の石材が敷かれた炉底の上面には木炭粉と砂を混ぜた粉炭層が薄く残り、また別の一基は炉本体が花崗岩の削り面の上に造られている。もしもこれらを鋼の精錬炉遺構とみるならば、状況は矛盾なく説明できる。

（四）刀剣の生産を証明できる刀装具未製品の出土は、畿内と吉備地方を合わせても数遺跡が挙げられるにすぎない。比較的大きな鋼生産基地があった丹後地方で刀剣製作工房跡は確認されず、また東国の複数工房から成る遺跡では関連遺物がまったく検出されない。こうした状況から、四世紀の韓半島への軍事進出、五世紀代の倭政権による国内征服戦争、六世紀代の韓半島南部への出兵に際しては、数百人規模の軍隊を装備する鋼製武器を国内で短期間に生産する体制は確立していなかったと思われる。韓半島に派遣された倭軍の武器装備は、列島内外の「倭国」支配勢力だけでなく、支援を要請した韓半島南部諸勢力からの供給も考慮する必要があるのではなかろうか。

註

（1）村上恭通「鉄と社会変革をめぐる諸問題」『古墳時代像を見直す』青木書店、二〇〇〇年
（2）萩原恭二・佐々木稔「八千代市沖塚遺跡の再検討」『千葉県史研究』九号、千葉県史料研究財団、二〇〇一年、一一四頁
（3）例えば村上恭通『倭人と鉄の考古学』青木書店、二〇〇〇年に引用されている。
（4）春日市史編さん委員会『春日市史・上巻』春日市、一九九五年
（5）佐々木稔「弥生中期から古墳前期にかけての鉄素材の形態と組成」『七隈史学』第七号、二〇〇六年、二四五頁
（6）大澤正己・山本信夫「鉄鋌の新例に関する検討」『考古学雑誌』第六二巻第四号、一九七七年、二〇頁
（7）著者による。未発表。
（8）北京鋼鉄学院『中国古代冶金』文物出版社、一九七八年、北京
（9）金一圭著・武末純一訳「隍城洞遺跡の製鋼技術について」『七隈史学』第七号、二〇〇六年、一八六頁
（10）花田勝広『古代の鉄生産と渡来人』雄山閣、二〇〇二年
（11）岡山県総社市教育委員会『総社市埋蔵文化財調査年報11』二〇〇一年
（12）武田恭彰「吉備における初期鉄生産の様相」考古学研究会岡山例会第七回シンポジウム「吉備の鉄」二〇〇三年
（13）（註9）に同じ
（14）佐々木稔「遺物の解析から推定される伊興遺跡の鍛冶活動の性格」足立区伊興遺跡調査会『毛長川流域の考古学的調査』一九九九年、三二一頁

(15) 佐々木稔編著『鉄と銅の生産の歴史』雄山閣、二〇〇二年、五四頁
(16) 若狭　徹『古墳時代の地域社会復元・三ツ寺Ⅰ遺跡』新泉社、二〇〇四年
(17) (註2) に同じ
(18) 赤沼英男・佐々木稔「番塚古墳出土鉄器の金属学的解析」『番塚古墳』九州大学文学部考古学研究室、一九九三年、一九三頁
(19) 清永欣吾「奈良県下の古墳より出土した鉄刀剣の化学分析」橿原考古学研究所紀要『考古学論攷』第九冊、一九八三年、一一頁
(20) 赤沼英男氏の私信による。
(21) 日吉製鉄史同好会「稲荷山鉄剣の六片の錆」新日本製鉄本社秘書広報室編『鉄の文化史・前編』東洋経済新報社、一九八四年、一四八頁
(22) 佐々木稔「石田横穴群一号墳墓横刀の断面構造と製作法」『浜岡町史』御前崎市教育委員会、二〇〇六年
(23) 津野仁氏の私信による。

発掘調査報告書

〈1〉群馬県教育委員会『三ツ寺Ⅰ遺跡』一九八八年
〈2〉佐々木稔「鳥取県名和町茶畑第1遺跡出土鉄片の金属学的解析」『古御堂笹尾山遺跡・古御堂新林遺跡3』鳥取県教育財団、二〇〇四年
〈3〉奈良県教育委員会・奈良県立橿原考古学研究所編『南郷遺跡群』一九九六年
〈4〉京都府埋蔵文化財調査研究センター『京都府遺跡調査報告書第二一冊—遠所遺跡』一九九七年
〈5〉岡山県総社市教育委員会『奥坂遺跡群』一九九九年

第四章　律令体制下で進む鋼の大規模生産

一　はじめに

この時代の鉄について、風土記などからしばしば引用される記事がある。『常陸国風土記』の香島郡に「慶雲元年、国の司、采女《うねめ》朝臣、鍛《かぬち》、佐備の大麻呂等を卒て、若松の濱の鐵を採りて、劔を造りき。」、また『出雲国風土記』の飯石郡斐伊川上流域の地を記述したあとの注記に「以上の諸郷より出すところの鐵堅くして、尤も雑の具を造るに堪ふ。」の二つは、採取した砂鉄を原料に使用して製鉄を行なったものとこれまで解釈されてきた。また『日本霊異記』下巻一三話にある、官営の鉄山での土砂崩れによる坑口閉塞の事故は、坑内で鉄鉱石を採掘中に起こったと推測されており、さらに『播磨国風土記』の讃容郡鹿庭山の「山の四面に十二の谷あり。皆、鐵を生す。」の「鐵」も鉄鉱石を指すものと考えられている。

一方、最近では、網野善彦氏が社会史的な立場から「(非農業民)山民による製鉄」説を提唱され、また「東国には西日本と異なる製鉄技術があった」とも述べられている。[1] 実際に山中に製鉄炉遺構が確認できるのか、また日本の東西を比較して鉄鋼技術に基本的な差異があるのか、考古学・金属学系研究者には鉄関連遺跡の生産的性格の解明が求められることになった。

律令で定められたいわゆる「調鉄」は、鉄鍬(単位は口)や半製品(斤あるいは鋌)の形で貢進された。この「鉄」

がどんな材料を指すのか、著者は銑鉄を処理して炭素量を低減した軟鋼と考えている。問題はその軟鋼がどんな炉を設置した基地で生産され、どんな機関がそれを受け入れて鍛冶工房で「調鉄」に加工したかということである。ただし、利器の刃部に使う焼きの入る刃金鋼は、まだ流通していないといわれる(2)。

この時代は多数の鉄関連炉跡が発掘されて、生産の増大を裏付けている。地床炉のある鍛冶工房だけでなく、大型の長方形箱型炉、半地下式竪型炉あるいは自立式竪型炉を含む生産施設の跡が、東北北部や九州の一部を除く本州の広い地域において、官衙からかなり遠く離れた地点に見いだされており、これら施設の性格を律令体制との関係で検討することが必要になってきた。しかし発表された発掘調査報告書は厖大な数に上り、目を通すことができたのはそのごく一部にすぎない。さらに木器生産との関連性については、著者の能力が及ばない問題であり、専門家が発表した研究論文に依拠せざるを得なかった。

本章はこのような制約がある中で作成したものなので、不足と思われる点は読者自身の調査研究で補って下さるようお願いしたい。

二　鍛冶工房内の地床炉による鋼製造の特徴

(1)　畿内の官衙付属鍛冶工房

古墳時代後期の鉄鍛冶工房は、各種の製品を生産する集約型工房群の一単位として存在した。それは一棟に一つの地床炉を備えた〝一房一炉式〟工房であり（第三章二節参照）、農耕具・宗教具・武器などの製作を主体にした。律令期に入ってからの官衙付属の金属器生産工房は、基本的な形態と性格をそのまま受け継いだように見える。その中にあって、鉄だけに連房式といわれる工房が現われる。工房の横壁を抜いて数棟を一つに繋いだような長方形の建物であり、地床炉は横並び二列に多数配置されている。七世紀中頃の平城宮西方官衙付属工房跡の発掘を初例とする。複数の炉を作業しやすいように配置した目的は、明らかに多量の鋼を一時に製造することにある。前章で述べたように、畿内の集約型工房群ではすでに鋼の生産量は減少傾向を示し（出土鉄滓量と羽口数を基準）、地方からの地金（著者の推定では軟鋼）の供給があったと推測されている。だとすれば、数多くの地床炉を操業する理由はどこにあったのだろうか。これは次項で述べる地方の寺院造営に共通しており、宗教的な意味もあるように思われる。

(2) 地方先進地域の官衙付属鍛冶工房

この時代の先進的な地方につき、いくつかの例を挙げて生産の性格を検討してみる。

① 吉備地方の〝一房一炉式〟工房

岡山県総社市窪木薬師遺跡では六世紀代の鍛冶工房跡一棟が検出された。地床炉は二ないし三基が重複して構築されている。周囲の住居跡には多量の鉄滓が出土したものもある。遺存した鉄器には鉄鏃が多く、その形態は他地域と違う特徴があるとされる。この遺跡が立地する高梁川中流域の東西の山裾や丘陵部では、地床炉跡や箱型炉跡が多数発掘されている。例えば五世紀末葉から七世紀前半まで続いた砂子《ざこ》遺跡は、これまでの発掘によって二二基の鍛冶炉跡と三七棟の住居跡が検出された[3]。鉄滓や〝鍛造剥片〟が採集されたという。後者は肉眼分類名称で、実質は地床炉で製造した鋼塊の表面酸化物をはつって（叩いて剥離する操作）除去する際に発生した廃棄物である[4]。ほかに磁鉄鉱を焙焼（比較的低い温度で焼いて鉱石に亀裂を発生させ砕きやすくする）した遺構も見つかっている。律令体制以前に寺院の造営や須恵器の生産が行なわれ、加えて鋼を大量に製造する基地が維持されたことから、すでに吉備地方には手工業生産を主導する有力な政治的勢力が存在したと考えられている。

② 東国の官衙付属鍛冶工房にみる地床炉設置の変化

初期の官衙付属工房は、中央と同じように連房式形態をとる。

最初の例が七世紀後半の春内遺跡（茨城県鹿嶋市）である。のちの大宝令制の下で常陸国香島郡衙となる官営施設

（評《こほり》）に付属した工房と考えられている。工房跡からは炉内に椀形滓がそのまま残った状態で見いだされた。これは地床炉で鋼の精錬が行なわれたことを表わしている。この地方で鉄素材が流通していたかどうかは不明であるが、工房ではおそらく硬・軟二種の鋼を製造したと思われる。椀形滓のTiO_2（酸化チタン）化学分析値からは、鋼を精錬するのに砂鉄を使用したことが推定される。前述のように『常陸国風土記』には国司が浜砂鉄を採取して劔を造ったとあるが、海岸の砂鉄を採取して鋼の製造に使ったのは采女朝臣が最初といえないであろう。

国衙付属連房式鍛冶工房の例として神奈川県平塚市坪の内・六の原遺跡（相模国国衙付属工房）を挙げ、図39に遺構と椀形滓出土の状況を示す。これまで発掘された国衙付属工房の多くは、連房式の形態をとっている。〝一房一炉式〟

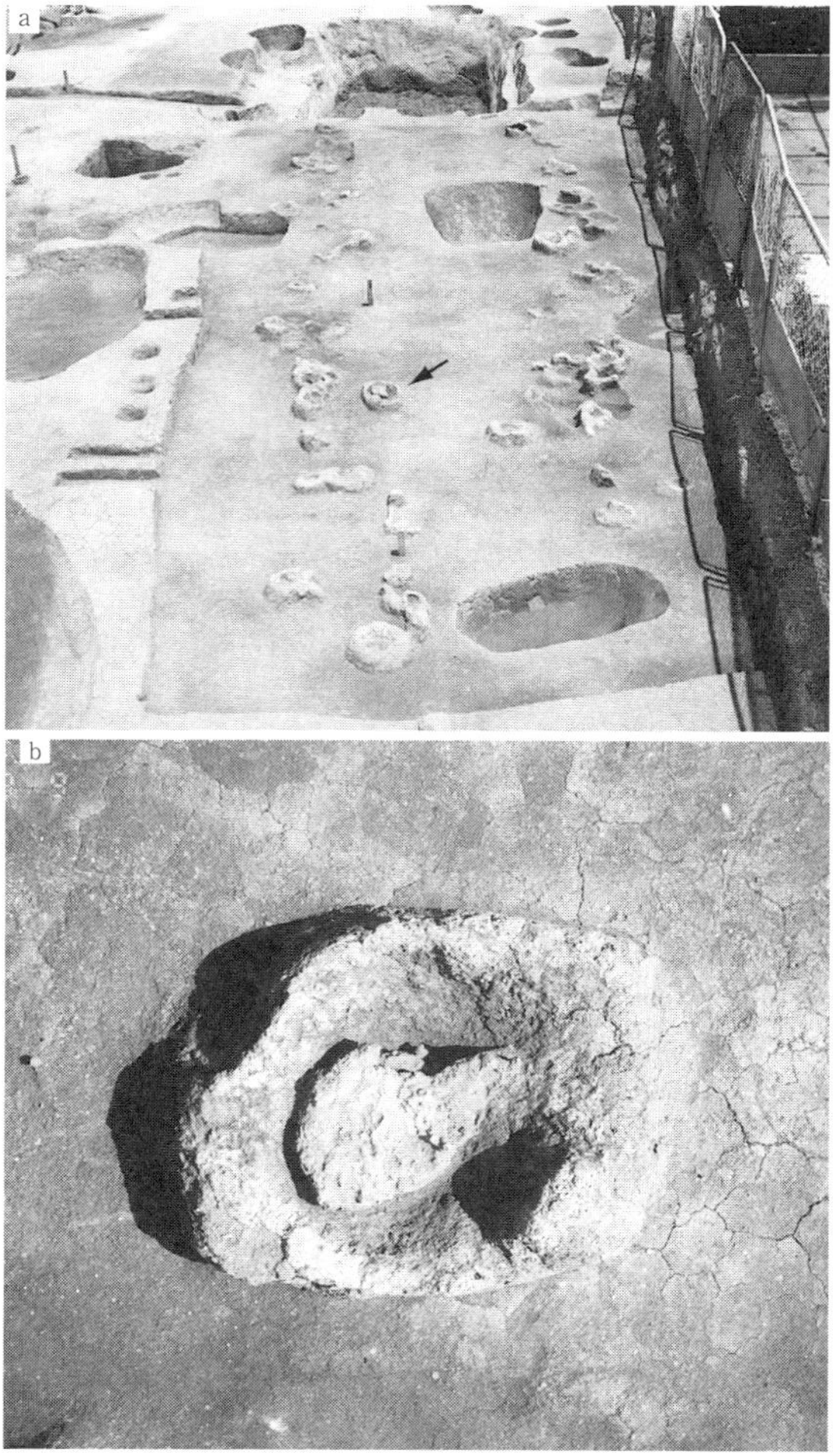

a）遺構の全体状況、b）椀形滓を残した鍛冶炉

図 39　国衙付属連房式鍛冶工房跡と椀形滓出土の状況

（神奈川県平塚市坪の内・六の原遺跡）

（佐々木稔編著『鉄と銅の生産の歴史』2002 年による）

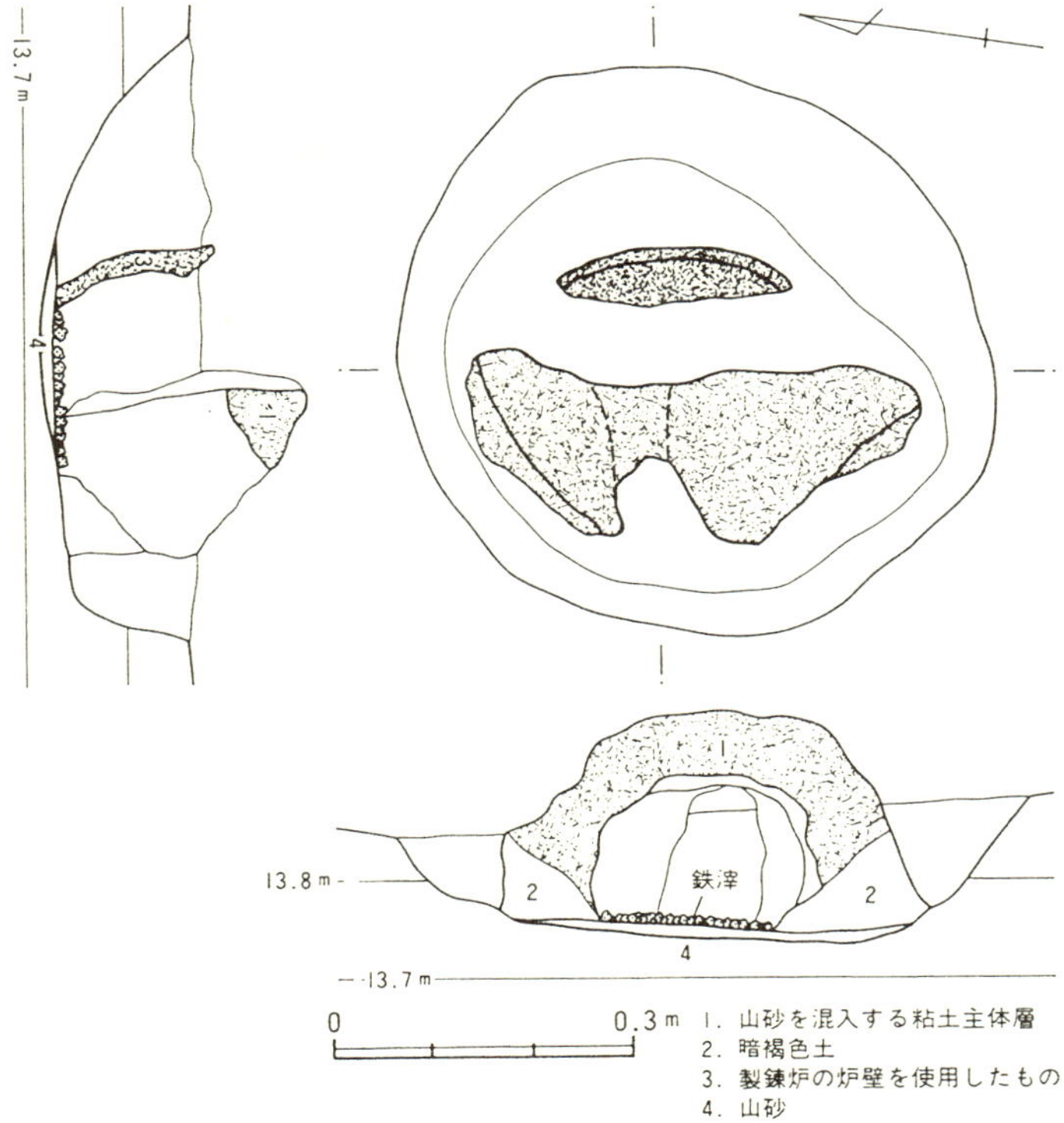

図40　ドーム状構造の一部を残した地床炉遺構の例
（千葉県柏市花前Ⅱ遺跡）

工房を単位に工房群を形成するのは、東国では武蔵国国衙（東京都府中市）だけである。しかしその理由は不明とされる。

連房式から〝一房一炉式〟へと変化した例に、埼玉県深谷市熊野・中宿遺跡（大宝令制下の武蔵国榛名郡衙、七世紀後半から八世紀）がある。変化の原因は官衙建物の建築が終わったか、それとも軟鋼の鉄鋌が流通しはじめたかのいずれかであろう。

なお、炉体上部のドーム状構造を残した地床炉遺構は、発掘例が非常に少ない。ここでは千葉県花前Ⅱ遺跡の例を、図40に示す。羽口は後背部から斜め下方向に挿入されていたものと思われる。ガスの排出口は、ドーム前面の上部にあったのではなかろうか。

⑶　寺院造営時の鍛冶工房の性格

「（『延喜式』によれば）有力な寺院の造営工事には、大蔵省から調鉄が大量に支給された」という。(5) 前章でも述べたように、畿内とその周辺の地域には国内生産の軟鋼素材（定形性の有無は不明）の供給網がすでに成立していた。調鉄の大量支給は可能であったに違いない。ところが地方の場合は、寺院の域内あるいは近傍で鋼を製造した跡が検出される。調鉄の支給が地方にまで及ばなかったのか、それとも鉄製建築資材についても宗教性を必要としたのか、検討すべき問題が提起されている。

① 地方の寺院

遺跡の三例を挙げて、鍛冶工房の操業期間と性格を検討する。

岐阜県関市弥勒寺東遺跡…美濃国武儀郡衙付属弥勒寺とされる郡名寺院で、七世紀後半の建立である。発掘調査者の報告によれば、域内に設置された鍛冶工房は寺院建立の期間だけ存続したという。(6) 地床炉跡を一基検出しており、比較的少量の鋼を製造して釘・鎹などに加工したことが推定されている。

千葉県山武市真行寺廃寺跡遺跡…上総国武射郡衙付属武射寺で郡名寺院とされる。鍛冶工房跡には地床炉遺構がよく残っている。工房は八世紀前半の遺構であり、寺院建立期間だけ操業したとみられる。工房跡からは未処理の原料鉄（銑鉄）と鉄釘が出土し、表15の分析値からは両者の化学組成に共通性が認められる。このように原料鉄を処理して鋼を精錬し、建築資材を製作したことが確実視される例は少ない。

千葉県船橋市本郷台遺跡…東国のいわゆる村落内寺院である。八世紀前半〜一〇世紀前半の鍛冶工房跡が二棟検出された。モデル化された遺構図は図41のようである。最初は四面庇建物（a）、再建した寺院（b）は拝殿と本殿から成ると調査者は推測している。地床炉の操業回数は鉄滓の個数から一五回以上とみられ、精錬した鋼塊や釘・鎹が出土した。なお他の村落内寺院跡では、鉄釘の何本かをまとめて建物の鎮壇具にした例もある。また遺跡によっては鉄釘・鎹・鉄滓が原料鉄や原料銅と一緒に土壙から出土しており、これらの場合は意図的に埋納したのではないかと思われる。

② 畿内に近い大寺院

表 15　郡名寺院跡出土鉄関連遺物の化学組成（千葉県山武市真行寺廃寺跡）

No.	遺物 NSS-1区	化学成分（%）（抜粋）									ミクロ組織
		C 炭素	Cu 銅	P 燐	Ni ニッケル	Co コバルト	Ti チタン	Si 珪素	S 硫黄		
1	銑鉄塊	4.23	0.048	0.21	0.037	0.040	Nil	Nil	0.032		G, L
2	鉄釘	0.12	0.012	0.016	0.10	0.070	0.027	Nil	0.010		fe
3	椀形滓	T.Fe 全鉄	FeO 酸化第一鉄	Fe_2O_3 酸化第二鉄	SiO_2 酸化珪素	Al_2O_3 酸化アルミニウム	CaO 酸化カルシウム	MgO 酸化マグネシウム	TiO_2 酸化チタン	P 燐	U
		48.9	49.4	15.05	17.04	9.22	2.41	1.61	4.37	0.32	

注）G；グラファイト、L；レーデブライト、fe；フェライト、U；ウルボスピネル
始発原料鉱石を磁鉄鉱と推定できる分析値には網かけをした。

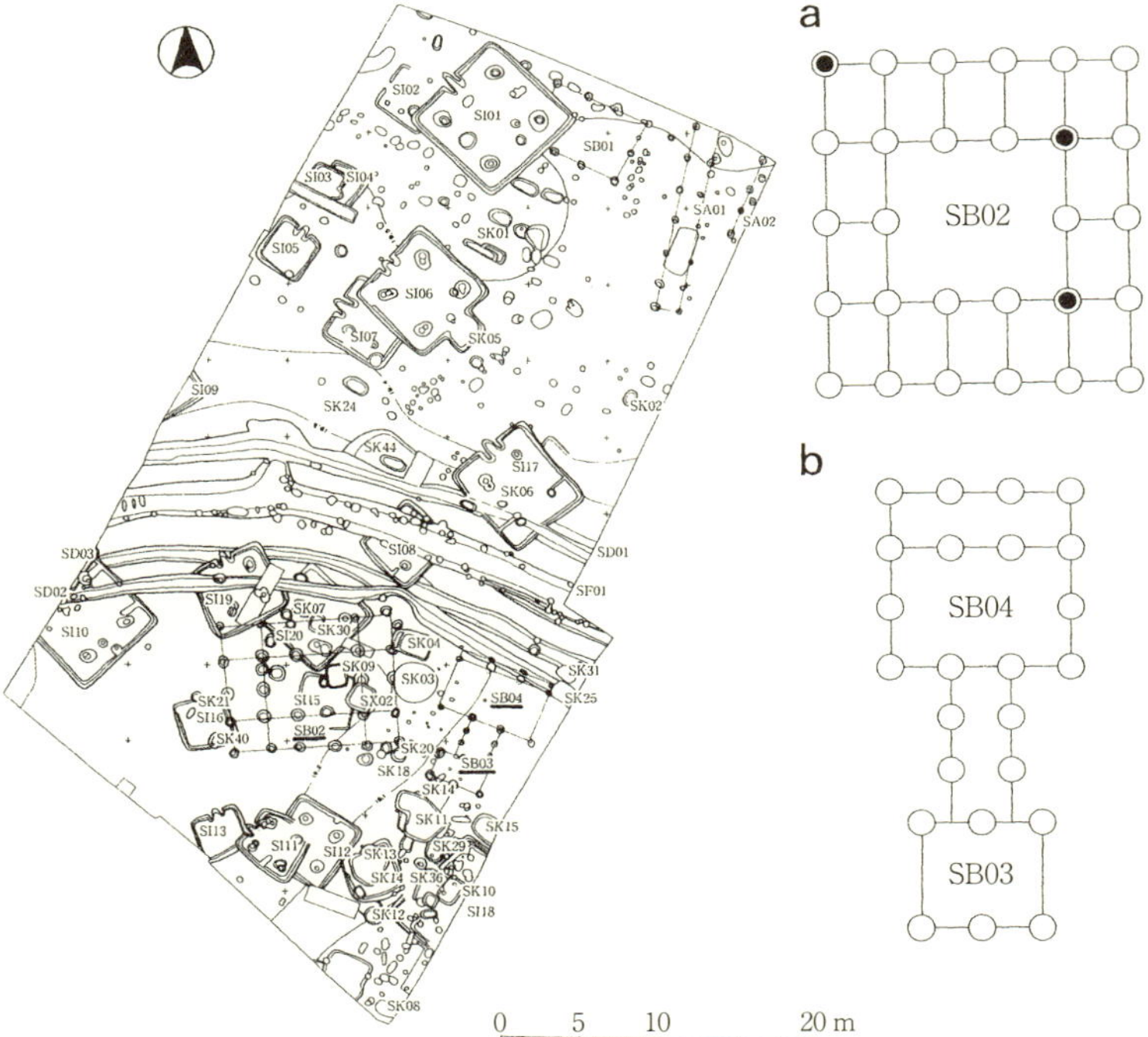

a）四面庇建物、b）拝殿と本殿

図 41　小寺院建物遺構の変遷推定図
（千葉県船橋市本郷台遺跡）

最近報告された滋賀県大津市上迎木《かみおうぎ》遺跡の例を紹介したい。九世紀前半の長方形箱型炉の遺構が検出された。比叡山延暦寺の建築に必要な大量の鉄資材を製作する目的で炉を操業したと考えられている。[1]炉で製造したのは鋼と著者は推測する。銅関連遺物も出土したという。

これが中央政府による調鉄の支給形態の一つなのか、それとも寺院独自の鋼製造なのか、もしも後者ならば大寺院が荘園を経営し、強い経済力を示すのかも知れない。

(4) 地方官衙工房での鉄器生産

① 「調鉄」製作の箇所

大規模施設で生産した塊状の軟鋼を官衙付属の鍛冶工房で加工し、形状とある程度の定量性を付与したと考えられる（大規模施設の経営主体については次節で述べる）。なお、利器の刃部に使う刃金鋼は、地床炉をもつ工房で銑鉄を処理し、製造したものと思われる。

『延喜式』では正丁一人の調鐵の負担量を二鋌とし、注記に「三斤五両為鋌」とある。文献史料や木簡にもとづいて福田豊彦氏がまとめた表には、[7]律令体制下で貢納した鉄の製品形態ならびに単位に関連する八世紀代の記事として、「鋌」だけでなく「調鐵壹連」「釘料鐵十三斤十四両」「横刀・鞘・箭用鐵……」「造樽材料鐵十七斤」があり、連または斤・両の数量単位でも計られたことがわかる。製品では「調鍬十口」「鈹《すき》十口」のように、鍬と鈹は口で数えている。

単位重量の換算値として高等学校の日本史参考書にもある一両＝四一・一gをとれば、三斤五両は二、一七八・三gになる。鉄鋌の形状に関する史料はないが、村上英之助氏は『常陸国風土記』の「枚鐵」を採用し、板状の半製品を想定している。[8]さらに「枚鐵一連」については、釘一連が二〇本であることから「鐵一鋌」は二〇枚の枚鐵を束ねたものと仮定し、その重量を二、一二一・七g（同氏は一斤＝六七一gをとる）、枚鐵一枚の平均を一一一g強と算出している。しかし現在のところ、規格性ある重量一一一g前後の板状鋼素材の出土はまだ確認されていない。『延喜式』

に定める「鋌」は、なお検討を要する問題と考える。

②　**製作鉄器の器種増加の意味**

東国では日用の鉄器（刀子・釘・農具など）や小型武器（鉄鏃）も製作され、その後も継続する。しかし著者が報告書を調べた限りでは、鍛冶工房が付属した国衙あるいは国分寺の遺跡から出土した鉄器の器種構成に決定的な違いは見られなかった。例えば下総国の国衙があったとされる国府台遺跡と国分寺跡の国分遺跡（ともに千葉県市川市に所在して両者間の距離は一km程度に過ぎない）とを比較すると、前者からは鍬・鎌・紡錘車が出土するのに対し、後者では小札片が多い。これについては畿内の大寺院と比較した検討が必要と思われる。

③　**古墳時代の豪族居館付属鍛冶工房の行方**

前章で述べた古墳時代後期の三ツ寺Ⅰ遺跡（群馬県高崎市）では小規模な鍛冶機能が豪族居館に付属していたが、これはどのように変化したのであろうか。次の段階では機能が他地域のより大きな工房群（例えば東京都足立区伊興・舎人遺跡のような）に移り、最終的には官衙施設に集約化されたと著者は考える。東国では後述の東京都日野市落川・一の宮遺跡の鍛冶工房跡が、古墳時代の存在形態を留める数少ない発掘例である。

三　大型炉遺構の生産的性格

長方形箱型炉と自立式・半地下式竪型炉が九州地方から東北南部の各地で多数検出され、これまでは製鉄炉跡とみなされてきた。しかし近世のたたら炉に比較すると、炉底の下部施設の保温・防湿性は不十分であり、復元された炉高が低すぎる。これについては、以前から金属系研究者によって疑問が提出されていた(9)。大型炉遺構は鋼の大型生産施設というのが著者の見解であり、地床炉に比べて炉高と炉床断面積が大きいため、一基当たりの鋼の生産性がはるかに高いと考えられる。以下にその理由を述べたい。

(1) 各型式炉の生産的性格

① 長方形箱型炉遺構

炉壁片を接合して炉体を復元することは、一九七〇年代から各所で試みられてきた。しかし炉本体の完全復元に成功した例はなく、一部にとどまっている。炉口に相当する最上部（天頂部）の炉壁片の判定は、端面の滑らかさと断面形状観察によって慎重に行なわれているようである。図42には、岡山県津山市キナザコ遺跡と福岡県志摩町八熊遺跡（ともに帯状のスサ入り粘土を何段にも輪積みした炉体でモデルAと仮称）、ならびに福島県新地町向田G遺跡の例（直方体状の粘土材料を縦に積んだモデルB）を引用した。箱型炉の復元炉高は、表16に一括して示す。高さは六〇cm前後のものが多く、最大でも六八cmにすぎない。こうした炉高の低い炉に砂鉄と木炭を装入し還元を行なっても、溶融銑鉄を炉外に流し出すことは不可能である。現在各地で行なわれている竪型実験炉では実現していない。そのためには炉底を電気加熱するなどの、特別な対策が必要といわれる。

永田和宏氏は、砂鉄粒子の還元と金属化した鉄の炭素吸収に関する基礎実験結果をもとに、砂鉄を原料にして溶融銑鉄を生産するのに必要な還元帯長さと炉床深さを理論的に求めた。その結果、箱型炉や竪型炉のようなシャフト炉の場合は、炉高として一二〇cm前後が最適であると述べている[10]。ただし同氏は炉口～炉底間距離を炉高と定めているので、上述の復元炉高に羽口～炉底間の深さ（ほぼ一五～二〇cm）を加えて、両者を比較する必要がある。

長方形箱型炉が砂鉄を原料にした製鉄炉（専門用語では製錬炉）でないとすれば、銑鉄を処理して鋼を製造する精錬炉しか考えられない。炉跡付近からは精錬途中の遺物が出土しているが、間接証拠のため発掘調査者を納得させることは難しい。やはり炉高一二〇cm前後の復元炉を考古学関係者の側で実現していただくことが、最終的な問題解決の途と著者は考える。

② 自立式ならびに半地下式竪型炉の遺構

竪型炉については復元例がなく、報告書ではいずれも想定図にとどまっている。炉高は五〇cm前後と推測するよう

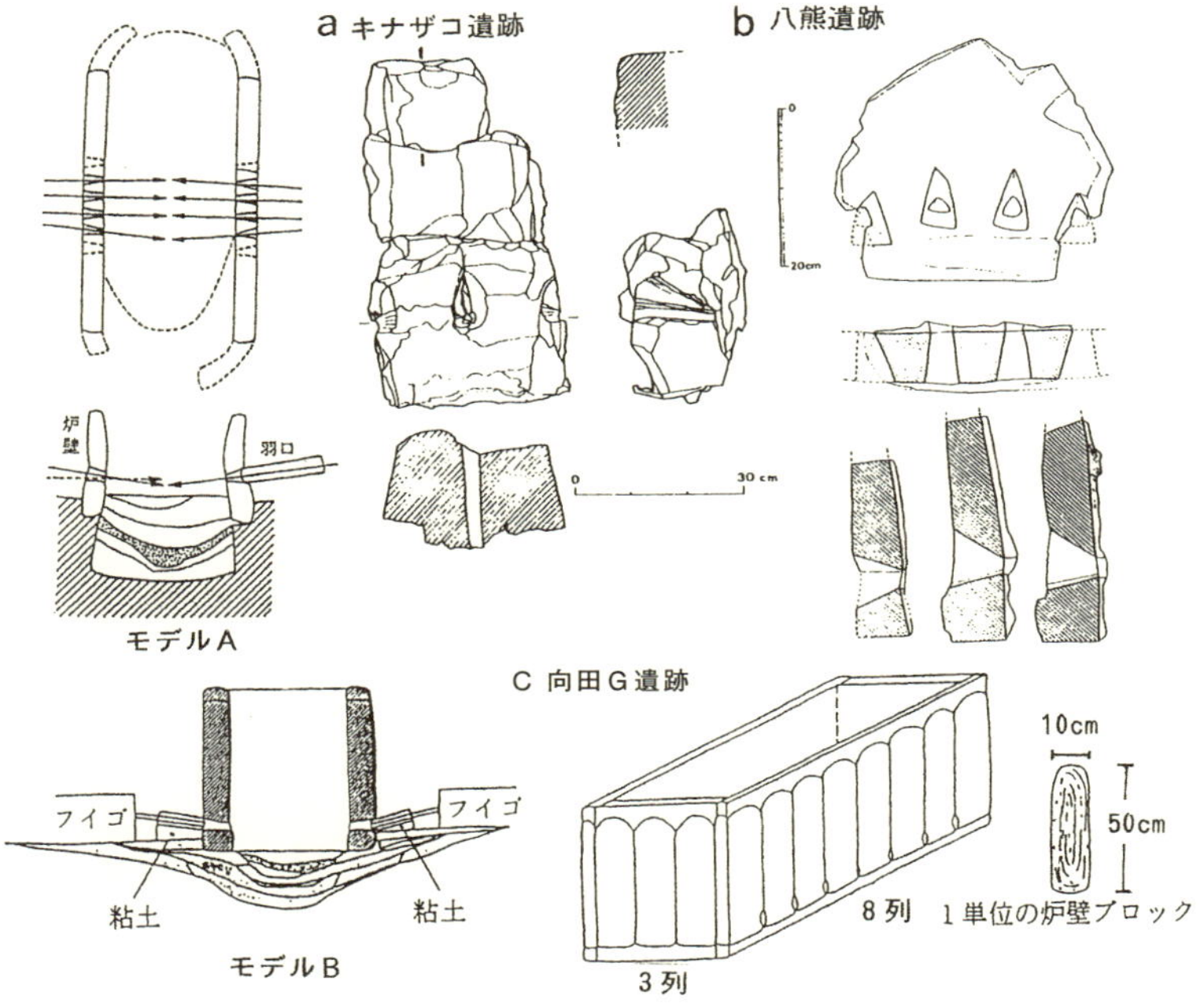

a）岡山県津山市キナザコ遺跡、b）福岡県志摩町八熊遺跡
c）福島県相馬郡新地町向田 G 遺跡

図 42　長方形箱型炉の炉壁片接合と復元推定モデル

表 16　古代の箱型・竪型炉遺構の復元炉高

長方形箱型炉の炉壁片接合例→
50（八熊）、65（石生天皇）、60（キナザコ）、
60（向田 G1 号）、62（長瀞 23 号）（数字は高さ、cm）
倒壊した箱型炉の壁高測定例→ 68cm（大船迫 A15 号）
半地下式竪型炉→炉体上部が失われて復元例はない模様

注）括弧内は遺跡・遺構名で、8C～9C 前半。床面あるいは羽口装着位置のどちらからの高さを炉高と表示するか、統一されていない。

である。

自立式の例を挙げると、七世紀初めから八世紀にいたるまで操業が継続した岡山県総社市西団地内遺跡群[2]の竪型炉は、六つの遺跡を合わせて五三基になる。断面が方形の形状を呈し、炉の掘り込みは平均値で七六×七一cmである。調査者は「(この型の炉は)一～二基を単位として操業された」と推定している。炉高は復元されていない。断面方形あるいは円形の自立式竪型炉跡は、関東以北ではあまり検出されないようである。なお復元された炉体部分をもとに推定した炉高については、第六章に挙げる新潟県新発田市北沢遺跡（一二～一三世紀）の場合に約七〇cmと報告されている。

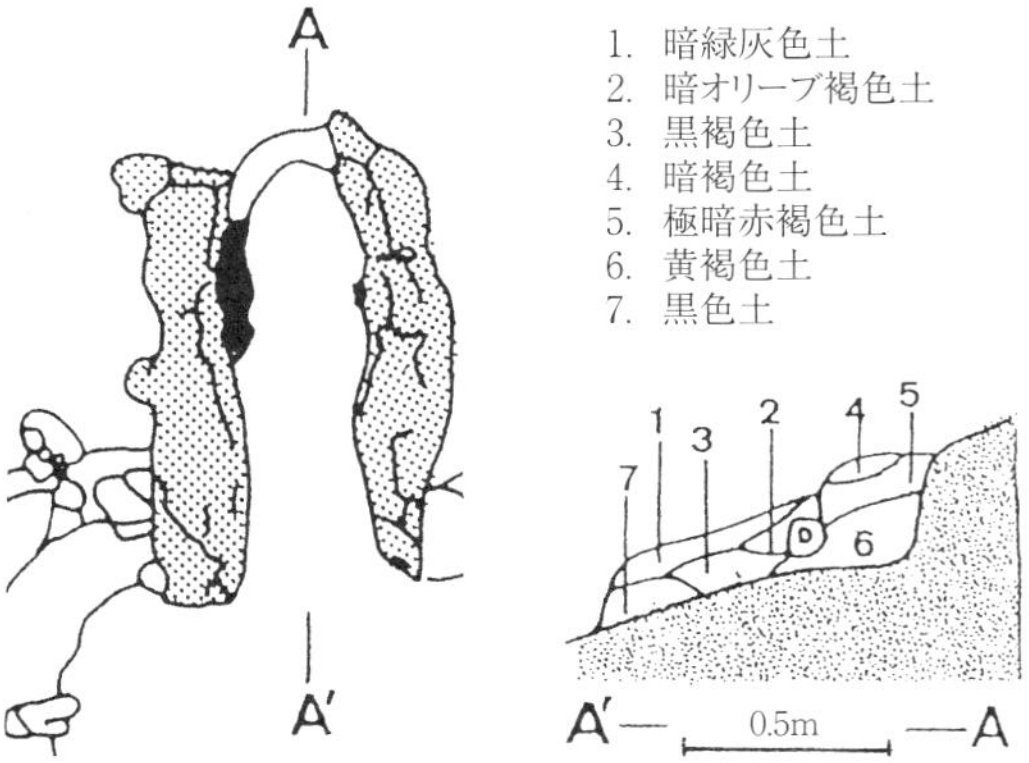

図43　半地下式竪型炉遺構の例
（青森県鰺ケ沢町杢沢遺跡）（赤沼英男氏による）

半地下式の例として、図43に青森県鰺ケ沢町杢沢遺跡を示した。近接した二～六基の炉が操業の単位とみられ、合計三四基の炉跡が検出された。出土した鉄関連遺物の詳細な金属学的研究が行なわれた結果にもとづけば、原料銑鉄を処理して鋼を製造した可能性が高い[11]。また、近くの鍛冶工房跡の床面からは焼土痕が検出されたので、半地下式炉で製造した鋼塊から付着鉄滓を取り除く作業と、半製品化のための鍛造が行なわれたと推定される。

半地下式竪型炉が鋼の製造を目的にした施設であることは、遺跡内ならびに遺跡の近くに見いだされた大鉄塊の金属学的解析により、さらに明確になった。埼玉県川口市安行猿貝北遺跡（一〇世紀）と新潟県新発田市真木山B遺跡（八世紀）出土の大鉄塊は、何らかの理由で炉の操業を中止したあと、炉内残留物を取り出してそのまま廃棄したものと調査関係者によって判断された。

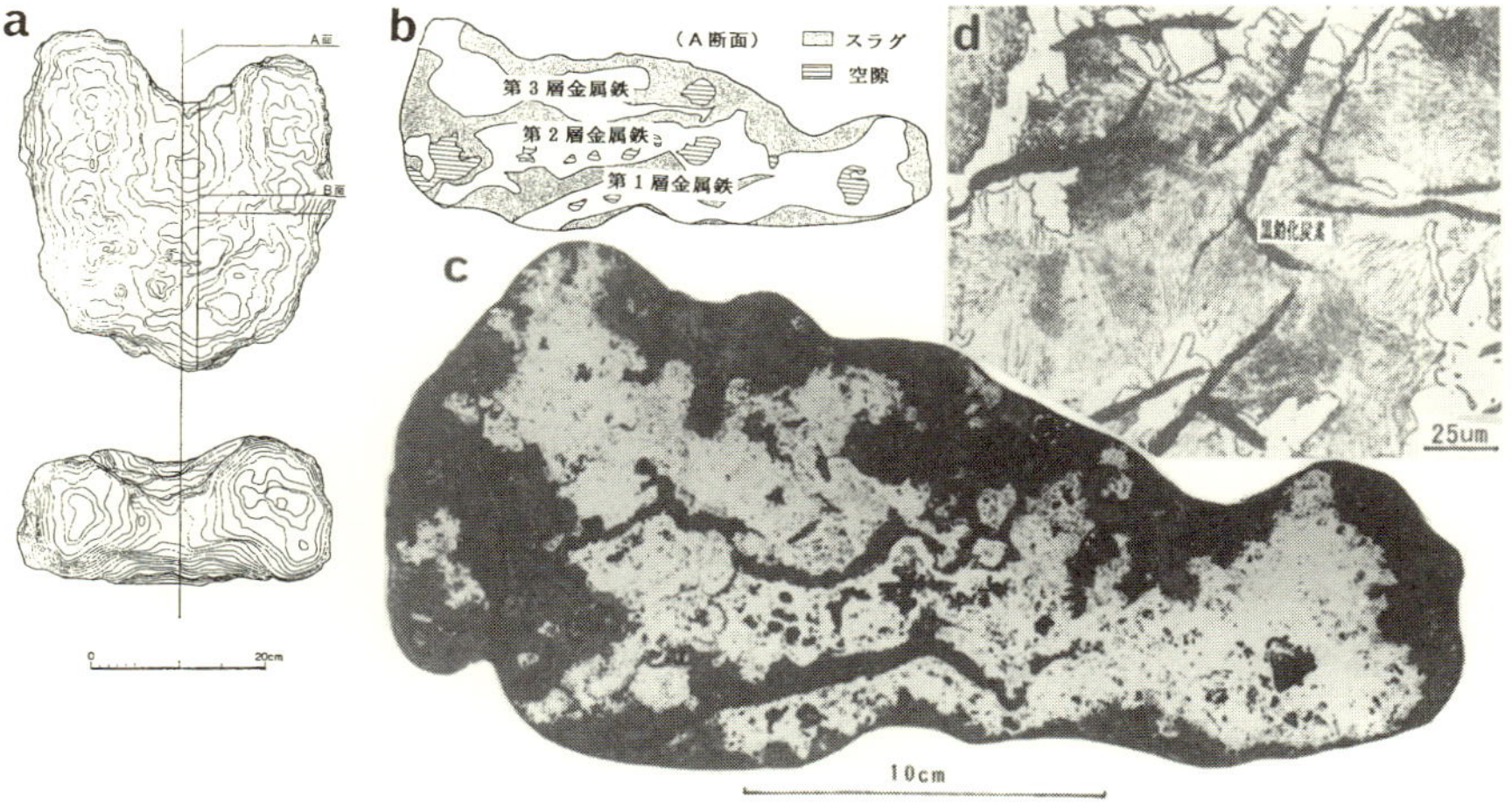

a）鉄塊の計測図、b）断面模式図、c）マクロ組織、d）ミクロ組織

図44　半地下式竪型炉跡付近から出土した大鉄塊の断面組織
（埼玉県川口市安行猿貝北遺跡）

まず、猿貝北遺跡の半地下式竪型炉遺構の近傍で発掘された、鉄滓や木炭を含む重量四六・五kgの大鉄塊についての解析[12、13]結果の要点を説明する。計測図を図44―aに示した。鉄塊のA断面のマクロ組織の模式図とエッチング組織が、それぞれ図44―b、cである。多数の銑鉄小塊が融着し合った状態にあり、木炭層を挟んで三層から成っている。銑鉄と木炭は炉の中へ交互に層状装入されたことが明らかである。ミクロ組織観察によって、銑鉄塊の元の大きさは二〜三cmと推定された。その中心部には溶けた銑鉄から析出した黒鉛化炭素の片状結晶が認められるので（図44―d参照）、元の銑鉄塊は鼠銑（溶融銑鉄が徐冷されたもの）である。さらに銑鉄塊の間隙にはスラグが生成しており、スラグ側には短冊状結晶のチタン化合物が、またスラグと接する銑鉄小塊の境界層は脱炭して鋼に変わっているのが観察された。こうした金属学的解析結果にもとづけば、この大鉄塊は銑鉄と木炭ならびに少量の砂鉄を炉に装入し、加熱・脱炭して鋼に変える途中のものと結論できる。

次に八世紀末の真木山B遺跡[3]では、半地下式竪型炉遺構の前方の傾斜地に鉄滓・木炭・焼土の堆積層があり、その中から重量がおよそ一〇kgと二〇kgの二個の大鉄塊が出土した。

表17　半地下式竪型炉跡付近で出土した大鉄塊各部の化学組成
（新潟県新発田市真木山B遺跡）

No.	化学成分（%）								
	T.Fe	C	Cu	P	Ni	Co	Ti	Si	S
1	（メタル）	1.55	0.106	0.038	0.025	0.042	0.025	＜0.001	0.013
2	（メタル）	1.39	0.004	0.02	0.05	—	0.05	0.05	0.009
3	（メタル）	2.73	0.02	0.118	0.05	—	0.002	0.02	0.016

注）遺跡の年代は10C後半。No.1は大澤正己氏、No.2, 3は太平洋金属㈱の報告。

前者の鉄塊から切り出した試片の断面組織観察結果について、報告書の中では「半溶融鉄粒が集積して形成された鉄塊の様相を呈している」と述べている。この状況は上述の猿貝北遺跡の鉄塊とほぼ同じである。ミクロ組織写真を著者が観察したところでは、個々の小鉄塊の内部に片状黒鉛の析出が認められたので、元の鉄塊は銑鉄であることがわかった。化学分析は異なる二箇所の機関で行なわれたが、その結果は表17のようである。Cu（銅）、Ni（ニッケル）あるいはCo（コバルト）の含有量レベルが高く、始発原料鉱石は磁鉄鉱と判定される。なお個々の小鉄塊の化学組成を反映しているためか、分析値にはかなりの違いが見られる。

こうして炉跡付近から出土した鉄関連遺物と二つの大鉄塊の金属学的調査によって、半地下式竪型炉で使用された原料は銑鉄であり、この型の炉は銑鉄を処理し鋼を製造する「鋼精錬炉」であることが明らかになった。

(2)　大型炉と地床炉の組み合わせ操業の目的

生産拠点集落遺跡では、大型炉と地床炉という炉形式の異なる遺構が検出される場合がある。もしもこれらの炉の存続時期が近いと推定された場合、両型式炉の操業目的にどのような違いがあったのかが重要な問題となる。これについて著者は、大型炉では軟鋼を大量に製造し、一方近くに構築した地床炉は刃金鋼（炭素量がおよそ〇・四～〇・八%の焼きの入る鋼）の製造を目的に操業したと考える。以下には例を挙げて著者の見解を紹介したい。

半地下式竪型炉は関東以北に一般的な型式である。この竪型炉と地床炉が組み合わされた千葉県柏市花前Ⅱ遺跡では、半地下式炉が低い丘陵の斜面を掘り込んで構築され、その一つの近くに地床炉が設けられている。もしも両型式炉の操業時期が同じであったとすれば、半

表 18　鉄関連炉遺構付近から出土した原料銑鉄と鉄塊系遺物の化学組成例

No.	遺跡名	化学成分（%）（抜粋）								備考
		T.Fe	C	Cu	P	Ni	Co	Cr	Ti	
1	福島県原町市大船迫 A 遺跡	96.81	2.54	0.019	0.015	0.15	Mn:0.26	0.055	0.006	白鋳鉄
2	東京都多摩市多摩 NT №.390 遺跡	91.30	4.16	0.031	0.195	0.022	0.045	—	Tr	白鋳鉄
3	同　上	89.60	3.76	0.082	0.234	—	—	—	Tr	白鋳鉄
4	東京都日野市落川・一の宮遺跡	(メタル)	4.54	0.06	<0.01	0.01	—	—	0.01	鼠鋳鉄
5	岡山県総社市西団地内沖田奥遺跡	54.2	—	0.092	0.032	0.015	—	0.002	0.025	銹試料

注）年代は本文ならびに表 22 を参照。No.5 試料は鉄塊系遺物、内部に白鋳鉄の組織が残っている。NT はニュータウンの略記。

地下式竪型炉では軟鋼の大量製造、地床炉は刃金鋼を製造したと著者は推察する。こうした両型式炉の近接した配置は、他の遺跡でも見られる。しかし地床炉の操業が若干先行したのであれば、鍛冶工房の建築用資材（鉄釘や鎹など）を製作するために少量の鋼を製造した可能性がある。

刃金鋼の製造は、精錬の途中で送風を止めて可鍛性高炭素鋼（一・九％以下）とし、その鋼塊を炉から取り出して折り返し鍛錬を行ない（この工程で脱炭が起こる）、刃金鋼組成に炭素量を下げたのではないかと思われる。精錬操作によって炭素量がその範囲に収めるのは、当時の技術水準では難しかったであろう。

なお、丘陵上の数棟の鍛冶工房跡からは椀形滓が出土した。ここでも鋼の精錬が行なわれたことは確かである。しかし、斜面にある半地下式炉との時期的な関係については記述がなく、操業目的の相違を議論することはできない。

(3)　出土した原料銑鉄と鉄塊系遺物の組成

鉄関連炉遺構の近くで塊状あるいは板状の原料銑鉄が未処理のまま出土する例が、前時代に比して増えてくる。銑鉄は炉で処理する目的から遺跡内に搬入されたことは間違いない。

出土した未処理の原料銑鉄と鉄塊系遺物の化学組成例を、表18に引用した。これらの組成からは、使用した原料銑鉄が古墳時代と同様の輸入品といわざるを得ない。繰り返し述べるが、銑鉄（冷却過程で形状を付与された場合は鋳鉄という）には、磁鉄鉱を始発原料鉱石にしたと判定できる場合がある。その根拠となる分析値には網かけして示した。

表 19　遺跡出土の磁鉄鉱ならびに砂鉄の化学組成例

No.	遺　跡　名（種　類）	化　学　成　分（%）（抜粋） T.Fe	SiO_2	Al_2O_3	CaO	MgO	TiO_2	Cr_2O_3	Cu
1a	岡山県総社市西団地内遺跡群	66.0	3.60	0.89	1.75	0.12	0.086	0.02	0.003
1b	（磁鉄鉱；塊状、粉状）	65.0	5.32	1.19	1.46	0.22	0.064	0.026	0.006
2a	福島県原町市大船迫Ａ遺跡	39.9	8.55	2.24	0.29	2.71	28.9	0.02	0.001
2b	（砂鉄）	39.2	9.19	2.15	0.46	1.87	29.9	0.01	0.002
3a	岩手県山田町上村遺跡	66.3	2.52	0.90	0.32	＜0.1	0.61	―	―
3b	（低チタン砂鉄）	62.1	6.97	2.07	0.21	＜0.1	0.44	―	―

古代の日本においては、鉄器使用の初期からこのような成分組成の鋼と鋳鉄の製品・半製品の分析例が多く見られる。鋼製造の原材料になる鋳鉄半製品は、律令制の時代になっても引き続き列島外からの輸入品であった可能性が高い。奈良時代には鉄の鋳造も開始された[14]。

一方、炉の近傍や廃滓場からは、しばしば鉄塊系遺物と呼ばれるものが出土する。これは表面が少量の粘土を含む鉄錆で覆われ、内部は鉄質に富んだ塊状の出土遺物である。肉眼判定がなかなか難しく、鋼の製品・半製品を誤って分類することもある。著者は鉄塊系遺物を鉄滓が噛み込んだ遺物を鋼精錬の途中産物と考える。ただし金属系研究者によっては、これを鉧《けら》様の砂鉄製錬産物とみなして鋼を製造するための原材料とする。しかしその見解にしたがえば、塊状資料内部で鉄滓に包まれたような状態で残る銑鉄組織、とくに溶融銑鉄から析出する黒鉛化炭素の存在を金属学的に説明することができない。

それでは磁鉄鉱を産出する山陽地方ではどうであろうか。岡山県総社市西団地内遺跡群（水島機械金属工業団地）の竪型炉遺構の近傍で出土した鉄塊系遺物は、内部に銑鉄の組織が残っている資料であった。表18№5のようにCu分析値は〇・〇九二％と高く、これから鉄対比を算出してみると百分率表示で約〇・二％になる。一方、遺跡内から回収された磁鉄鉱の塊鉱・粉鉱中のCu分析値は、〇・〇〇数％程度（表19№1a、1b参照）に過ぎないので、元の銑鉄がこの地の磁鉄鉱を原料にした製鉄の産物でないことは明らかである。この遺跡群の竪型炉では輸入の銑鉄を使用して精錬を行ない、鋼を製造したと考えられる。

前述のように、この遺跡群からあまり離れていない地点で、六世紀末には長方形箱型炉が現われる。それが何故断面積が小さい（炉の生産能力は低い）方形竪型炉に変わり、しかも一世紀にわたって鋼の精錬操業を続けたのだろうか。この回答はまだ出されていない。著者はCaO（酸化カルシウム）含有量が比較的多い磁鉄鉱粉ならびに鉄滓の出土に注目したい。刃金鋼の製造には炭素量を下げ過ぎない注意が必要であるが、精錬の初期にCaO分が高く流動性のよい溶融鉄滓を生成させて板状あるいは塊状の原料銑鉄を被覆し、脱炭速度の緩和を計ったのではなかろうか。だとすれば、この方形竪型炉は構築が容易で、しかも軟鋼と刃金鋼の双方を製造しやすい設備だったことになる。

四　大規模鋼生産施設の経営主体

(1)　代表的生産遺跡についての考察

『延喜式』雑令の規定には「凡そ国内に銅・鉄を出せる処有りて、官未だ採らざるは、百姓私に採るを聴《ゆる》せ。若し銅・鉄を納めて庸・調に折宛てる者は聴せ。……」とあって、製鉄史の研究領域ではそれぞれ官採の鉄、私採の鉄と呼ばれている。この項では炉遺構の調査と鉄関連出土遺物の分析が行なわれた代表的な発掘調査例を挙げ、遺構の状況と経営主体についての調査者の見解を紹介するとともに、遺跡の生産的性格が矛盾なく説明できるかどうか検討してみたい。

①　国衙・郡衙による経営

地床炉群　七世紀後半から八世紀前半の間は連房式鍛冶工房の形式をとる。報告書によれば、関東地方では茨城県鹿嶋市春内遺跡（七世紀後半）の経営主体は常陸国鹿嶋郡庁、茨城県石岡市鹿の子C遺跡（八世紀前半）は常陸国庁、東京都府中市武蔵国府遺跡（八世紀前半、鉄関連出土遺物は未分析）は武蔵国庁、千葉県市川市国府台遺跡（八世紀前半）は下総国庁とされる。しかし八世紀後半以降、官衙付属工房ではふたたび工房一棟に地床炉一基の方式に戻る。これはおそらく官衙建築用の鉄釘や鎹《かすがい》を造るために、大量の鋼を製造しなければならない時期が終わったことが理由と思われる。以後は軟鋼が施設外から供給されるようになり、地床炉による操業は小型の利器製作に必要な刃金鋼の製造

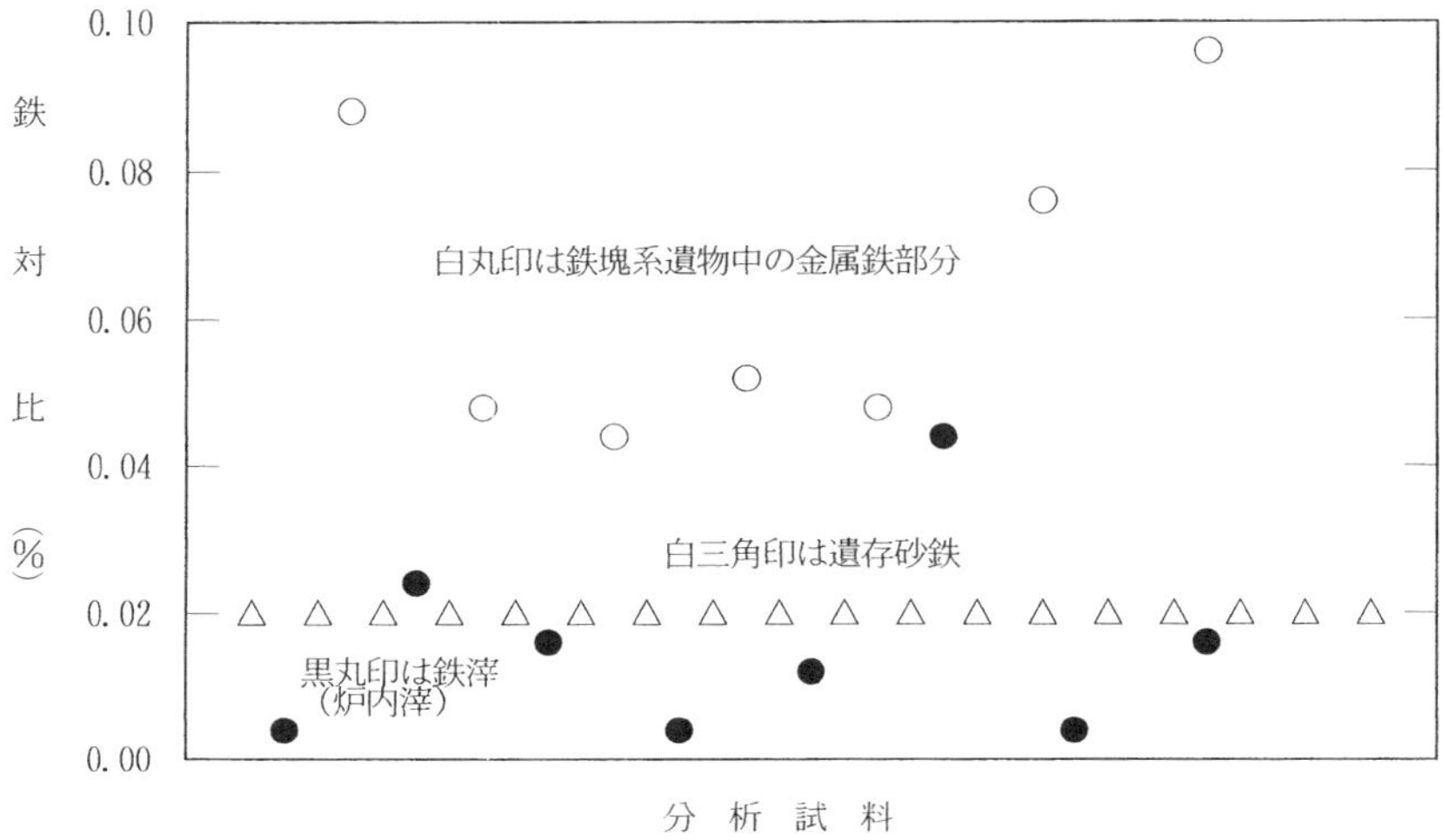

図45　長方形箱型炉付近から出土した砂鉄・鉄塊系遺物・鉄滓中コバルトの鉄対比
（福島県原町市大船迫A遺跡）
注）鉄対比 Co/Fe は中性子放射化分析法測定値から算出

に転換したのではなかろうか。

長方形箱型炉群　炉数多く、同一地域で長期間操業が実施され、少数の竪型炉・地床炉を伴う。例えば福島県原町市金沢地区[4]の場合は、太平洋岸の低丘陵地帯の狭い区域（約一km四方）に五つの鉄関連炉遺構群（大船迫《おおふなざこ》A・長瀞・鳥打沢・前田・南入の各遺跡）があって、操業はおよそ二百年間続き、検出された箱型炉遺構だけでも一一〇基（他に竪型炉一基）を数える。律令体制下にあっては、おそらく全国最大の生産基地と思われる。発掘調査者は「陸奥国行方郡衙が経営主体」と推測している。各期における炉遺構の特徴を要約すると、Ⅰ期（七世紀後半）に六基の「両側排滓箱型炉」が検出されるが、Ⅱ期（七世紀末～八世紀初頭）には少数の「片側排滓箱型炉」（後述の千葉県成田市取香和田戸遺跡も同型）に変わる。Ⅲ期（八世紀中葉）には箱型炉・鍛冶炉・住居跡・木炭窯を単位とする小遺構群と、その中の鍛冶炉を欠いたものがある。後者は製造した鋼塊を現地で加工せずに搬出したのであろう。Ⅳ期（八世紀後葉～九世紀前葉）には踏ふいごを使った箱型炉が出現して、遺跡群は生産の最盛期を迎える。しかしⅤ期（九世紀中葉）には衰退の傾向がみられ、これは東国の他地方にも共通している。

箱型炉の生産機能は、大船迫A遺跡群出土の鉄関連遺物の分析結果から推定できる。2号炉廃滓場出土鉄塊系遺物のメタル部分の化学分析値を、前掲の表18の№1に引用しておいたが、C（炭素）の二・五四％は精錬途中であることを表わしている。またNiの〇・一五％、Mn（マンガン）の〇・二六％、Cr（クロム）の〇・〇五五％からは、始発原料鉱石が磁鉄鉱と判定される。この炉で使用された材料鉄は、明らかに輸入の銑鉄である。一方、同じ遺跡群で採取した砂鉄・鉄塊系遺物・鉄滓などが、中性子放射化法によって分析された。砂鉄の一八点、鉄塊系遺物の六点、鉄滓のうち炉内滓（炉内に残っていた鉄滓）八点の「非磁着性部」（磁石に着かない非金属成分から成る）につき、Coの鉄対比を算出して図45に示した。砂鉄と炉内滓の間には明確な差異は認められない。それに対して鉄塊系遺物のCo鉄対比は著しく高くなっている。この増加は砂鉄を原料にした製鉄法では起こり得ない。Co含有量の高い銑鉄（輸入の銑鉄）を炉に装入・加熱し、砂鉄を脱炭材に使用する鋼精錬を行なったものと考える。

なお、本遺跡から出土した砂鉄と岩手県山田町上村遺跡（八世紀代）出土低チタン砂鉄の化学分析値各二例を、表19の№2、3に示した。後者は極低チタン砂鉄ともいえるようなものであるが、同様の分析報告例は他に見当たらない。

大船迫A遺跡の15号長方形箱型炉は操業開始後間もなく倒壊したようであり、炉体の浸食が少ない状態で発掘された。地上部炉壁の高さは六八㎝と報告されている（前掲の表16を参照）。

ところで木器生産に関する飯塚武司氏の研究論文では、八世紀中葉の同県いわき市大猿田遺跡を陸奥国磐城郡衙による経営と考え、[15] 遺跡は郡衙想定地から直線距離で約九㎞離れた丘陵地の谷戸に位置するが、製品輸送は河川を利用したと想定している。その後九世紀に近くのたたら山遺跡では鉄関連生産が行なわれ、これも磐城郡衙の経営によると述べている。丘陵地帯における木器と鋼の生産の経営主体は密接な関係にある。

半地下式竪型炉群　一基から数基による比較的短期間の操業が行なわれたようである。長方形箱型炉に比べて構造

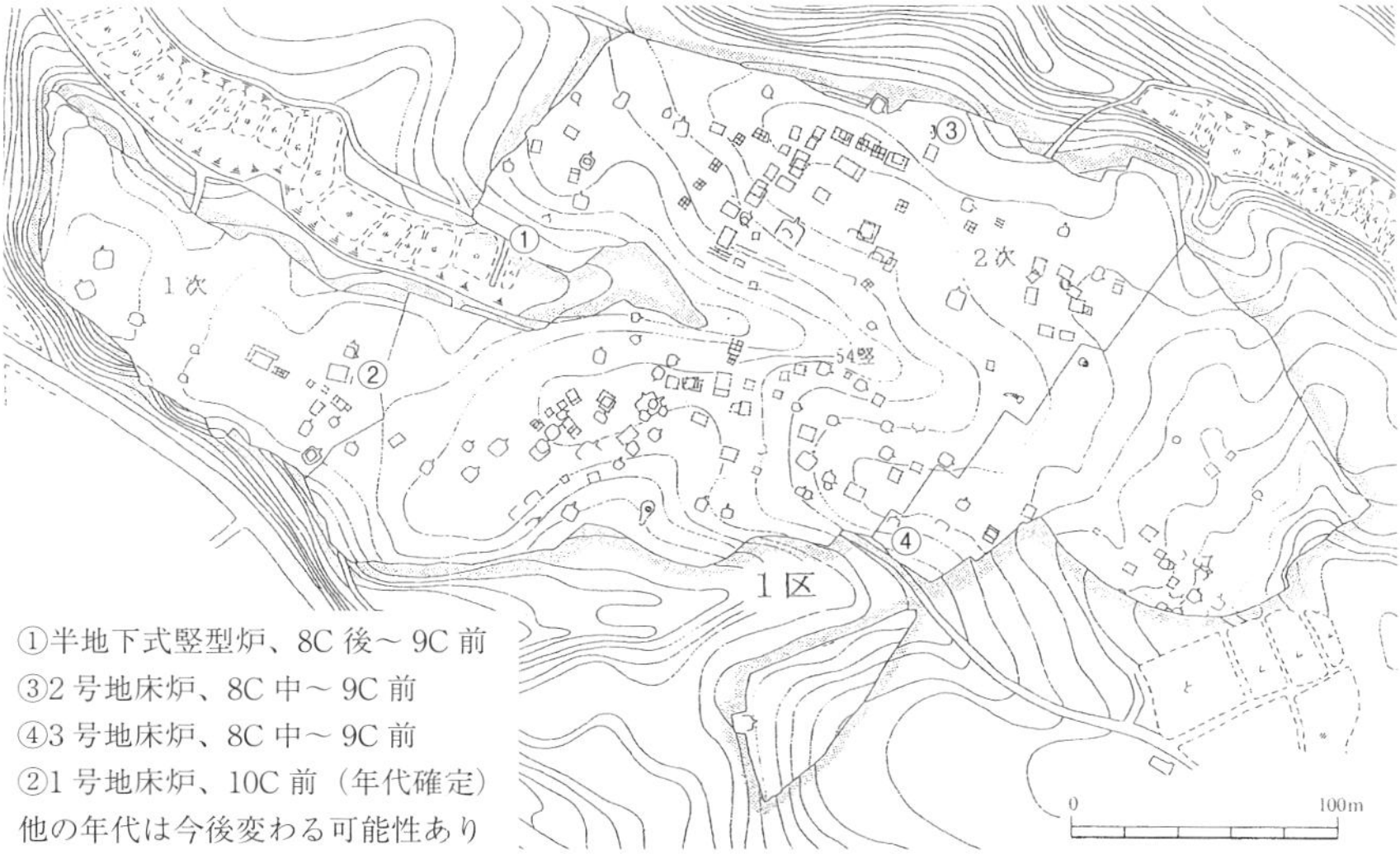

図 46　集落の変遷に伴う竪型炉と地床炉の設置状況
（福島県郡山市東山田遺跡）

表 20　同一遺跡群における鍛冶炉と半地下式竪型炉の遺構付近から出土した鉄滓の化学組成の比較（福島県郡山市東山田遺跡）

No.	遺構名	鉄滓形状	化学成分（%）								CaO/TiO₂	MgO/TiO₂
			T.Fe	FeO	Fe_2O_3	SiO_2	Al_2O_3	CaO	MgO	TiO_2	$\frac{CaO}{TiO_2}$	$\frac{MgO}{TiO_2}$
1	鍛冶炉	椀形	62.26	58.44	23.51	9.52	1.90	0.56	0.41	0.33	—	—
2	〃	〃	57.22	61.47	12.38	9.74	2.57	3.02	1.15	6.28	0.48	0.18
3	竪型炉	塊状	39.64	47.23	2.99	15.66	3.87	2.95	3.44	21.19	0.14	0.16
4	〃	〃	31.69	30.56	10.48	15.32	4.61	3.95	4.76	29.28	0.13	0.16

注）鍛冶遺構は 8C 中葉～9C 前半、竪型炉跡（発掘調査名称は製鉄遺構）は 8C 後半～9C 前半。なお、年代は暫定的（本文参照）。

が簡単であり、建設費は安価に済んだのではないかと思われる。前述の猿貝北遺跡では合計五基の炉跡が検出された。関東・東北南部では律令体制の崩壊が始まる一〇世紀中頃以降に多く現われる。有力寺社あるいは在地有力層の経営により、軟鋼が大量に製造されたものと著者は推測する。

集落の変遷の中で捉えられる例として、福島県郡山市東山田遺跡を検討してみたい。この遺跡では八世紀代の竪穴住居跡から軍団の役職名を表わす「火長」と書かれた瓦が出土し、陸奥国安積郡衙との関連が考えられている。また集落の中にある「官衙風建物群」について、垣内和孝氏は同郡小川郷の郷倉と推測している。(16)図46に遺構配置略図中の調査1区を一部引用して示す。丘陵の台地には八世紀中頃から九世紀前葉にかけての住居群の跡が多く、鍛冶遺構と椀形滓・炉壁片・羽口などの遺物を残すものは一〇箇所に近いという。調査の途中なので個々の遺構年代は変わる可能性もあるとされるが、住居群が存在した全期間にわたって鍛冶活動が続いたことを窺わせる。傾斜面の一箇所で半地下式竪型炉遺構が検出され、塊状の鉄滓が出土した。この時期は材料の鋼を大量に必要としたのであろう。

表20には、東山田遺跡で年代が八世紀中頃から九世紀前葉とされる鍛冶遺構と竪型炉跡から採取された、それぞれ椀形滓と塊状滓の化学分析値を示す。№1椀形滓は TiO_2 が〇・三三％と低いことに特徴がある。これはおそらく、他の鍛冶工房跡床面で回収された極低チタン砂鉄と同様組成のものが使用されたのであろう。CaO含有量は、№2椀形滓と№3、4の塊状滓でほとんど同じである。ただし№2椀形滓の CaO, MgO/TiO_2 比は塊状滓よりも高いので、使われた粘土の組成が少し違っていたのかも知れない。これらの結果からは、椀形滓と塊状滓の間に化学組成の基本的相違を認めることはできない。本遺跡においても、一時期地床炉と竪型炉を併設・操業した可能性がある。以後は地床炉だけになるが、他地域で生産された軟鋼を受け入れたのではないかと思われる。遺跡は安積郡衙に近く、それによる経営を発掘調査者は推測している。なお郡山市地域の古代集落の変遷に関しては垣内氏の別の論考(17)があり、視点を広げた考察が可能と思われる。

ところで遺跡の発掘調査範囲が狭く集落全体の状況が不明の場合は、鉄関連の生産活動をどのように性格づけしたらよいのか、なかなか難しい。さらに近傍に官衙の存在が推定される場合でも、それとの関係を論ずることができない。一つの例として埼玉県寄居町中山遺跡(5)を挙げると、台地上の南北約四〇〇m、東西最大幅約八〇mの矩形に近い区域で奈良・平安時代の竪穴住居跡二一棟が発掘され、「集落出現の時期は八世紀中頃、一〇世紀前半後葉から後半にかかる時期（Ⅵ期）が集落の最盛期であり、それ以降は急速に終末を迎える」。Ⅵ期に属する九棟のうち二棟では地床炉跡が検出され、他の五棟からは羽口・椀形滓・鉄塊系遺物などが出土している。さらに台地の斜面を掘り込ん

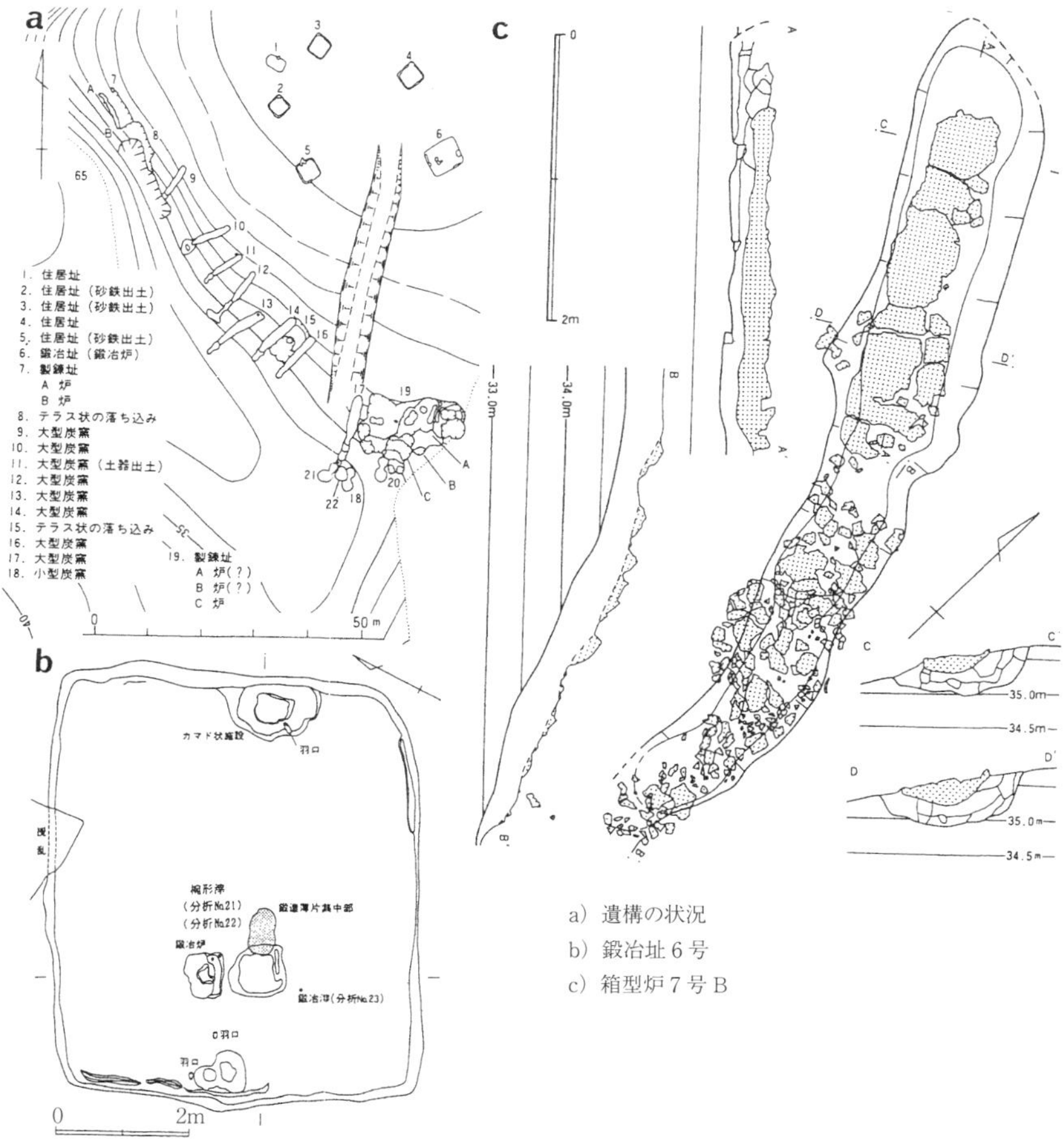

a）遺構の状況
b）鍛冶址６号
c）箱型炉７号Ｂ

図47　箱型炉と地床炉の同時期操業が推測される遺跡の例
（千葉県成田市取香和田戸遺跡）

で構築した半地下式竪型炉遺構一基がある。この炉跡付近で採取された鉄塊系遺物の内部には、白鋳鉄の組織（レーデブライト）が認められた。竪型炉で銑鉄を処理して軟鋼を製造し、一方、地床炉では刃金鋼を製造したことが推測される。

この区域だけをみると独立した鍛冶集落のようにも受け取れるが、あるいは台地全体に広がった大きな集落の一隅に配置されただけなのかも知れない。遺跡の比較的近くには複数の郡庁があったと

表21　同一遺跡群における長方形箱型炉と鍛冶炉の遺構付近から出土した鉄滓の化学組成の比較（千葉県成田市取香和田戸遺跡）

No.	遺　構	化学成分（%）（抜粋）									
		T.Fe	FeO	Fe_2O_3	SiO_2	Al_2O_3	CaO	MgO	TiO_2	$\frac{CaO}{TiO_2}$	$\frac{MgO}{TiO_2}$
17	19号製錬址	30.0	32.2	6.9	26.7	6.82	5.03	4.30	12.8	0.39	0.34
18	〃	27.1	29.4	5.8	32.0	7.90	4.80	4.04	10.2	0.47	0.40
12	7号製錬址	43.8	23.7	35.5	10.1	3.38	1.64	3.00	14.8	0.11	0.20
14	7号A炉址	26.9	29.9	4.8	29.6	8.07	5.33	3.08	12.8	0.42	0.24
15	7号B炉址	31.5	37.2	3.4	25.0	6.93	5.42	3.24	12.8	0.42	0.25
21	6号鍛冶址	51.1	38.2	30.3	12.9	5.19	1.78	1.28	4.95	0.36	0.26
22	（椀形滓）〃	53.8	43.8	27.8	12.2	4.31	1.91	1.28	5.30	0.36	0.24

注）19号製錬址と6号鍛冶址は8C前半、7号製錬址と同A，B炉址は9C第2四半期。ここでいう製錬址は長方形箱型炉遺構。

いわれるが、鍛冶集落の性格についてこれ以上の検討を進めることは難しい。こうした発掘調査は数多いと思われる。調査結果を活用するためには、やはり上述の東山田遺跡のような解析例を引用して補強することが必要ではないだろうか。

②　私的経営が推測される例

近接する箇所で複数形式の炉を設置している場合、すなわち地床炉と長方形箱型炉あるいは地床炉と箱型炉・竪型炉の組み合わせ操業の目的はどこにあったのだろうか。これには千葉県成田市取香和田戸遺跡のほか、同県多古町一鍬田甚兵衛山北遺跡、福島県相馬郡新地町向田G遺跡などが該当する。[18] 以下に長方形箱型炉と地床炉の組み合わせた例として、取香和田戸遺跡を挙げて検討してみたい。

図47―aに示すように本遺跡は台地上に住居と「鍛冶址6号」があって、その工房には地床炉が設けられている。図47―bはその遺構図である。台地の傾斜面では、大型炭窯列の西北端に「製錬址7A、B」、東南端には19A～Cが検出された。ともに箱型炉といわれる。図47―cには、遺構状況が明瞭な7号B炉跡を引用した。炉内に残る鉄滓は、報告書によれば「両端が丸みを帯びた長方形を呈する厚い板状」で、「長さ約一・四m、幅〇・五mから〇・六m、厚さ〇・一mから〇・二五mを測る」と説明されており、鉄滓の断面は薄い平凸レンズ状である。稼働中の炉底の形状と寸法を評価する上で、この板状鉄滓は重要な情報を提供している。炉の南側の一端が開口しており、ここから鉄滓は流れ出すか、あるいは掻き出されて、傾斜面に堆積したものと思われる。各炉の時期は、19号A～C製錬炉と6号地床炉が八世紀前半、7号A、B炉は九世紀第2四半期に比定さ

れている。

出土した鉄滓の化学組成を表21に引用した。上段の「19号製錬址」と「7号炉址」の出土鉄滓に対して、下段の「6号鍛冶址」鉄滓には、化学組成の上から区別できるような特徴がない。注目を引くのは、三者の間における CaO/TiO_2 の変動である。この成分比が大きい鉄滓については、操業の途中で溶融鉄滓の流動性を改善するために含 CaO 材料を加えたことが推測される。前述のように八、九世紀代の長方形箱型炉の復元炉高は六〇cm前後であり、砂鉄を製錬して溶融銑鉄を製造することはできない。長方形箱型炉と地床炉が同じ時期に操業されたのであれば、前者は低炭素の軟鋼を大量に、後者は焼きの入る刃金鋼の少量生産を目的にしたのではないかと著者は推察する。

このように箱型炉・竪型炉・地床炉のいずれも鋼の精錬炉と考えるならば、複数形式炉の同時期操業は矛盾なく説明できる。

(2) 発掘調査者が推定する経営主体

発掘調査された大規模鋼生産施設の経営主体として官衙が推定されるのか、それとも「私採」に係わる集団なのか、この問題についてのまとまった論考は見当たらない。考古学的情報を利用する立場にある著者は、各遺跡の鉄関連炉の設置状況と経営主体に関して発掘調査報告書に述べられている考察の内容を、調査者に直接問い合わせて確認する方法をとった。表22にその結果を示す[19]。

これによれば、律令体制下で国衙・郡衙・国分寺・小寺院に付属した鍛冶工房はもちろん、官衙からかなり離れた地域の拠点集落に伴う大規模な鋼生産基地についても、経営主体を官衙とする見方が多い。炉の生産機能の評価の違いを別にすれば、調査者が述べている考察は出土遺物の金属学的解析結果と矛盾しない。

ここで、改めて鉄と共通の資源である森林を利用する木器生産と比較してみよう。飯塚氏は前出の論文で、木器の種類・形式・墨書などの調査結果をもとに、山林部集落内の木器生産工房の経営主体を検討・分類している。そして

表22　8〜10世紀東国の官衙と拠点集落の鉄関連遺構と生産経営主体の推定

No.	遺跡名	年代	工房・炉遺構の形態	経営主体（発掘調査担当者の推定）
	A．官衙・寺院付属工房の例			
1	茨城県石岡市鹿の子C遺跡	8C前半	連地	常陸国衙
2	千葉県市川市国府台遺跡	8C前半	連地	下総国衙
3	東京都府中市武蔵国府遺跡	8C前半	連地	武蔵国衙
4	神奈川県平塚市坪の内遺跡	8C前半	連地	相模国衙
5	茨城県鹿嶋市春内遺跡	7C後半	連地、地	常陸国香島郡衙
6	埼玉県深谷市熊野・中宿遺跡	7C後半	連地、地	武蔵国榛沢郡衙
7	千葉県市川市国分遺跡	9C前半〜中葉	連地	下総国国分寺
8	群馬県前橋市国分僧寺･尼寺中間地域遺跡	8C前半	地	上野国国分寺
9	千葉県山武市真行寺廃寺跡	8C末〜9C前半	地	下総国武射郡衙
10	〃船橋市本郷台遺跡	8C末〜9C前半	地	在地有力層か
11	〃市原市萩ノ原遺跡	8C末〜9C前半	地	不明
	B．拠点集落に伴う工房跡の例			
21	東京都多摩ニュータウンNo.390遺跡他	10C後半	地　　堅	武蔵国衙から移行か
22	東京都日野市落川・一の宮遺跡	9C前半	地　　堅	在地有力層
23	福島県郡山市東山田遺跡	8C末〜9C前葉	地　　堅	陸奥国安積郡衙
	C．拠点集落に伴わない大規模鋼生産遺跡の例			
31	千葉県成田市取香和田戸遺跡	8C〜9C	地　箱	不明
32	〃多古町一鍬田甚兵衛山北遺跡	8C前半	箱　箱　堅	不明
33	千葉県柏市花前Ⅱ遺跡	9C〜10C	地　　堅	不明
34	埼玉県川口市安行猿貝北遺跡	10C代	堅	不明
35	福島県原町市金沢地区遺跡群	9C前半	地　箱　堅	陸奥国行方郡衙
36	〃新地町向田遺跡群	8C前半	箱　堅	陸奥国宇多郡衙
37	宮城県多賀城市柏木遺跡	8C前半	地　　堅	陸奥国府多賀城

注）（地）1房に1基の地床炉、（連地）連房式工房地床炉、（箱）長方形箱型炉、（堅）自立・半地下式堅型炉。経営主体の推定は発掘調査担当者の見解あるいは報告書の記述にもとづく。

工房を「官衙内や近接場所に設置」、「官衙から離れた場所に設置」の場合があり、とくに後者では水路を利用してかなり遠い距離を運んだことを想定している。ほかに領主層の経営があって、生産の規模は小さいとする。一〇世紀代には官衙を経営主体とする生産は消滅に向かうと述べているが、このような動向は鋼生産にも共通するように思われる。

問題は表22―cの拠点集落に伴わない（集落が発掘調査範囲外の可能性もある）生産基地の中で、経営主体が不明とされることである。文献史料にある「私採」に相当し、国内で広く交易する集団や在地の有力者層が経営したのかも知れない。律令体制の衰退・変質が進む一〇世紀代に入って、全国的にもこれらの組織・階層が大規模な鋼生産を担う勢力に成長したのではあるまいか。

なお、この時代の窯業生産についてはすぐれた考古学的論文[20]も発表されているが、著者は大規模鋼生産との関連性を検討するまでには到らなかった。関心をもつ読者の研究に期待したい。

(3) 鉄の流通と交換の担い手

禄令により官人には季禄として絁《あしぎぬ》、綿、布のほか鍬・鉄が支給されたが、文献史学研究者は例えば鍬について「中央政府の官人は鍬を必要とする物資・貨幣に交換した」と推測している。(21) さらに鍬五口は鉄二鋌に値するとされ、鉄もまた交換の材料になったとする。

鉄一鋌当たりの稲束の価格変化について、福田豊彦氏は前出の論文で次のように述べている。「八世紀前期には地域格差が甚だしい」「『延喜式』禄物価法の規定では、陸奥・出羽の(稲)一四束、土佐の一〇束を除くと、ほとんどが五～七束の間に入り、全国的な平均化が認められる」。

ここで挙げられた陸奥国においては、上述のように福島県の原町市と新地町の二箇所で八世紀前半に長期間操業したとみられる大規模鋼生産施設の遺構が検出され、経営主体はそれぞれ行方・宇多郡衙と推定されている。また出羽国では、九世紀後半～一〇世紀代の秋田市上北手諏訪ノ沢遺跡で半地下式竪型炉二基の炉跡が見いだされた。秋田城から数kmの地点にあり、発掘調査者は経営主体が国衙の可能性もあると考えている。中央に比べて鉄の価格差が大きいこれらの地方では、官人達は原料鉄を運んだ交易商人の協力のもとで生産した鋼を鉄鋌に加工したのち、少なくともその一部は在地勢力との交易に使おうとしたのではなかろうか。

五　律令体制衰退期の鋼と鍛造鉄器の生産変化

(1) 生産の集約と分散

律令体制の衰退とともに、鋼の生産は規模が大きい少数の生産基地に集約されたようである。製造した軟鋼の多くは拠点集落に搬入され、民生品の製作あるいは利器の心金に使用されたと考えられる。一方で地床炉を設置した鍛冶工房では、原料銑鉄を処理し刃金鋼を製造したのであろう。関東地方の拠点的な集落では九世紀以降、鉄鏃・刀子・鎧小札・馬具などの武器類の製作が一段と進行した。本項では鋼の生産と鍛造鉄器の製作が相互に関連しながら、どのように変化して行ったかを考察したい。なお、直刀から外反り彎刀への進化については次章で扱うことにする。

①　私的経営が推測される生産拠点の場合

ここでは埼玉県上里町中堀遺跡の例を挙げて、鍛冶工房のあり方を検討する。中堀遺跡は荒川上流域の小さな支流である御陣馬川の水運を利用した生産拠点の一つであり、田中広明氏は「私営田領主」による開発・経営と考えている[22]。一方、宇野隆夫氏は、この遺跡を武蔵国の勅旨田*の経営拠点であった可能性が高いとして、鍛冶工房の配置は荘園の性格に応じて変わるが、最盛期であるV期（九世紀末）には館・寺院・農工民の居住区域から離れた箇所に鍛冶を含む工房群が設営されたと推定している[23]。遺跡のⅢ期（九世紀第2四半期）からV期の間に出土鉄器数は著しく増加し、器種構成では武器・武具の比率が高くなって馬具も現われる。その後鉄器出土数は次第に減少する。県下ではこの時代の最大の鉄器生産遺跡といわれ、関東地方の国衙・国分寺付属の工房に比べても出土数はきわめて多い。この地域の大規模な鉄器製作基地と評価されている。

＊「勅旨田は天皇の命令により諸国の空閑地・荒廃地などを占有し、開墾したもので、不輸租の皇室領とされた」（『日本史史料集』増補改定版、山川出版社、二〇〇一年）

表23に引用した№1の〝粒状滓〟は地床炉の炉口から排ガスに伴って飛散したもので、報告書に述べるような鍛造工程の生成物ではない。椀形滓と同様に精錬が行なわれたことを示す遺物である。〝鍛造剥片〟が地床炉跡付近で採集されたとすれば、それは炉から引き出した鋼塊の表面酸化物をはつって除去した際の廃棄物である。№2のCu分析値〇・〇八％を鉄対比百分率で表わすと〇・一一％になり、錆びる前の鋼はCuを多く含んでいたことがわかる。元の原料銑鉄は輸入品と推定される。

表 23　「私営田的」経営が推定される荘園遺跡の出土鉄関連遺物の化学組成（抜粋）
（埼玉県上里町中堀遺跡）

No.	時期	種　類	化学成分（%）									
			T.Fe	M.Fe	FeO	Fe_2O_3	SiO_2	Al_2O_3	CaO	MgO	TiO_2	Cu
1	Ⅲ	粒状滓	59.7	0.67	73.0	3.27	12.5	4.11	0.39	0.54	—	—　—
2	Ⅲ	鍛造剥片	70.4	2.86	60.5	32.9	2.17	0.52	0.11	0.15	＜0.01	0.08（0.11）
3	Ⅳ	鉄滓	58.3	10.1	9.63	58.2	5.93	1.71	0.18	0.33	＜0.01	0.04（0.07）
4	Ⅴ	粒状滓	60.6	0.73	57.4	21.8	12.5	2.04	0.76	0.31	0.01	0.01（0.02）
5	Ⅴ	椀形滓	52.0	0.34	57.3	10.2	18.9	3.93	1.95	1.21	3.32	0.01（0.02）

注）括弧内の数値は Cu の鉄対比%。No.3 は金属鉄が多いので鉄塊系遺物と推定される。時期については本文を参照。

検出した一七基の鍛冶炉遺構の時期は、九世紀後半～一〇世紀前半とされる。中には工房一棟に地床炉二基を構築した珍しい例がある。多くの鋼を製造することを目的に、おそらく時間差をおいて交互に操業したのであろう。なお屋外に地床炉四基を併設し、炉から流し出した鉄滓を一つの排滓穴に導いた大量生産遺構は、埼玉県深谷市西浦北遺跡(7)（一〇世紀中頃～一一世紀代）で検出されている。

　最盛期を過ぎた中堀遺跡は一〇世紀中頃に荘所の構造が大きく変わり、宇野隆夫氏はこれをモデル化して「在地有力層（郡領以上の豪族）の居館型」と呼んでいる。しかし、より進んだ変化が九世紀末頃の石川県金沢市東大寺領横江庄遺跡に生じており、同氏は「従来よりも広い範囲から鉄滓が分散的に出土するようになった。それは個々の場に鍛冶工人が居住したのではなく、在地有力層から自立して専業度を高めた工人集団が需要に応じた仕事をするようになったとするほうが理解しやすい現象である。」と述べ、「民衆（村落首長級）の屋敷型」モデルを提示している。前項で述べたように、八世紀代の鍛冶工人については非定住性（官衙や有力寺社に身分的拘束を受けないという意味）が推測される。さらに日本海沿岸域におけるこの時期の鉄製品の流通状況を考慮すると、有力寺社の下にあった鍛冶工人は自立したというよりも、むしろその移動が活発になったのではないだろうか。彼らは「村落首長級」の集落の工房で、鉄製農工具の需要に応えるために比較的短い期間鍛冶活動をしたことが推測される。

②　国衙から在地有力層に経営が移行した場合

　荘園の明確な形成がみられない東京都多摩市多摩ニュータウン遺跡群の場合を検討する。鉄関連遺跡は多摩川上流域の二つの支流に沿った山林地帯に散在する。地床炉

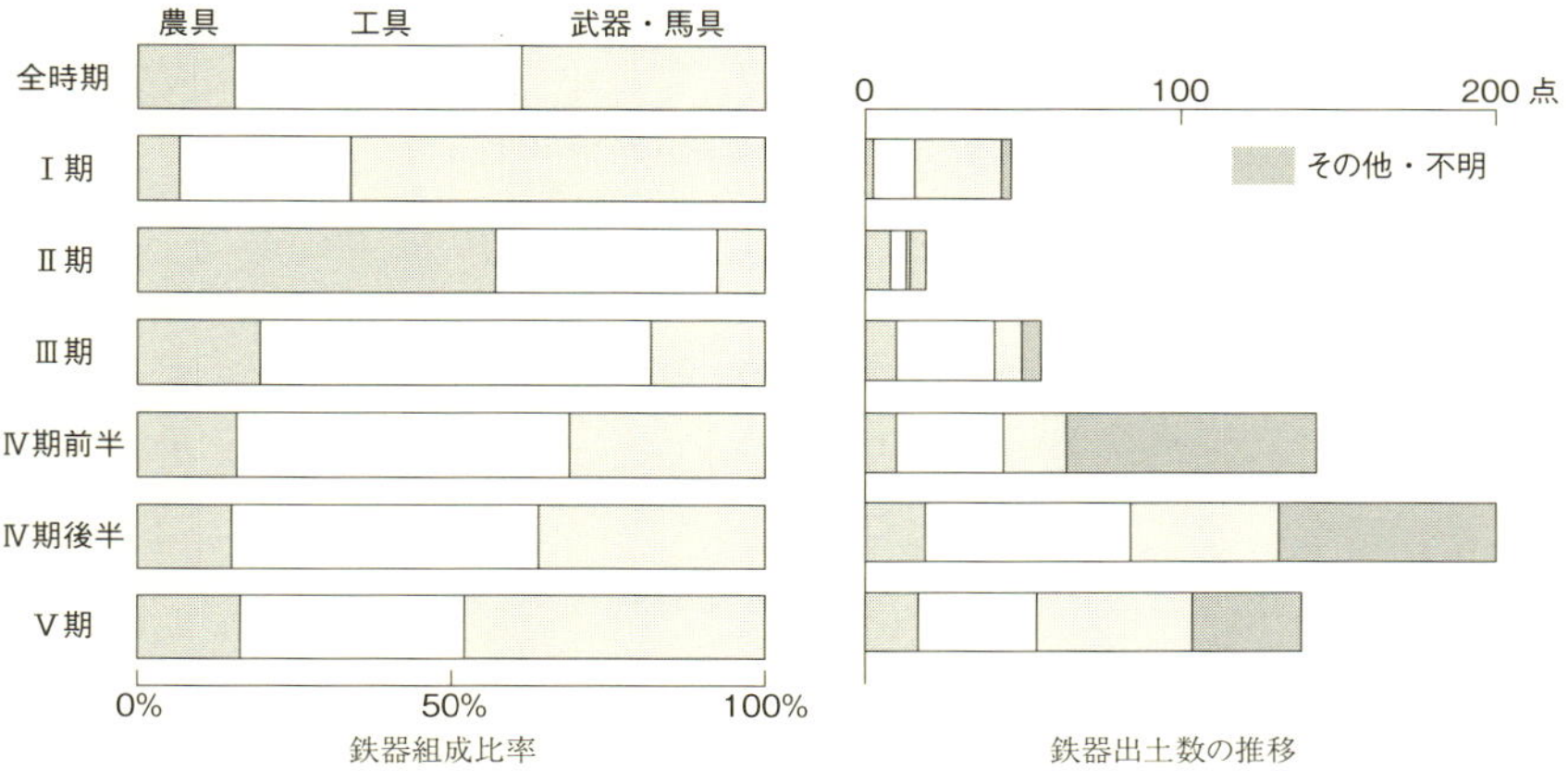

Ⅰ期 7C 後半／Ⅱ期 8C 前半／Ⅲ期 8C 後半／Ⅳ期 9C 前半／Ⅳ期 10C 後半／Ⅴ期 10C 末～ 11C

図48　東京都多摩ニュータウン遺跡群出土鉄器の器種構成の変化

の操業はⅠ期の七世紀前半～末葉に始まり、Ⅳ期後半の一〇世紀代には半地下式竪型炉五基の炉跡が検出されている。炉遺構の近くで出土した板状・塊状の銑鉄の化学分析値を表18―№2、3に示したが、Cu、PあるいはCoの含有量が多いので輸入の原料と判定された。

発掘調査者によれば、生産の経営主体はⅣ期後半の段階で武蔵国衙から在地有力層に移行したことが推察されるという[24]。図48に引用したようにこの時期の鉄器出土数は最大を示し、また小刀・鉄鏃・馬具などの武器の構成比率がもっとも高くなるので、竪型炉の操業は鋼の需要に応えたものと思われる。なお二つの行政区から成る遺跡群の木器生産は、武蔵国多磨郡衙による経営が八世紀末～九世紀初、相模国高座郡衙が九世紀中葉～一〇世紀前半と推定されている。

③　在地豪族による経営が推定される集落の場合

関東地方で唯一知られているのが、東京都日野市落川・一の宮遺跡である。この遺跡は多摩丘陵の西端に近い多摩川右岸の沖積地に位置し、川を挟んだ対岸には武蔵国府・国分僧寺・国分尼寺跡がある。国府の管理を実証するような遺物が検出されず、かつ建物遺構の増減はあっても一二世紀の大洪水で断絶するまで集落が継続して発展したことから、調査を担当した福田健司氏は「(この遺跡は)律令体制に組み込まれないで発展した、もう一つの経路を示すものである。」と述べている[25]。

九世紀初頭の落川・一の宮遺跡では建物遺構と鍛治関連遺構は検出されていないが、鉄滓や製品鉄器のほか銅地金の破片が出土しており、寺院建立に係わる鉄・銅の鍛治活動が行なわれたものと思われる。出土した板状の鋳鉄半製品の分析結果[8]は、前掲の表18―№.4に引用してある。Cu分析値は〇・〇六％とかなり高い。またミクロ組織観察では片状黒鉛の析出が認められる。他遺跡と同様に輸入の原料銑鉄を使用していたと推測される。次の一〇世紀の中頃には集落跡は最大となり、さらに一一世紀には大型建物跡の増加と大量の鉄器の出土が見られ、農具や刀子のほかに鉄鏃・小刀・刀装具・馬具など武器類の増加が著しい。この時期の鉄関連遺構としては、集落から数㎞離れた丘陵地帯で傾斜面に構築された半地下式竪型炉があって、鋼需要の高まりに対応したものと思われる。

この落川・一の宮遺跡のように地域の歴史的環境は明らかになっていないが、前項で述べた千葉県柏市花前Ⅱ遺跡は鍛治工房のあり方が共通するように思われる。なお山陽・九州地方との比較も必要であるが、著者の情報収集はそこまで及ばなかった。

一二世紀代の関東・甲信地方では、鋼あるいは製品の大規模な生産基地として長野県塩尻市吉田川西遺跡や横浜市都筑区西ノ谷遺跡など、馬牧に関連した集落遺跡が知られている。これについては第六章で述べることにしたい。

(2) 中世型の棒状鉄鋌の出現

平安中期の遺跡からは、角棒状（より正確には長い楔形）で重量にかなり規格性のある鋼半製品が出土する。考古学的な最初の呼称は、中世の城館跡で発掘したときに出された「鉄鋌状鉄半製品」である。著者はその後慣用語になった棒状鉄鋌を使うことにしている。これとほとんど同じ形状の鋼半製品は、中世末まで流通したことが確認できる。しかし個々の棒状鉄鋌は、形状・寸法・重量が厳密に同じではない。出土した棒状鉄鋌一本一本の重量を測定した結果は、表面錆層の若干の増量分を含めて一一〇〜一二〇gの間に入るものが多い（第六章参照）。

この頃から鉄鋌の広域的な流通が始まったことは、一一世紀の寺社・荘園の史料からも推察される。前述の福田豊

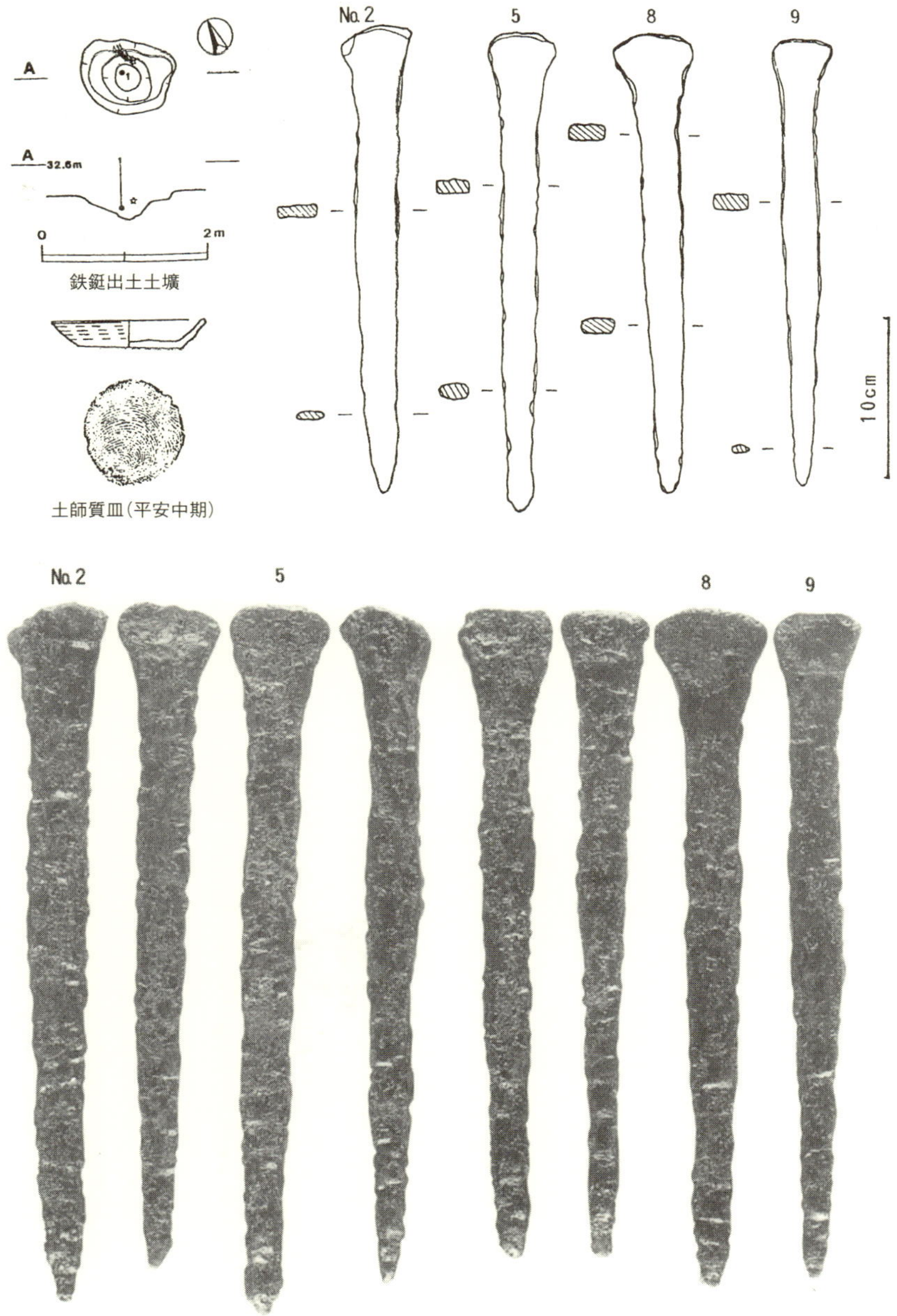

図 **49**　棒状鉄鋌の外観と計測例（茨城県つくば市中台遺跡）
（茨城県教育財団『中台遺跡』（中巻）1995 年より）

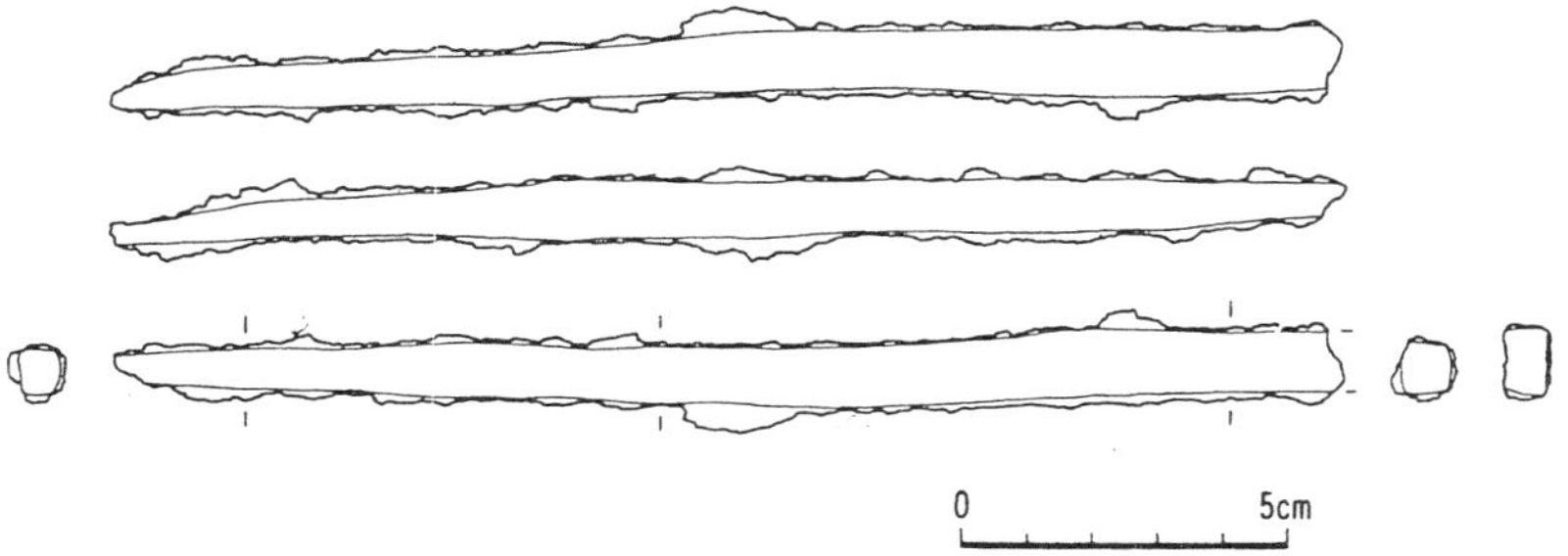

図50　角棒状鋼半製品の別例（青森県六ヶ所村発茶沢1遺跡）

彦氏作成の表によれば、「料錬一二鋌」〔筑前観世音寺修理用途〕（一〇三七年）、「料鐵三三九鋌」〔東大寺封物〕（一〇四〇年）が早い時期の記録である。前節で紹介したように、「律令で定められた三斤五両を単位とする調鉄は板状の鉄素材二〇枚からなる」と仮定して求めた一枚の平均重量が、一一一gであった。史料にある「鋌」の単位は数ではなく、何本かを束ねた重量で取引きされた可能性が高い。

平安中期の棒状鉄鋌として初めて報告されたのは、一〇世紀中葉～末（平安中期）の茨城県つくば市中台遺跡の調査である。[9] 図49に外観写真ならびに計測図の一部を示す。さらにほぼ同じ時期の青森県六ヶ所村発茶沢《はっちゃざわ》1遺跡から中台遺跡のものに比べて胴部がやや細い鋼半製品が住居跡の覆土から一点、[10] ほかに包含層で三点が出土している。その計測図を図50に示した。さらに北海道千歳市オサツ2遺跡の一〇世紀中頃の層からも一点検出されている。もしもこれが鉄鋌として扱われたのであれば、形状の規格化はまだ十分に進んでいないものの、棒状鉄鋌は一〇世紀中頃から製造が始まり、東日本ではかなり広く流通していたと考えられる。

棒状鉄鋌は一二世紀の滋賀県東近江市斗西《とにし》遺跡で八本がまとまって出土し、一五～一六世紀代の城館跡や都市遺跡ではかなり多くの数が検出され、現在までに五〇本を越している。その出現と規格化はおそらく国内交易の拡大と密接に関連しており、今後の重要な研究課題といえるのではなかろうか。

六　まとめ

（一）律令にしたがって貢進された「調鉄」には、口で数える鉄鍬と鋌あるいは斤を単位とする半製品があり、これらはいずれも材質的に炭素量の低い軟鋼と考えられる。したがって大型の鉄関連炉で大量に製造された「鉄」は、炭素量調整のための難度の高い操業を必要としない軟鋼であったと著者は推測する。その鉄鍬あるいは鋌への加工は、おそらく官衙付属工房で行なわれたと思われる。しかし鋌に相当する半製品は、これまでのところ出土遺物の中に確認されていない。

（二）中央・地方の官衙に付属する鍛冶工房では、官衙建物の造営時に地床炉による軟鋼の製造が行なわれ、鋼を加工して釘や鎹などの建築資材が製作されている。「鋌」の供給可能な条件下でも実施されたようであり、それには非技術論的な理由があったのではないかと思われる。造営が終わったあとの地床炉による操業の目的は、利器の刃部に使用する焼きの入る刃金鋼の製造にあったと考えられる。

（三）大型の長方形箱型炉や自立式・半地下式竪型炉の生産的機能については、復元炉高、操業を中断した状態で廃棄された炉内容物、炉跡付近で出土した鉄関連遺物などを総合的に解析した結果、銑鉄を処理して鋼を製造する精錬炉という結論が得られた。

大型炉と地床炉が近接して設置され、かつ同時期の操業と推定される場合は、大型炉は軟鋼の、地床炉は刃金鋼の製造を目的に操業したのではないかと思われる。

（四）銑鉄の始発原料鉱石は砂鉄ではなく、磁鉄鉱と判定されることが多い。原料銑鉄は古墳時代以来依然として国外からの輸入が続き、銑鉄中に含有する少量成分からは中国大陸の生産と推定された。

（五）大型炉群から成る鋼の大量生産基地の経営主体について、発掘調査担当者は国衙・郡衙と推定する場合が多く、私的経営と明確に判断できる例は少なかった。

（六）律令体制が衰退する過程で、鋼の生産は少数の大規模な基地に集約されたようである。それとともに複数基の鍛冶工房を付属した官衙あるいは古代荘園は見られなくなり、新たに出現した集落では工房一棟に一基の地床炉を設置して、比較的短期間の鍛冶活動が行なわれたようである。地床炉操業の主たる目的は、刃金鋼の製造にあったのではないかと思われる。

（七）長い楔状の棒状鉄鋌が最初に確認できるのは、関東地方では一〇世紀後半であり、東北北部でもほぼ同じ形状の遺物が検出されている。その後形状の規格化がより進んだ棒状鉄鋌は、中世末まで全国的に出土する。

註

（1）網野善彦『日本社会の歴史　上・中・下』岩波新書、一九九七年

（2）福田豊彦「文献史料よりみた古代の鉄」東京工業大学製鉄史研究会『古代日本の鉄と社会』平凡社、一九八二年、一六三頁

（3）岡山県総社市教育委員会『総社市埋蔵文化財調査年報11』二〇〇一年

（4）佐々木稔「出土遺物の組成からみた古代・中世前期の鉄関連炉の性格」『たたら研究』第四四号、たたら研究会、二〇〇四年、四九頁

（5）原島礼二「文献にあらわれた鉄」森浩一編『鉄』社会思想社、一九七四年、一八三頁

（6）田中弘志「岐阜県弥勒寺遺跡群」『考古学研究』第五〇巻第一号、考古学研究会、二〇〇三年、二六頁

（7）註（2）に同じ

（8）村上英之助「鉄鋌（枚鉄）ふたたび」たたら研究会編『日本製鉄史論集』たたら研究会、一九八三年、一九一頁

（9）芹沢正雄「古代製鉄炉炉形論考」註（8）に同じ、一六五頁

（10）永田和宏「たたら製鉄の技術論（15）製鉄炉の炉高と炉内状態」『金属』№9、アグネ、二〇〇六年

（11）赤沼英男「いわゆる半地下式竪型炉の性格の再検討」『たたら研究』第三五号、たたら研究会、一九九五年、一一頁

（12）佐々木稔・村田朋美・伊藤　薫「猿貝北遺跡出土鉄塊の金属学的調査の結果」『研究紀要―一九八三』埼玉県埋蔵文化

財調査事業団、一九八三年、二〇七頁
(13) 佐々木稔「古代東国の鉄関連生産の性格」『東京考古』第一三号、東京考古懇話会、二〇〇〇年、五五頁
(14) 五十川伸矢「銅と鉄の鋳造」佐々木稔編『鉄と銅の生産の歴史』雄山閣、二〇〇二年、一八四頁
(15) 飯塚武司「古代手工業生産における木工」『考古学研究』第四七巻第三号、考古学研究会、二〇〇〇年、六三頁
(16) 垣内和孝「古墳時代及び古代集落研究のための予察」『考古学研究』第四二巻第二号、考古学研究会、一九九五年、一〇三頁
(17) 垣内和孝「奈良・平安時代集落の諸段階―陸奥国安積郡を対象として―」『古代文化』第五六巻第二号、古代学協会、二〇〇四年、一八頁
(18) 「取香製鉄遺跡の調査」『研究紀要7』千葉県文化財センター、一九八二年、七四頁
(19) 註（13）に同じ
(20) 菱田哲郎「考古学からみた古代社会の変容」吉川真司編『平安京―日本の時代史5』吉川弘文館、二〇〇二年
(21) 註（5）に同じ
(22) 田中広明『地方の豪族と古代の官人』柏書房、二〇〇三年
(23) 宇野隆夫『荘園の考古学』青木書店、二〇〇一年
(24) 松崎元樹「丘陵地における古代鉄器生産の諸問題―多摩ニュータウン遺跡群の検討」『研究論集Ⅷ』東京都埋蔵文化財センター、一九九五年、三五頁
(25) 福田健司「落川・一の宮遺跡」『古代文化』第四九巻第二号、古代学協会、一九九七年、五四頁

発掘調査報告書

〈1〉滋賀県教育委員会・滋賀県文化財保護協会『上仰木遺跡現地説明会資料』二〇〇一年二月二五日
〈2〉岡山県総社市教育委員会『西団地内遺跡群』一九九一年
〈3〉新潟県豊浦町教育委員会『真木山製鉄遺跡』一九八一年
〈4〉福島県教育委員会『原町火力発電所関連遺跡調査報告Ⅴ⑴本文』一九九九年（第三章「金沢地区製鉄遺跡群の諸相」に全体の考察がまとめられている）
〈5〉埼玉県寄居町遺跡調査会『中山遺跡』一九九九年

〈6〉埼玉県埋蔵文化財調査事業団『中堀遺跡』一九九七年
〈7〉埼玉県岡部町教育委員会『西浦北遺跡』一九八三年
〈8〉落川・一の宮遺跡調査会『落川・一の宮遺跡Ⅳ　自然科学編』一九九九年
〈9〉茨城県教育財団『中台遺跡』（中巻）一九九五年
〈10〉青森県教育委員会『発茶沢（1）遺跡発掘調査報告書』一九九二年
〈11〉北海道埋蔵文化財センター『オサツ2遺跡（2）』一九九五年

第五章　古代東北の蝦夷の鉄と外反りの彎刀

日本書紀によれば、古代の東北北部は「化外《けがい》の地」とされ、野蛮で文化性の低い「まつろわぬ人々」が住む未開の地であり、侵略・奪取が許される「撃ちて取るべ」き土地とされている。この地域の人達は歴史学史料では「蝦夷」と蔑称されているが、考古学的発掘調査の成果を取り入れた近年の史学研究は、日本書紀の記述とは異なる実像を見せてくれるようになった(1)。

一方、東北北部で九世紀中頃まで造営が続いた終末期古墳には、埋納された刀剣類の中に外反りの彎刀が含まれている。これらはいくつかの形式に分類されるが、日本刀に進化する途中の彎刀と考えられており、歴史考古学の領域では重要な出土資料とされている。

本章ではこの地域における鉄と、彎刀を出現させた社会的条件ならびにその形式・性能の進化過程を考察する。

一　北辺の生産遺跡と生産活動の評価

(1)　先行する須恵器生産

律令時代の指標ともなる広域的な生産の遺跡には、鉄鍛冶と須恵器がある。前者を代表するものとして、日本海側では秋田県の米代川中流域に分布するいくつかの鍛冶工房跡群が知られている。これらの経営主体については、史料の「野代営」や最近官衙跡として確認された北秋田市胡桃館が関係するのではないかという推測がある。一方、須恵器生産の例として岩手県奥州市江刺区瀬谷子窯跡が挙げられる。

それでは「化外の地」とされる、体制外の地域ではどうであろうか。現在のところ鍛冶工房跡は、太平洋岸の青森県上北郡おいらせ町の根岸(2)遺跡で検出されているに過ぎない。これに対して須恵器窯跡は、陸奥湾の西南沿岸部に近い青森県五所川原市で、「五所川原窯跡群」と一括して呼ばれる多くの窯跡が発掘されている。(2) 図51に窯跡と製品の分布を示す。須恵器の生産が鉄製品に先行していたことは明らかである。その生産品は「化外の地」にとどまらず、遠く北海道の沿岸部や一部はその内陸部にまで運ばれたことがわかる。これを北海道の擦文文化期前期(七世紀頃～九世紀)の鉄器出土分布(3)に比較すると、両者の分布はかなりよく一致する。鉄製品は五所川原窯生産の須恵器とともに、広域的な流通品であったことを示している。

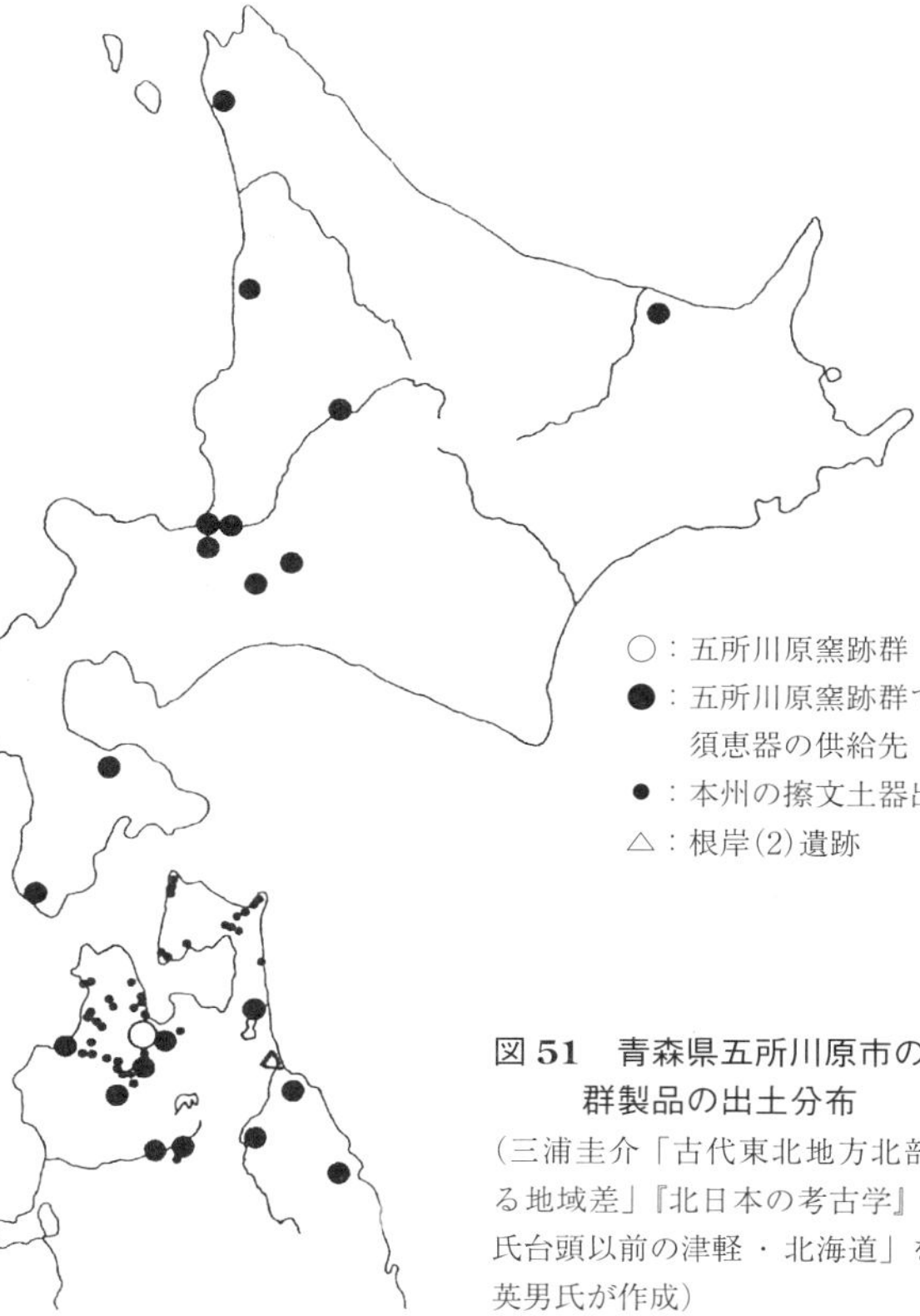

図51　青森県五所川原市の須恵器窯跡群製品の出土分布
(三浦圭介「古代東北地方北部の生業にみる地域差」『北日本の考古学』1995、「安藤氏台頭以前の津軽・北海道」をもとに赤沼英男氏が作成)

　このように生産遺跡と関連遺物の分布からは、日本書紀の記述が東北北部の実情を正しく伝えているとはいい難い。遺構と遺物の研究は、この地方の蝦夷の歴史を解明する上できわめて重要な位置を占めるようになった。

(2) 国衙近傍ならびに城柵内の鉄関連炉遺構の特徴

前章で述べたように、律令体制下の官衙付属鍛冶工房ならびに体制解体後の拠点集落内工房の調査研究が進み、集落内工房の操業期間が官衙・寺院付属の場合と違って、集落が存在する間の一時期にすぎないことがわかってきた。これは鍛冶に携わる一部の工人が集落へ定住せずに移動し、同時に刀剣についての需要・製作技術情報が中央と地方の間で伝達される機会のあったことを意味する。また鉄関連炉の生産機能が金属学的に見直された結果、古代の箱型・竪型炉は砂鉄を原料にして溶融銑鉄を生産する製錬炉ではなく、銑鉄から鋼を製造する精錬炉であることが明らかになった。さらに鋼製品の分析結果は、輸入の原料銑鉄を処理して鋼の製造が行なわれた可能性が高いことを示しており、こうした自然科学的研究の成果を取り入れて北辺の鍛冶工房の活動内容を推測することが可能になりつつある。

東北北部の蝦夷が活躍した地方の鉄関連遺跡の代表例として、宮城県多賀城市の柏木遺跡（八世紀代）を取り上げてみる。図52に示すように、丘陵の窪地を整地した平坦面に地床炉をもつ竪穴住居跡四棟、前方の斜面には半地下式竪型炉四基と木炭窯六基の遺構がまとまって検出された。(4) 図53は竪型炉遺構の実測図である。(1) 通常この型の炉は、斜面を円筒状に掘り込んで炉床下部には防湿のための粘土や廃滓などを充塡し、その上に粉炭層を敷くことが行なわれる。しかし、操業中の炉壁の内面には一種の自己保護作用によって鉄滓を主体とする付着物が生成するため、実際の炉底面の判定はかなり難しい。柏木遺跡の遺構図では、砕石（符号S）によって構築された底部が炉底に相当するのではないかと思われる。これが正しければ上部作業面からおよそ二〇cm下が実際の炉底面になり、前章三節で取り上げた花前Ⅱ遺跡（千葉県柏市）の半地下式竪型炉遺構の再検討結果にも整合する。貫通孔は羽口を挿入した跡で、羽口の一部は炉内に残っているのがわかる。上部炉体の高さが問題であるが、これまでに炉壁片を接合して復元した報告例はなく、たんに五〇cmくらいと想定されているにすぎない。

図 **52**　宮城県多賀城市柏木遺跡の鉄関連遺構全体図

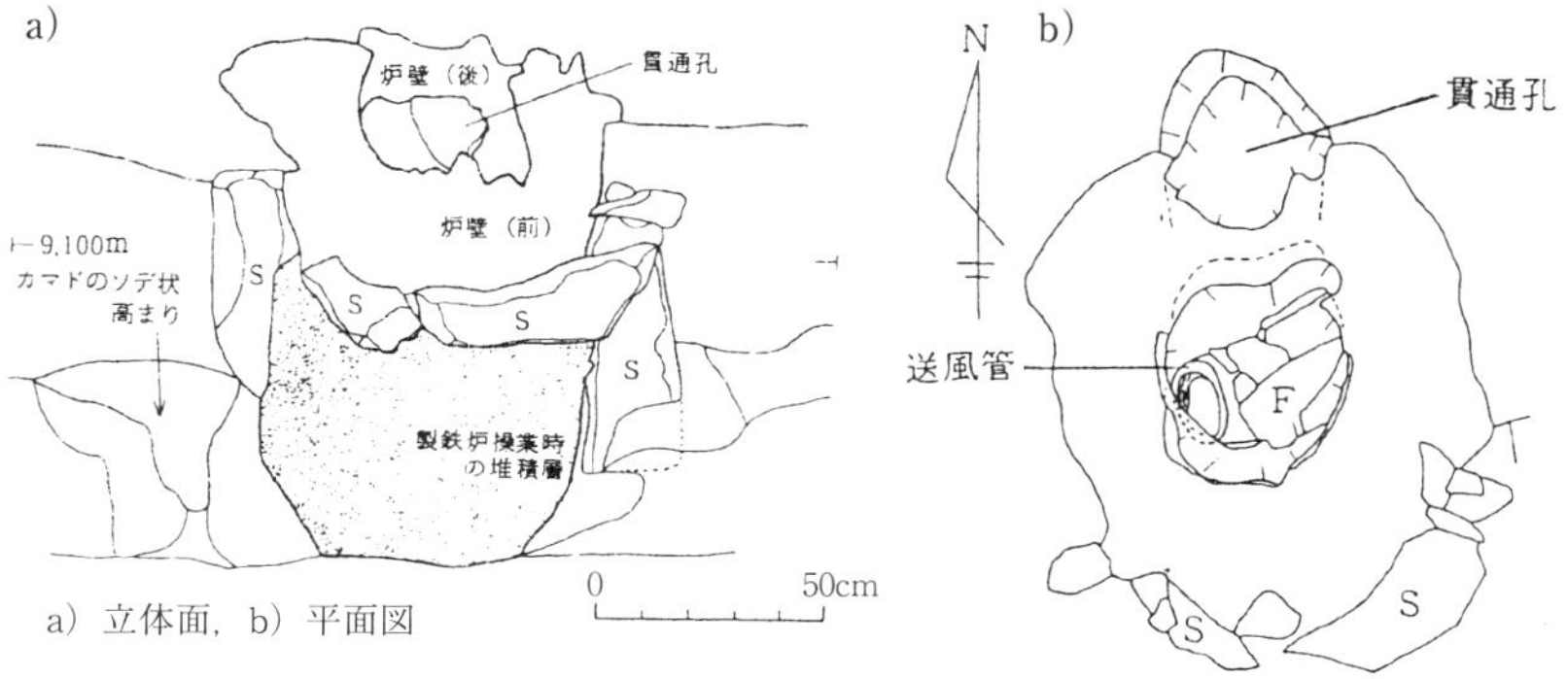

a) 立体面, b) 平面図

図 **53**　多賀城市柏木遺跡の半地下式竪型炉遺構実測図（3 号炉）

表24　柏木・根岸(2)遺跡出土鉄滓の化学組成（抜粋）

No.	遺跡・炉形・遺構記号	T.Fe 全鉄	FeO 酸化鉄	SiO_2 酸化珪素	Al_2O_3 酸化アルミニウム	CaO 酸化カルシウム	MgO 酸化マグネシウム	TiO_2 酸化チタン	$\frac{CaO}{TiO_2}$	$\frac{MgO}{TiO_2}$
		化学成分（%）								
1	柏木・半地下式　3号炉	31.27	—	18.67	5.59	5.75	2.49	15.68	0.34	0.16
2	〃　〃	35.65	—	15.57	5.45	1.14	1.47	7.26	0.16	0.20
3	同上・地床式　2号工房	29.15	—	14.11	3.70	7.90	4.19	22.35	0.35	0.19
4	〃　3号工房	43.93	—	13.72	4.54	1.55	2.44	12.34	0.13	0.20
5	同上・砂鉄　3号炉々前	53.40	—	5.20	7.77	0.70	1.46	10.45	0.07	0.11
6	根岸・地床式炉	50.7	49.4	14.4	4.00	1.28	1.70	10.91	0.12	0.16
7	〃	55.6	58.5	13.0	4.48	1.77	1.09	4.77	0.37	0.23

注）No. 1～5は註7、No. 6、7は註10に示す文献から引用。前者は蛍光X線分析法、後者はICP法（高周波プラズマ化学結合誘導法）で、分析精度が違うため相互の比較はできない。

工房と竪型炉はそれぞれ同一時期の設置・操業ではなく、後者は4号炉がいちばん古く、1号もしくは2号の炉がそれに次ぎ、3号炉がもっとも新しいとされている。住居跡の新旧については不明であるが、四棟のうち一棟で鍛冶炉跡が見つかり、椀形滓（後掲の図54―bに示すように地床炉式鍛冶炉の底に溜まった鉄滓でお供え餅を逆さに置いたような形状を呈する）が出土しているので、これらの住居が鋼の精錬を行なった工房であることはほぼ間違いない。他の例からいって、おそらく竪型炉一基に鍛冶工房一棟を組み合わせて操業したのであろう。半地下式竪型炉は前章でも説明したように、鋼の精錬炉と考えられる。[5]

竪型炉ならびに地床炉の生産機能の同一性は、鉄滓のスラグ成分組成にも表われている。表24には柏木遺跡出土鉄滓の蛍光X線分析法による測定値を抜粋・引用した。この表には、後述する根岸(2)遺跡（青森県おいらせ町）出土鉄滓の化学分析値（ICP―AES法）も併記した。最右欄には、スラグ融液を形成する主要三成分のCaO（酸化カルシウム）、MgO（酸化マグネシウム）と対TiO_2（酸化チタン）の比率を示してある。柏木遺跡では鉄滓中のスラグ成分比率の間に、竪型炉と地床炉による違いは認められない。また、地床炉の鉄滓を柏木遺跡と根岸(2)遺跡を比べても同様である（ただし分析方法が違うので数値の厳密な比較はできない）。これは鉄滓の成因が基本的に変わらないことを意味する。地床・竪型・箱型の三つのタイプの炉遺構が検出された千葉県成田市取香和田戸遺跡（第四章四節参照）の場合も、スラグ成分組成の間に炉型による有意な差は認められなかった。なお、柏木遺跡で鉄滓中の CaO 分の対 TiO_2 比が原料砂鉄よりも増えている理由について、精錬工程における含 CaO 材料の使用を著者は推測する。

ここで柏木遺跡における両型の炉の性格の違いを検討してみる。この時代の関東・東北南部に同様の配置例が数多く見られ、著者は金属学的な立場から竪型炉は軟鋼（焼きの入らない約〇・三％以下の低炭素鋼）の大量生産、鍛冶工房の地床炉は刃金鋼（炭素量がおよそ〇・四～〇・八％で焼きの入る鋼）の比較的少量の製造を行なったと推定する。本遺跡は陸奥国府多賀城が経営主体とみなされており、狭い区域に二種の複数の炉を合理的に配置・運営した、〝大規模な鋼生産基地〟といえよう。

それでは同様の生産基地が、東北北部の官衙あるいは城柵の近くに存在しただろうか。現在までに報告されている遺跡について、報告書の関係部分を要約すると次のようである。

① **志波城跡**（岩手県盛岡市）

八〇三～八一三年の間存続した。塊状銑鉄が出土しており、その化学分析値は表25―№1に引用した。このメタル質の分析試料でP（燐）は〇・一％を越し、始発の原料鉱石は磁鉄鉱と推定される。ただし城柵の近くに鋼の大量生産遺跡は発掘されていない。

② **秋田城跡**（秋田県秋田市）

八～九世紀代に存続した。『秋田市史』ならびに『秋田城跡』(6)によれば羽口・鍛冶炉跡・鉄滓・鍛造剥片などが出土したという。雄物川を約一〇km遡行した諏訪ノ沢遺跡（秋田市上北手、九世紀後半～一〇世紀前半）で半地下式竪型炉跡が検出されているが、秋田城との関連は不明である。

③ **払田柵跡**（秋田県大仙市、旧仙北町）

九世紀から一〇世紀前半にかけての柵内の複数区域で鍛冶炉跡が検出され、かなりの量の椀形滓を主体とする鉄滓が出土している。刃金鋼の製造が主目的と考えられる。柵の近傍に半地下式竪型炉跡があるかどうかは未確認で、前述の柏木遺跡のような国衙経営の鋼の大規模生産基地は近傍に設置されずに、遠隔の地から供給された可能性がある。

④　**胡桃館遺跡**（秋田県北秋田市、旧鷹巣町）

米の支給を記述した木簡が出土したことから、少なくとも一〇世紀初頭頃までは官衙が存在し、機能が維持されていたと評価される。本遺跡は米代川中流域にあるが、史料から河口域に「野代営」があったと考えられている（官衙跡は未確定）。中・下流域ではこれまで一〇基を越す半地下式竪型炉跡が検出されており、今後調査研究が進めば鉄関連生産基地の経営主体を官衙とする見解が出てくるかも知れない。

⑤　**根岸⑵遺跡**（青森県おいらせ町）

律令体制外地域の工房として、唯一知られている鍛冶関連の遺跡である。時期は八世紀後半〜九世紀初頭と推定される。鍛冶工房は火災に遇っており、その後は再建されていない。在地有力者層（首長・族長クラス）が経営したものと思われる。鍛冶工は当然非定住であったに違いない。挂甲一領分の小札片、蕨手刀柄部、羽口、椀形滓が出土した。これらを図54に示す。古代東北の蝦夷の地で「鉄冶」や「甲冑類の横流し」を中央政府が禁じたことが史料にあって、研究者にはよく知られている。根岸⑵遺跡に鍛冶工房が設営され、そこに挂甲があったという事実は、史料を裏付ける一方で、本来この地と畿内の間で自由な交易が行なわれていたことを示唆する。

鉄滓中に残る銑鉄部分（錆化が進んでいる）を摘出・分析した結果が、表25—№2である。Mn（マンガン）が〇・二七九％と非常に高く、始発原料鉱石は磁鉄鉱といえる。ほかに挂甲の小札も分析されており、報告値から[2]Co（コバルト）とFe（鉄）の比を求めて図示（％で表示）すると、図55—aのようになる。図には国内砂鉄についての測定値（中性子放射化分析法による）から求めた最大のCo／Feを付記してあるが、根岸⑵遺跡出土鉄器の値はこれをはるかに越している。

Co含有量の高い鉄器は、北海道千歳市ユカンボシ7遺跡の八〜一〇世紀の出土遺物にも見られる（第七章一節参照）。磁鉄鉱由来の鉄製品は当時の北日本で広く流通していた可能性があり、これは以前に指摘されたところである[7]。

表 25　東北北部における奈良時代の遺跡出土銑鉄塊の化学組成例

No.	遺跡	遺物	化学成分（%）							元の銑鉄種類
			T.Fe 全鉄	Cu 銅	Mn マンガン	P 燐	Ni ニッケル	Co コバルト	Ti チタン	
1	志波城跡	塊状銑鉄	75.15	0.007	0.008	0.104	—	—	Nil	白鋳鉄
2	根岸（2）	鉄滓中銑鉄	51.76	＜0.001	0.279	0.065	0.004	0.013	＜0.001	〃

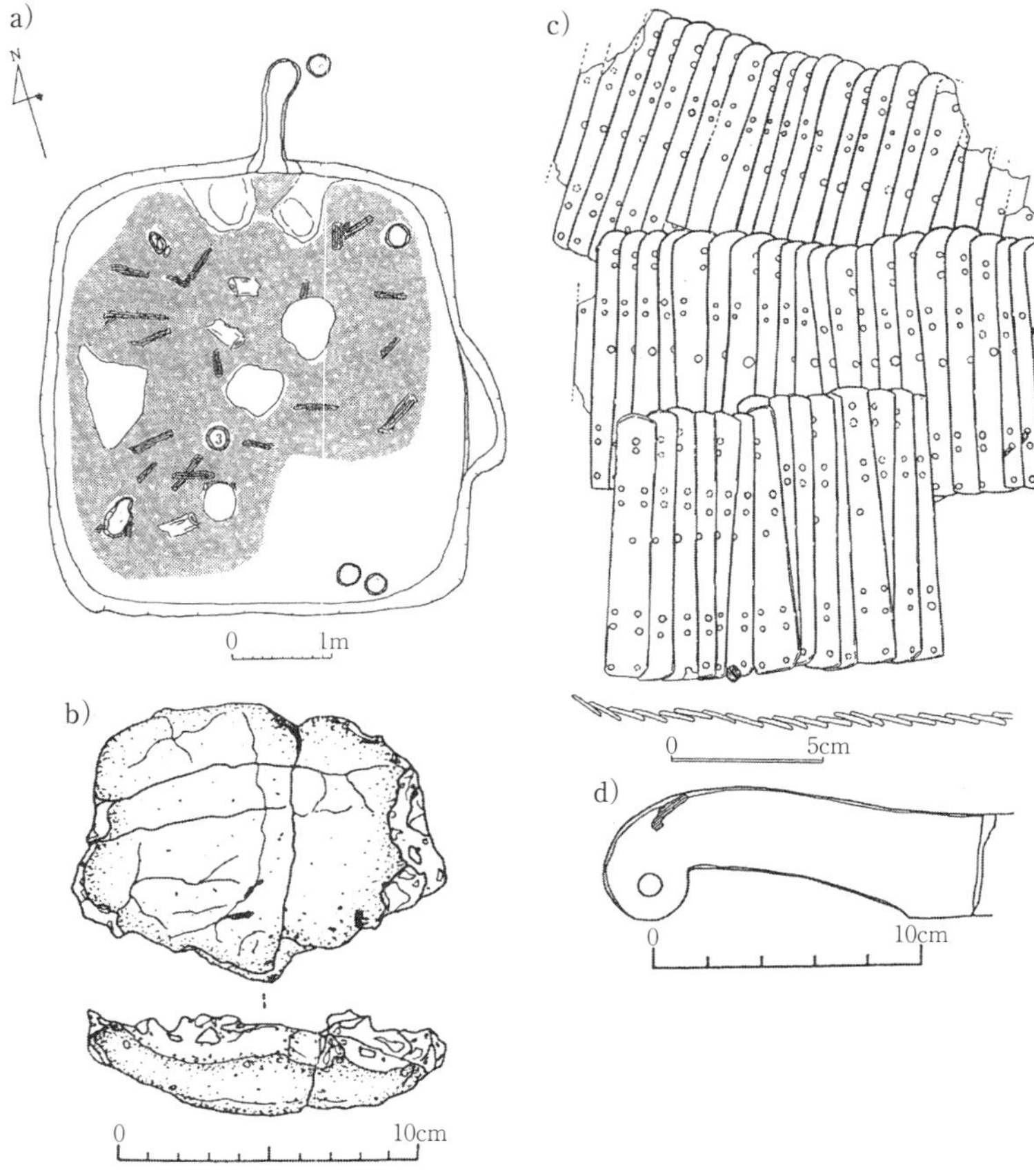

a）鍛冶工房跡、b）椀形滓、c）挂甲小札、d）蕨手刀柄部

図 54　青森県おいらせ町根岸（2）遺跡出土鉄関連遺物の計測図

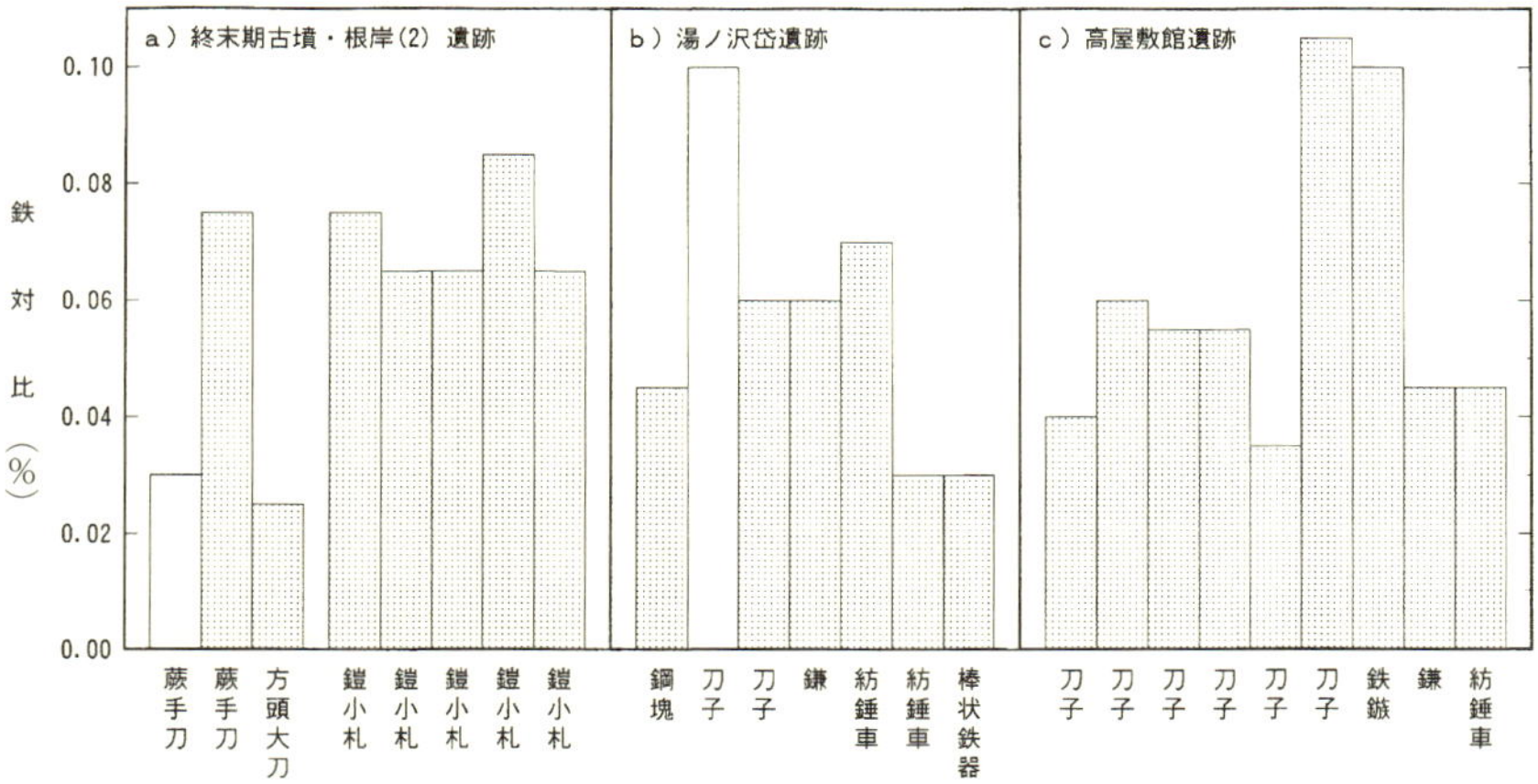

棒グラフの白地はメタル質試料（T.Fe＞85%）、網掛けは錆試料
国内砂鉄中 Co の鉄対比は 0.03%以下（中性子放射化分析法による測定値）

図 55　遺跡出土鉄関連遺物中コバルトの鉄対比

二　律令体制解体期の拠点集落における鉄鍛冶の技術

一〇世紀中頃を境にして東日本では律令体制の解体が急速に進み、それとともに東北北部では拠点的集落の建設が目立つようになる。集落には鍛冶工房を伴う例が見られるので、鍛冶技術が太刀を製作するほどの高い水準に達していたかどうかを検討してみたい。

①　島田Ⅱ遺跡（岩手県宮古市）

一〇世紀代の鉄関連炉遺構群から成る[3]。海岸近くの標高五〇m以上の尾根上に数多くの小規模な炉跡がある。鍛冶工房を設置して操業することは、毎年季節的に行なわれたのかも知れない。釘・鎹・鋤先・鎌・釣針・紡錘車・刀子・斧などが製作されている。

②　湯ノ沢岱遺跡（秋田県八峰町）

一〇世紀中頃の農村集落で、鍛冶工房は集落内にある。一基の地床炉跡が検出され、出土した椀形滓と塊状滓の金属学的解析結果から、発掘調査者は鋼の精錬が行なわれたと推定している[4]。銑鉄を精錬して少量の刃金鋼を生産し、搬入した軟鋼の半製品と一緒に加工して、農耕具・工具・刀子・紡錘車などを製作したものと思われる。湯ノ沢岱遺跡出土の鉄製品の化学分析値〈4〉から算出したCo／Feを図55―bに示したが、原料銑鉄は砂鉄由来でなく、磁鉄鉱と判定される。

③ **高屋敷館遺跡**（青森県青森市）

九世紀末ないし一〇世紀初頭頃から一二世紀初頭にかけて存続した。周囲に濠を巡らしていることから防御性環濠集落とする見方もあるが、外土手になっているため発掘調査報告書では防御性機能について否定的な見解が述べられている〈5〉。

出土鉄滓量から、鍛冶工房は一時期（おそらく一〇世紀代）比較的長く操業したものと推察される。集落内の大鍛冶工房では鋼の精錬を行ない、製造した鋼塊を小鍛冶工房で鍛打・加工し、刀子・鉄鏃・鎌・紡錘車などを製作したと考えられる。

集落の住居跡から出土した製品の分析値から求めたCo／Fe（図55―c）と、小鍛冶工房出土の鉄関連遺物のそれとを比較・検討した結果では、両者の間に共通性が認められた。製品が小鍛冶工房で作られたとして矛盾はない。原料銑鉄については磁鉄鉱とみてよい。

以上の発掘調査結果から、東北北部における律令体制の発展期ならびに解体期においては原料の銑鉄組成に共通性が認められるものの、鍛造技術が太刀の製作を可能にするような水準に達したとは考えられず、また集落の鍛冶工が中央の高い技術を受容した証拠も挙げることができない。この地方で鍛冶工の定住が初めて推測できるのは、時代が下った柳之御所遺跡（岩手県西磐井郡平泉町、一一世紀末〜一二世紀第3四半期）といわれる。

三　柄反りの強い彎刀の多用と形態変化

(1)　東北北部で多数出土する短寸の彎刀

列島における彎刀の発生については、かならずしも一つの説に固まっているとは限らない。しかし蕨手刀をその初現とみることに強い反対意見はないと思われる。共金造りの柄を外反りにした蕨手刀は、八〜一〇世紀中頃までに何段階かの形態変化を経ながら、やがて毛抜形太刀（古式な日本刀の一つ）へと進化した。この過程を図56に示す。

ところで蕨手刀の起源に関しては、日本独自説と女真族説がある。前者は考古学的調査結果をもとにした仮説なので、今後新たな遺物資料が出土しても大幅に修正されることはないであろう。後者は西アジアの彎刀の技術がいわゆる草原の道を通って中国の東北部に到り、そこから海路を経て直接に東日本にもたらされたとする仮説である。実際に近世の清朝で皇帝に代々伝わる太刀の中には蕨手刀とよく似た形の彎刀（中国台北市故宮博物館所蔵品）があって、この仮説の根拠になっている。しかし問題にしている時代は六世紀代のことであり、中国の考古学研究者によっても東北部で類例の発掘は見られないとされているため、現段階で蕨手刀の由来を草原の道に求めることができない。やはり当面は、わが国で独自に生まれたものと考えることにしたい。

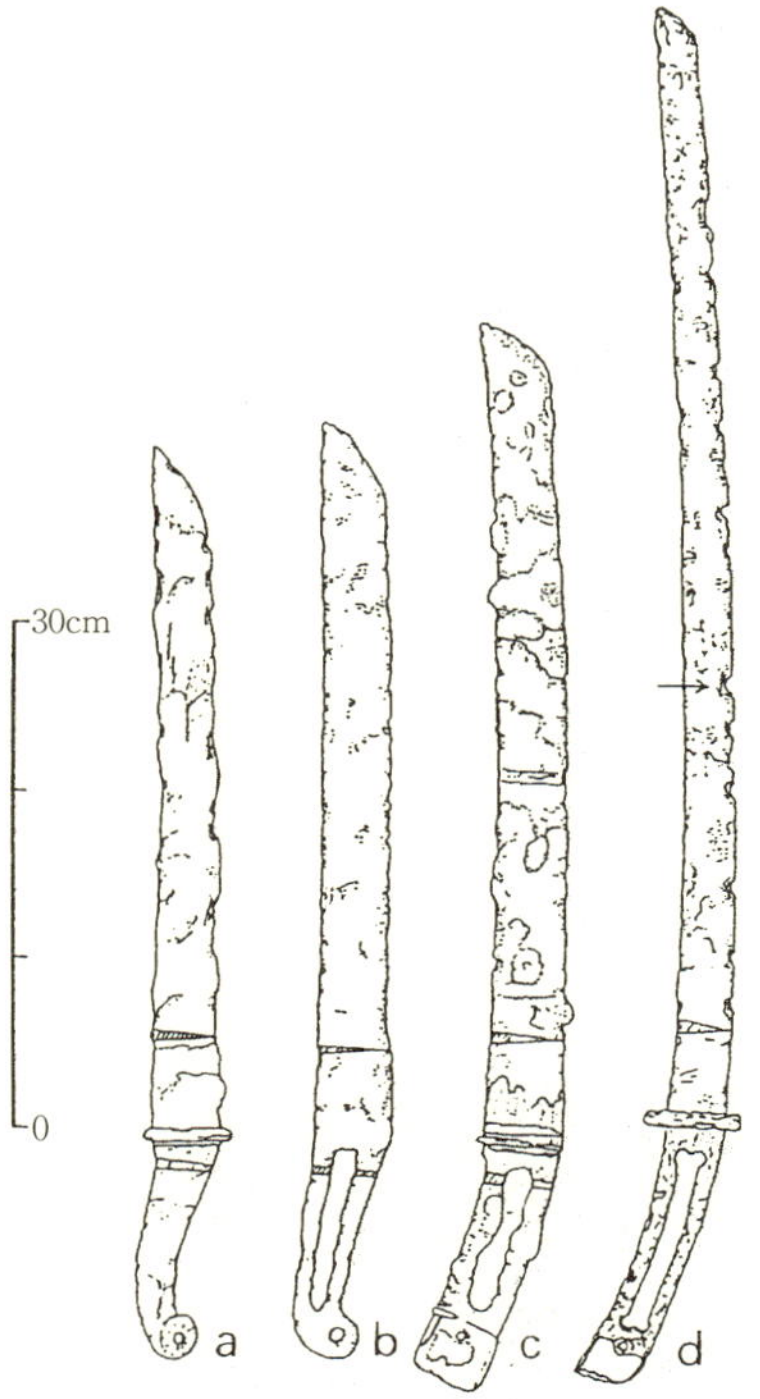

a）蕨手刀、b）毛抜透蕨手刀
c）毛抜形刀、d）毛抜透太刀

図56　蕨手刀の形態変化

蕨手刀のもっとも古い年代の出土は茨

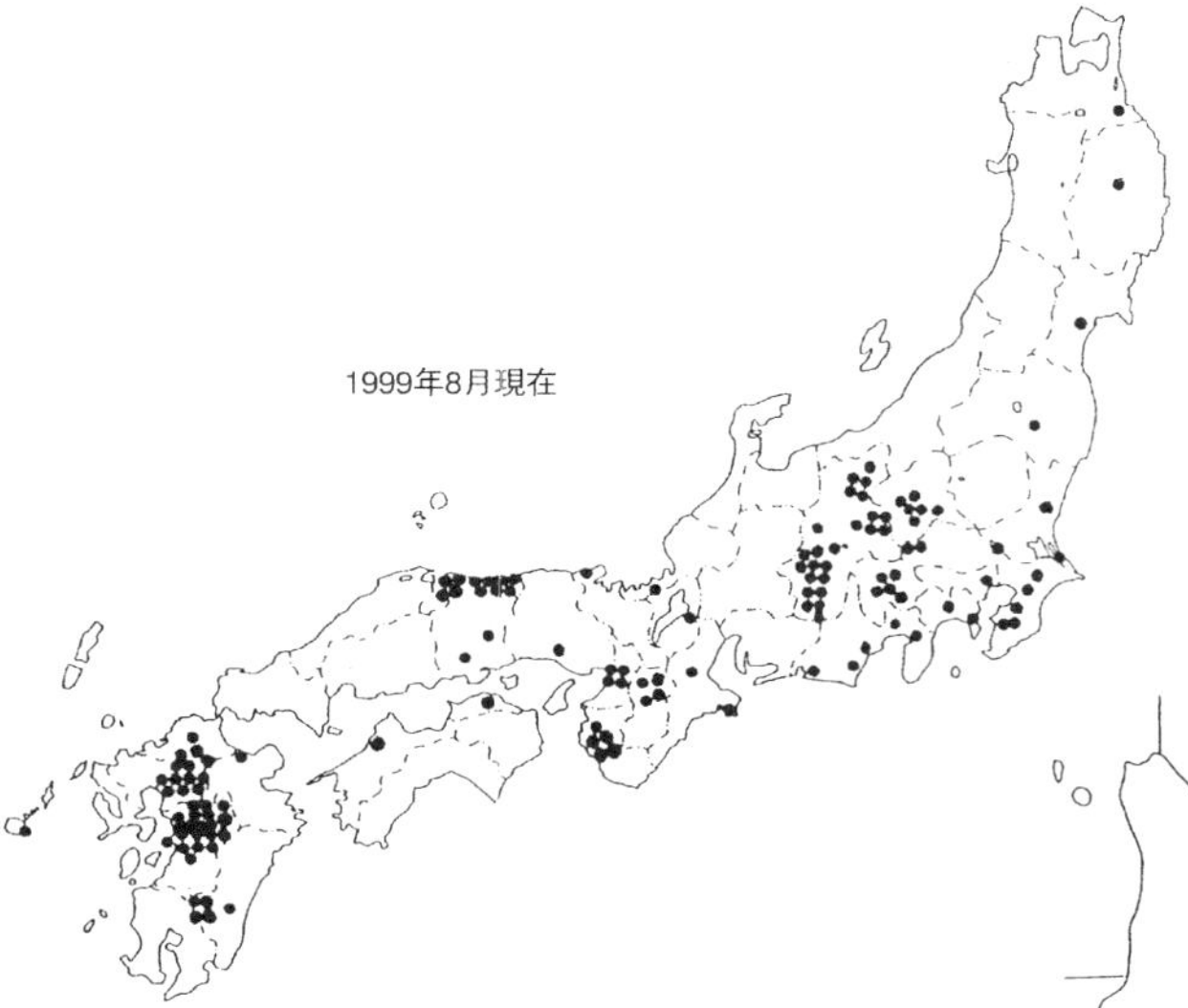

図 57　牛馬骨出土古墳の全国分布
（桃崎祐輔「日本列島における騎馬文化の受容と展開」による）

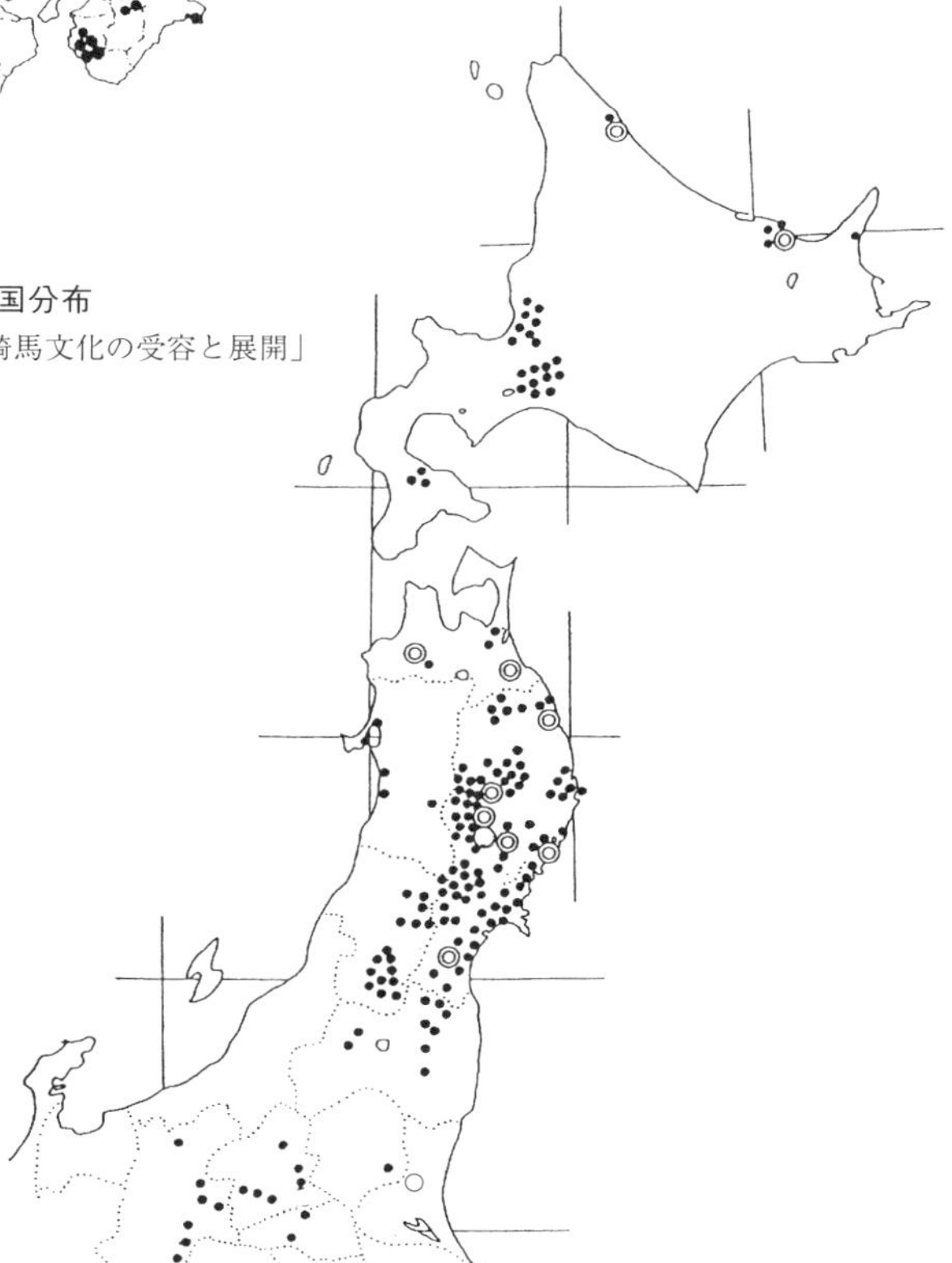

●印は石井昌国氏の収録資料。
◎は赤沼英男氏が、また
○印は著者が分析した資料。

図 58　蕨手刀の出土分布

城県城里町の高根古墳からで、この円墳は七世紀の第1四半期の造営とされる。ところが刀身にはすでに浅い反りが見られ、刀剣研究家の石井昌国氏によれば形態的にやや進んだ型である。刀身が無反りで柄に強い反りのある蕨手刀が甲信地方に集中して出土し、直刀が彎刀化する初期の形を示すと考えられるからである。この見方が正しければ、彎刀化の開始は六世紀代に遡る可能性が出てくる。

甲信地方は五、六世紀代にかなり多くの古墳から馬骨が出土しており、馬の大きな飼育地の一つであった。図57には牛馬骨出土古墳分布を引用したが[6]、ここで「牛馬骨」となっているのは両者の肉眼識別が難しいためとされる。こうして片手で使用する短寸（刀身数十㎝）の彎刀がこの地に現われた理由を馬牧と関連づける見解は、有力な根拠を得たとして間違いないであろう。八世紀代に入って、騎上の戦いに適した彎刀の使用が騎馬に習熟した東北北部の蝦夷に広まったのも、十分に納得できるところである。

なお、当時の中国東北部との交流については、養老四（七二〇）年に「使を靺鞨《まっかつ》国に送り、風俗を観察させる」（『日本史年表』第四版、岩波書店、二〇〇一年）の記事が史料に残されている。靺鞨は七世紀後半に沿海州地域で活動した部族である。蕨手刀がそうした交流の中で伝わってきた可能性は否定できないが、やはり中国の東北部における今後の発掘調査に期待するしかないであろう。

蕨手刀は東北地方北部、とくに北上川流域の終末期古墳から、多く出土することが知られている。* 図58は石井昌国氏が収録し、東日本の地図に出土分布を示したもので[8]、この地方では濃密なことがわかる。奈良時代の文献資料と関連づけて、蕨手刀は政府軍と東北蝦夷の双方が用いる大刀であったと考えるのが一般的である。

＊　八木光則・藤村茂克編『蕨手刀集成』第三版（盛岡市文化財研究会、二〇〇三年）には、その後の出土資料を含む全蕨手刀の所在地・形状・刀装具・遺跡名・計測値などが、各県毎にまとめられている。

東北北部の蝦夷が騎馬戦術に長《た》けていたことは、『続日本後紀』の承和四（八三七）年二月八日条に「弓馬の戦闘は夷獠《いりょう》の生習、平民の十も其の一に敵するに能わず」とあることから推察されるところである。騎馬の戦いで接近したときに用いる刀には、突き刺す機能ではなく、斬撃性が必要である。東北の辺境の地で蕨手刀が使われ、形態を変化させて機能の向上が計られていったのは当然のことと思われる。刀身の反りはどの蕨手刀にも見られるようになり、また柄の反りは一層深くなる。さらに斬撃時の衝撃を吸収するため、柄には毛抜様の透かしが入った毛抜透蕨手刀が生まれる。こうして蕨手刀は彎刀の進化過程を示す遺物であるだけでなく、歴史学研究に関係のある重要な資料になっている。

(2) 柄反りの強い方頭大刀と立鼓柄刀

律令体制下では位階に応じて授かる大刀（直刀）の種類が定まっており、それらの大刀は畿内の官衙工房で製作された。ところが下賜されるものとは違い、蝦夷の族長クラスが葬られた古墳からは蕨手刀のほか、柄反りを強くした大刀が出土する例も増えつつある。柄頭を方形にした方頭大刀や、鼓を立てた形の立鼓柄刀である。図59には大刀の計測図を引用した。方頭大刀と立鼓柄刀については、古代刀剣の研究者と考古学関係者からそれぞれ解説論文が発表されている。[9、10] 長箱形の柄をもつ共金造りの大刀は、石井昌国氏分類の長柄刀に相当するものである。以下には発掘調査報告書ないしは二次資料にもとづいて、各遺跡の概況を紹介する。

① 房の沢古墳群（岩手県山田町）

年代的には八世紀の土器を主体とする。三陸海岸のほぼ中央部に位置し、湾が一望できる高台に造営された古墳群である。前述の考古学的解説から一部を紹介すると、「武器類や馬具・農耕具など多くの鉄製品や土器、装身具などが出土」し、「目立つのは刀剣類であり、総数三八点」に及び、「北海道や宮城県、静岡県など他地域との交流を示す遺物が多く出土しており、海上ルートによる交易に関わっていたとも想定されている」。この説については、『続日本紀』にある「閉《へ》村（現在の岩手県上閉伊郡付近と考えられている）の蝦夷が先祖のとき以来陸奥国府に昆布を貢献してきた」という記述内容に矛盾しない。[11] しかし内陸ルートに比べて、より多量の物資を輸送できたかどうかについての

a)
b)
c)
d)
e)
f)
g)
h)
i)

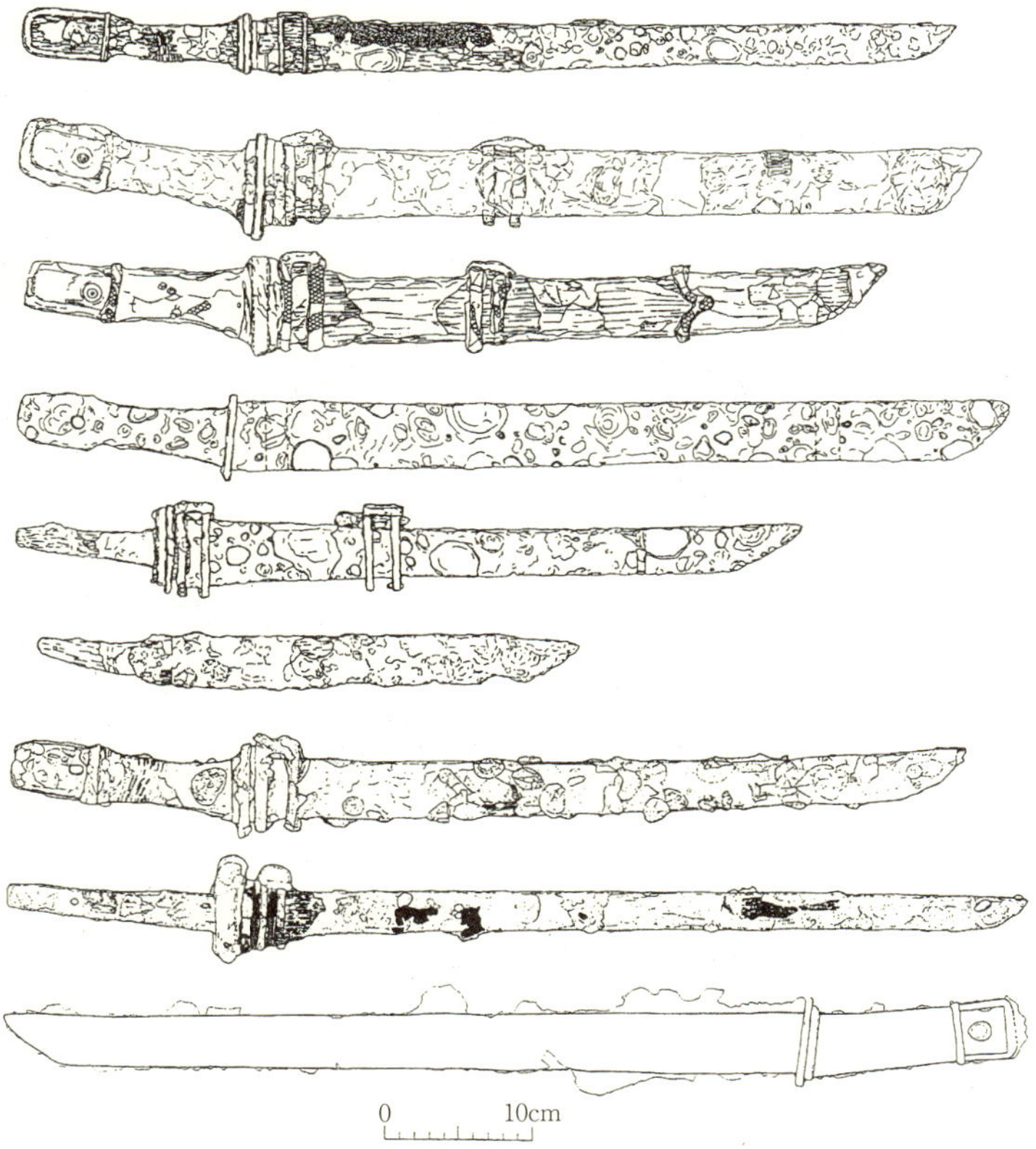

a、b）岩手県山田町房の沢古墳群出土方頭大刀、
c、d）同出土立鼓柄刀、e、f）同出土、不明
g）岩手県宮古市長根Ⅰ遺跡終末期古墳群出土立鼓柄刀、h）同出土、不明
i）青森県八戸市丹後平古墳群14号墳出土方頭大刀

図59　柄反りの強い方頭大刀と立鼓柄刀の計測図

検討が必要と思われる。

柄反りの強い方頭大刀と立鼓柄刀が多く出土したが、その中の六点を引用して図59―a～fに示した。

② 長根Ⅰ遺跡古墳群（岩手県宮古市）

八世紀の土器が主体である。立鼓柄刀一振が28号墳から出土しており（図59―g）、報告書に「刀身の反りは小さく、柄反りが大きい」と述べられている。27号墳出土の大刀（図59―h）は柄部分が失われて形状不明であるが、「刀身に反りはないが、柄は刀身に対して八㎜程反っている」。外

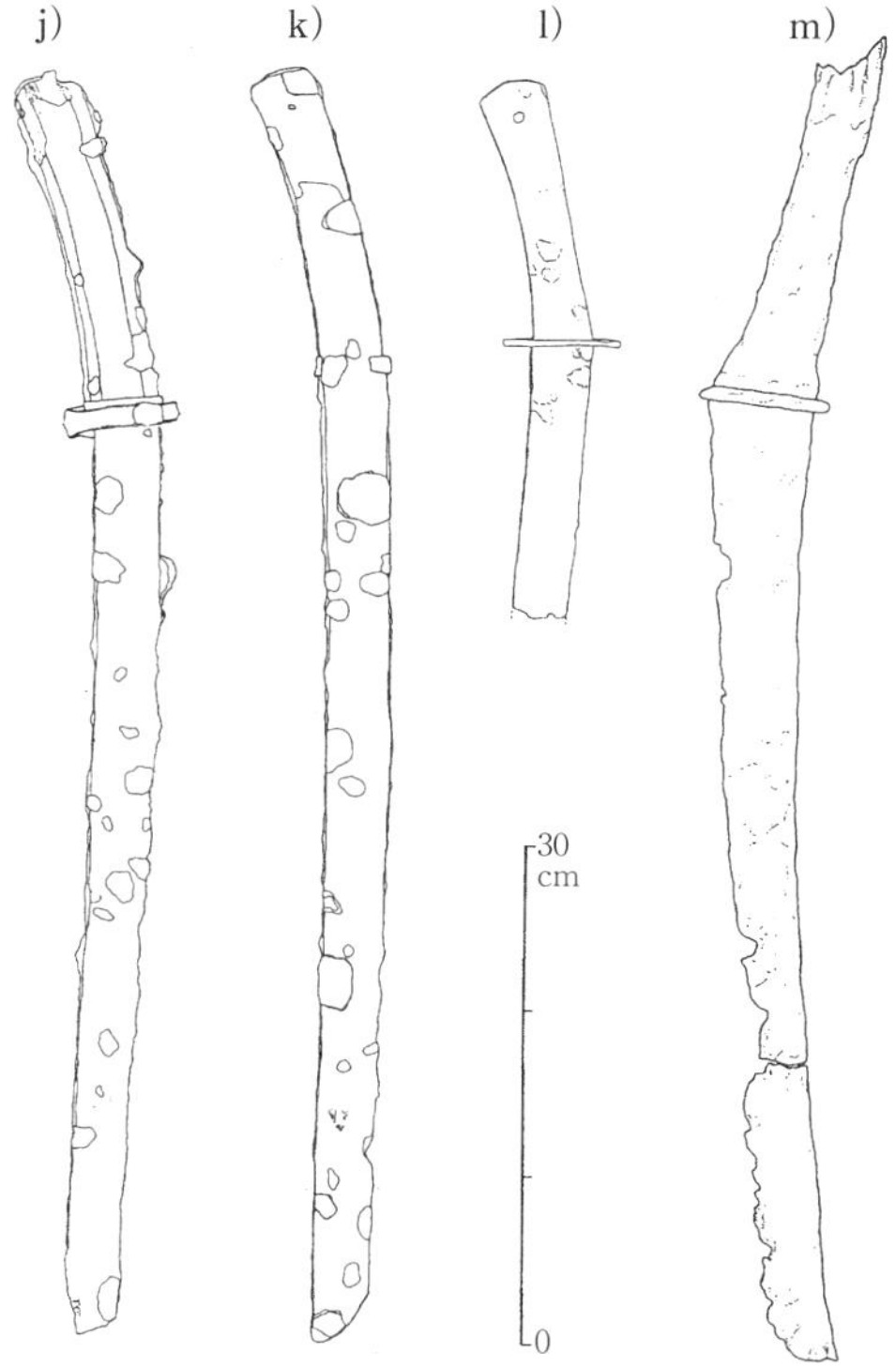

j、k）秋田県湯ノ沢Ｆ遺跡古墳群出土
l）岩手県盛岡市上八木田遺跡出土
m）岩手県北上市長沼出土

図60　柄反りの強い「長柄刀」の計測図
（長柄刀は長箱形の柄をもつ大刀に対する石井昌国氏の分類名称）

反りにしようとする当時の製作者達の意志は、非常に強かったものと思われる。

③　丹後平古墳群14号墳（青森県八戸市）

古墳は九世紀代と推定される。木製の柄を残した、柄反りの強い大刀（図59—i）が一振出土している。この時代に外反りの彎刀は東北の北辺まで伝わっていたことがわかる。

④　湯ノ沢Ｆ遺跡（秋田県秋田市）

推定年代は九世紀後半頃とされる。四〇基の土壙墓からなる遺跡で、出土土器の一点に夷の異体字と考えられる「夫」の刻書があることから、被葬者は俘囚層と推測されている。石製・銅製帯飾りは秋田城との密接な関係を示唆するといわれる。鉄製品の副葬が多く、直刀や蕨手刀のほかに「長柄刀」一振り（図60—j、k）の出土が注目される。

⑤　上八木田遺跡（岩手県盛岡市）

九世紀代と推定されている。盛岡市郊外に位置する遺跡で、古代の竪穴住居跡四棟の一つから大刀が出土した（図60—l）。中央部から先は失われているが、「平造り、角棟で、浅い腰反りとなり、茎は深く反っている。棟区も刀区も見られない」。形状は湯ノ沢Ｆ遺跡出土刀とほとんど同じである。

⑥　**遺跡名不詳**（岩手県北上市長沼）

図60—mに示す長柄刀は、考古学的調査が行なわれる以前の出土品である。出土状況は不明なため、これを収集した石井昌国氏は刀の全体的な形状から製作年代を九世紀末葉と推定している。(12) 上述の類例をもとにすれば、九世紀代の古墳の副葬品と考えてよいであろう。

以上、岩手県や青森県東部の墳墓から出土する柄反りを強めた大刀は、中央政府が制定したものではない。これらの大刀がどこで作られたのか、鍛冶技術水準をもとに次節で検討してみたい。

四　彎刀化の進行と地金の材質

(1)　蕨手刀と方頭大刀の材質

初期の蕨手刀の地金はどのような材質であろうか。高根古墳出土刀の刀身の中央部表面から錆片を採取して分析した結果（表26—№1）、標識成分のCuは〇・一〇四％で、始発原料は明らかに含銅の磁鉄鉱である。また錆片のミクロ組織観察から推定される元の炭素量は〇・一～〇・二％で、皮金に軟鋼が使われていることがわかった。心金は、おそらく刃金鋼を配した構造であろう。蕨手刀の発生地が甲信地方とすれば高根刀の製作は関東地方の可能性もあるが、当時の鍛冶工房の技術水準からいってやはり畿内ではないかと思われる。

東北北部終末期古墳出土の蕨手刀と方頭大刀の分析例を表26に引用した。岩手県野田村上新山遺跡出土の蕨手刀は、Coの分析値〇・〇二％（№2）を鉄対比で評価すれば、始発原料鉱石を磁鉄鉱とする判定基準にかなり近いといえる。同県大船渡市長谷堂遺跡出土刀は錆片の分析であるが、Coは〇・〇四一％（№3）を示し、判定基準を十分に越えている。また同県花巻市熊堂古墳群出土の方頭大刀は、メタル試料のNiが〇・〇三四％（№5）で、これも磁鉄鉱が原

表 26　蕨手刀ならびに方頭大刀の化学組成

No.	種 類	出土地・年代	化学成分（%）（抜粋） T.Fe	Cu	P	Ni	Co	Ti	推定炭素量（%）
1	蕨手刀	茨城県城里町高根古墳、7C 前半	61.02	0.104	0.033	—	—	0.010	0.1/0.2
2	〃	岩手県野田村上新山遺跡、8C 代	65.00	0.015	0.058	0.002	0.020	0.049	—
3	〃	岩手県大船渡市長谷堂遺跡、〃	53.32	0.017	0.026	0.008	0.041	0.048	—
4	〃	岩手県花巻市熊堂古墳、〃	メタル	0.018	0.029	—	—	0.005	（分）0.307
5	方頭大刀	岩手県花巻市熊堂古墳、〃	94.05	0.025	0.023	0.034	0.023	0.009	—

注）No. 1、2 は佐々木、No. 3～6 は赤沼英男氏による。（分）は化学分析値。網かけした分析値は、原料鉱石が磁鉄鉱と判定できることを示す（本文参照）。

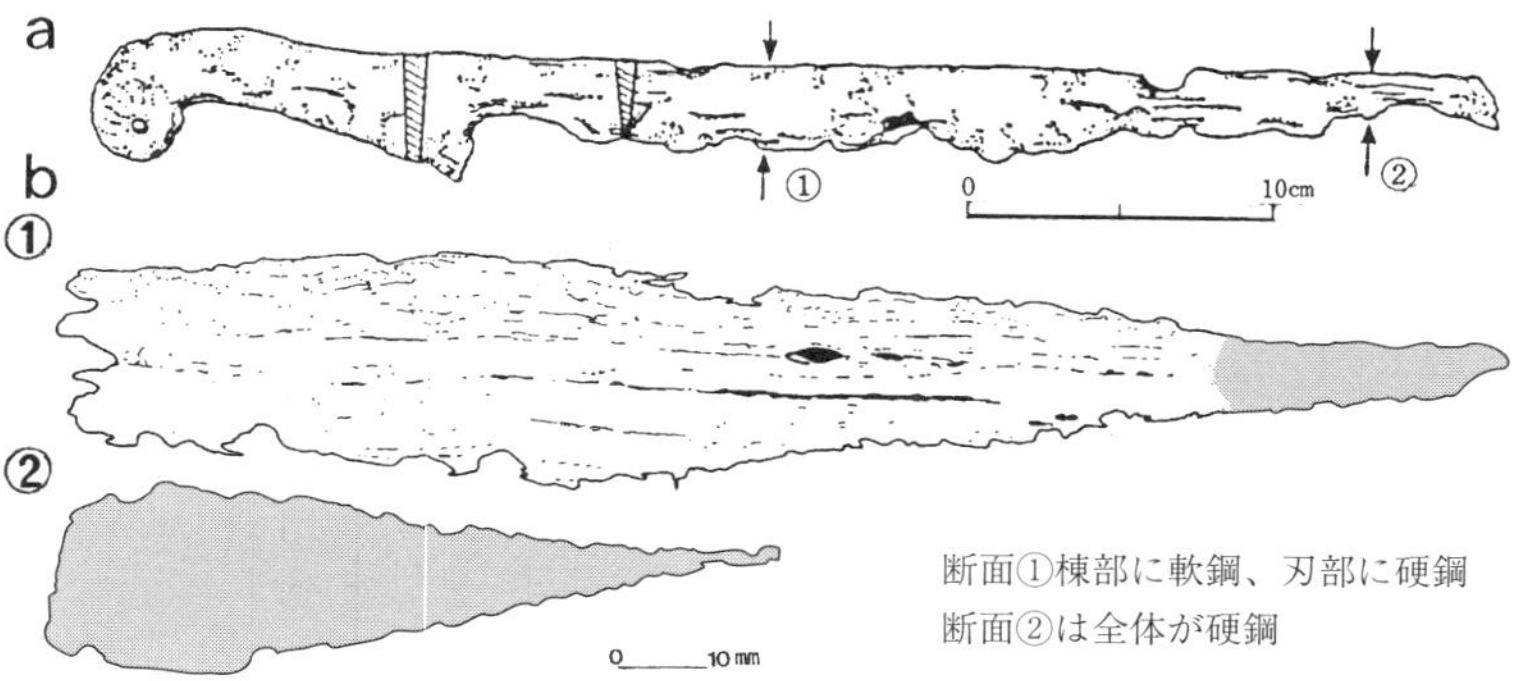

a）計測図（矢印は切断位置）、b）断面のマクロエッチング組織図

図 61　蕨手刀の切断調査例（岩手県花巻市熊堂古墳出土）

料と判定される。これらの例に止まらず、終末期古墳出土の鉄製品には同様のものが多くみられる。

(2) 蕨手刀の製作法

つぎに蕨手刀の製作方法について検討する。今日ではメタルが残っている刀身を切断することは許されないが、著者はたまたまその機会に恵まれた。図61—aが熊堂古墳群出土と伝えられる蕨手刀の計測図である。錆が進んでいて刃部はかなり深く朽ちている。矢印の二個所で切断したところ、内部にメタルが残っていたので断面を研磨し、エッチングを施した。そのマクロエッチング組織図が図61—bである。網かけした部分（断面1の刃先ならびに断面2の全体）がエッチングを受けたところで、フェライト（α-Fe）とパーライト（フェライトとセメンタイトFe_3Cの互層構造をとる相）が混じり合った組織になっている。このエッチング組織から、鋼の炭素量を〇・三〜〇・四％と推定することができる。刃金鋼の炭素量としては、焼きが入る下限に近い。上述の炭素分析値〇・三〇七％（表26―No.4）は断面試料の平均組成を表わすものなので、刀剣の断面の炭素量分布には大きな差があることに注意しなければならない。

一方、棟部はほとんどフェライトだけから成っており（断面1のエッチングを受けない白く見える部分）、推定炭素量が〇・一％程度の軟鋼である。断面の縦方向に細長い黒色の異物はすべて介在物で、刀剣に使用の地金としてはきわめて〝汚い鋼〟である。いかにも地方で製造した劣質な材料という印象を受ける。

この刀身の製作は、俵国一氏の分類（第三章三節を参照）にしたがえば併せ鍛えの「縦に鍛接」する方法に入り、古墳時代の技術の延長上にあるといえる。刃部と切先部に清浄な硬鋼を配置する一方で、強度をあまり必要としない棟部には軟かな〝汚い鋼〟を使っており、それなりに合理的に作られてはいるものの、畿内の官衙工房の製品とは考えられない。なお残留メタル部に焼き入れ組織が見いだされない理由は、〝薄焼刃〟であった焼き入れ層が錆化が進んで失われたのではないかと思われる。

同時代の直刀との比較には第三章三節で取り上げた静岡県御前崎市石田横穴群1号墳出土の横刀の切断調査結果を再度引用し、材質と製法の面から検討してみる。この横刀は心金に低炭素の軟鋼、皮金には炭素量の高い刃金鋼が配置され、ともに清浄な鋼を使用していて、刃部には強い焼き入れ組織が見られた。著者は最初「逆甲伏鍛え」による造刀と報告したが、[13]その後刀剣専門家から「まくり鍛え」という批判が寄せられた。著者は批判の正当性を認めて、横刀は古墳時代の方法にもとづいた製作と訂正したい。この形式の刀は、同時期の東北北部の蝦夷の族長墓に蕨手刀と一緒に埋納されている例が多い。従来から畿内の官衙の製品とする見方があったが、材質的にも上述の蕨手刀よりもはるかにすぐれており、その推察を裏付けている。

なお柄反りの強い方頭大刀や立鼓柄刀の調査例はないが、おそらく古墳時代の直刀の流れを汲む方法によって製作されたものと思われる。

(3) 外反り彎刀の進化と日本刀の成立

東北北部に盛行した蕨手刀はその機能と形態を進化させ、斬撃時の衝撃を弱めるために柄の部分に毛抜様の透かしを入れた「毛抜透蕨手刀」、刀身の反りを強めた「毛抜形刀」(図56—b、c)へと発達した。

一方、長柄刀については、考古学的発掘調査が行なわれなかった時代に、すでに一部の刀剣研究者は「刀姿が太刀様になり、日本刀に近づくもの」と評価し、さらに「九世紀から十世紀にかけて、長柄刀と毛抜透刀・太刀が並行して存在し、その東国における二つの系脈が、のちの日本刀になる」と予測している。(14) 当時としては先見性のある仮説といえる。しかし最近の発掘調査研究によって内茎を外反りにした大刀との間に年代差がなくなり、ほとんど同時期に各型式の刀が現われたと考えることができるようになった。

それでは東北北部の律令体制内外の鍛冶工房で、方頭大刀や立鼓柄刀、長柄刀の刀身を製作し、刀装具を誂えることができたであろうか。粗雑な造りの蕨手刀は別として、より高度な技術が必要な大刀を製作したとは思えない。また体制の衰退過程で、この地方の鍛冶技術が日本刀の製作を可能にする水準に急速に高まったという証拠も見られない。終末期古墳に埋納された柄反りの強い大刀類は、おそらく蝦夷の好みを知った国内の交易業者が、畿内の非官衙工房や交易ルート上に設けた工房で製作させ、刀装具を拵えて、公的な交易の場を経ずに蝦夷の地に搬入したのではなかろうか。

刀身が鎬造りで、鮫皮や樺などをきせた木製の柄が内茎に嵌められた、外反りの彎刀が日本刀である。その出現の時期については、大きく分けて有銘の伝世品をもとにした説と、打ち切るという機能を持つ太刀の使用を記述した文献資料にもとづく説がある。しかし日本刀が永延年間(九八七〜九八九年)に生まれたという点では、両説ともにほぼ一致している。

ところで、平造りで柄が共金の「毛抜形太刀」が日本刀に近い時期に現われる。鍛造技術水準が一段低いことから、一部の刀剣研究家はこの太刀を日本刀に先行すると述べている。しかし、併行するという別の見解もあって、結論は出ていない。毛抜形太刀の中で形態的に蕨手刀の様式を残したもっとも古いものが、長野県塩尻市宗賀洗馬のべ沢遺跡から出土した資料である（図56―d）。出土した年代は、伴出品から一〇世紀後半とされている。

かつて著者は保管責任者の立会いの下で、この太刀の刀身の中心部（図の矢印個所）から小さな錆片を採取し、ミクロ組織の調査を行なった。その結果、元の鋼にある非金属介在物（微小な夾雑物）は、チタン分をまったく含まないFeO（ウスタイト）が主体のものと判明した。これは鋼の精錬過程で脱炭材として砂鉄が使われなかったことを意味する。宗賀刀の地金は遺跡の近くではなく、鉄鉱石が産出する地方で製造された可能性が高い。

それでは毛抜形太刀の出現についてどのように考えたらよいであろうか。砂鉄ではなく鉄鉱石が始発原料の銑とそれを精錬した鋼半製品が、広い供給網によって列島内各地に供給されていたとすれば、それらの地で製作できないような製品に対する要求は、素材の供給ルートを通じて逆に先進的な地域の鍛冶集団に伝わったことは容易に推測できる。奥羽における俘囚の度重なる反乱や東国での大きな争乱は騎馬の戦いであったから、大刀の斬撃の機能の向上、すなわち刀身の長寸化と刀身全体への強い反りが要求されたと思われる。仮に前述の毛抜形刀や長柄刀が最初は地方に現われたとしても、需要の情報を得た先進地域の鍛冶集団が、刀身に反りを与えた鎬造りの毛抜形太刀あるいは内茎に木製の柄を嵌めた太刀を作り出し、各地に広めたのではあるまいか。その製作地は、当時の状況からいって畿内以外に考えられない。

(4)　武士の発生と日本刀成立過程の関連性

日本刀の成立は武士の発生論に大きく関係するという指摘が、文献史学の研究分野からなされている。この領域における有力な学説は、①中央貴族の武人化、②東国の土地開拓豪族の武装化の二つになるようである。しかし日本刀成立過程から見えてくる交易の問題について、仮に「都鄙《とひ》間交流」という用語を使って補足的な説明を加えたとしても、説得性が高まるかどうかわからない。鉄の製品・半製品の流通や技術情報の伝達を検討対象に入れるのは難しく、また交換の対価として蝦夷が払ったはずのモノ（おそらく馬と砂金）が欠落してしまうからである。

交通・運輸体系が中央政府によって保全・管理される以前は、海上・水上・陸上ルートを利用して交易物資を輸送する場合、それが強奪されるのを防ぐため商人が武装した雇用者を伴うことはよく知られている。加えて輸送先で交易物資を保管する場合も、同様に防備が必要であった。東北北部の蝦夷は戦いに「長《た》けていた」とされるが、その理由は馬の飼養や砂金の採掘などの生業をめぐって集団間の争いが武力闘争に発展することがあり、それによって戦闘の経験を積んだのではなかろうか。もしもそうであれば、交易商人が彼らを雇った可能性があり、互いに利用する中で両者は次第に組織的な武装集団に成長したことも考えられる。文献史学の分野では、武装化した商人から武士が発生したという見解もあるという。日本刀の成立は、そのような過程に結びついているように思われる。今後包括的な学説が生まれることに期待したい。

五　まとめ

（一）奈良朝が「化外の地」として「鉄冶を禁じた」東北北部は、近年の発掘調査により日本海側では秋田県の米代川、太平洋側では青森県の馬淵川の流域を北辺とすることがわかってきた。しかし、それより以北の地でも、一カ所ではあるが鉄鍛冶工房跡が検出されている。東北北部の蝦夷と蔑視・危険視された人達の活動は、現在史学・考古学・自然科学の各分野で見直しが行なわれつつある。

（二）鉄関連の研究領域で先進的に取り組まれてきた問題は、日本刀の成立に東北北部の蝦夷がどう係わったかということである。刀の柄を外側に反らせた彎刀である蕨手刀は七世紀の初め甲信地方に現われたが、宮城県を含む東北北部において多用する中で形態的な進化を遂げ、日本刀に発展したとする仮説は以前から提案されていた。最近の考古学・金属学の研究成果によって、その成立過程が裏付けられるようになった。

（三）ここで成立に必要な条件は、東北北部に鍛冶工房を設営し、そこに鍛冶工の派遣、原料銑鉄の搬入を行なった交易集団の存在である。この集団は蕨手刀を所有していた蝦夷の族長クラスの好みを把握し、畿内の非官衙工房あるいは交易ルート上に設置した拠点工房で強い柄反りの方頭大刀・立鼓柄刀などを作らせ、公的な場を経ない交易品に仕立てたのではないだろうか。こうした発展過程を経たのであれば、彼らを日本刀成立の重要な推進勢力と想定しなければならない。

（四）東国で律令体制が解体する一〇世紀後半に、畿内の工房では刀身を外反りにした鎬造りの太刀が製作されるようになる。従来の柄反りの強い平造りの大刀に比べると、大きな技術的飛躍である。政治の中心地に新しい社会的刺激が生まれ、その革新を促したものと思われる。中央における軍事貴族の台頭がそれに関係したであろうことは想像に難くない。

（五）日本刀の成立が武士の発生論に大きく関係するという文献史学側からの指摘については、成立過程から見えてくる交易の問題をどのように合理的に説明をするかが重要である。従来の「都鄙間交流」の考え方では、鉄の製品・半製品の流通や技術情報の伝達を検討対象に入れるのは難しく、また交換の対価として蝦夷が払ったはずの物資が欠落してしまう。専門外の著者が提言できるとすれば、輸送ならびに保管の物資を守るために交易商人は従者を含めて武装化を計り、「戦いに長けた」蝦夷を雇ったのではないかということである。今後専門家によって包括的な学説が生まれることが望まれる。

註

（1）例えば工藤雅樹著『古代蝦夷』吉川弘文館、二〇〇〇年、熊谷公男著『古代の蝦夷と城柵』吉川弘文館、二〇〇四年

（2）赤沼英男「王朝国家体制下で進む鋼製鉄器の普及」佐々木稔編著『鉄と銅の生産の歴史』雄山閣、二〇〇二年、六一頁

（3）笹田朋孝「北海道擦文文化期における鉄器の普及」『物質文化』七三号、二〇〇二年、三五一頁

（4）石川俊英・相沢清利「宮城県多賀城市柏木遺跡」『月刊文化財』第三〇六号、第一法規出版、一九九二年、一四頁

〈5〉赤沼英男「遺物の解析結果からみた半地下式竪型炉の性格」『季刊考古学』第五七号、一九九六年、四一頁
〈6〉伊藤武士『秋田城跡』同成社、二〇〇六年
〈7〉赤沼英男・福田豊彦「鉄の生産と流通からみた北方世界」『国立歴史民俗博物館研究報告』第七二集、一九九七年、一頁
〈8〉石井昌国『蕨手刀』雄山閣出版、一九六六年
〈9〉廣井雄一「日本刀の成立と展開」『草創期の日本刀』佐野美術館、二〇〇三年、一一九頁
〈10〉高橋信雄・赤沼英男「蕨手刀」註（9）に同じ、一二七頁
〈11〉『続日本紀』巻第七、霊亀元（七一五）年十月丑の条 読み下し文
「陸奥の蝦夷の第三　邑良志別君宇蘇弥奈等言す。親族死亡せる子孫数人、常に恐くは狄徒に抄略せられん乎。香河村に於て郡家を建造るを請う、編戸の民と為って、安堵を永く保たんと。又蝦夷須賀君古麻比留等言す、先祖以来、昆布を貢献し、常に此の地に採りて、年時闕ならず、今国府郭下、道遠くして相去る、往還旬を累ねて、辛苦甚だ多し。閇村に於いて請う、便わち郡家を建て、百姓同じく、共に親族を率て、永く貢を闕かじと。並びに之を許す。」（新訂増補国史大系『続日本紀』を参考にした）
〈12〉石井昌国・佐々木稔『古代刀と鉄の科学　増補版』雄山閣、二〇〇六年
〈13〉佐々木稔「石田横穴群1号墳出土横刀の断面構造と製作法」御前崎市教育委員会編纂『浜岡町史』二〇〇六年、三〇八頁
〈14〉註（8）に同じ

発掘調査報告書など
〈1〉多賀城市埋蔵文化財センター『柏木遺跡Ⅰ』、『柏木遺跡Ⅱ』一九九二年
〈2〉青森県百石町教育委員会『根岸（2）遺跡』一九九六年
〈3〉小山内透「岩手県宮古市島田Ⅱ遺跡発掘調査概要」平成一三年度たたら研究会
〈4〉秋田県教育委員会『湯ノ沢岱遺跡』一九九八年、一四三頁
〈5〉青森県教育委員会『高屋敷館遺跡』一九九八年、三九〇頁
〈6〉桃崎祐輔「日本列島における騎馬文化の受容と展開」第四六回埋蔵文化財研究集会『渡来文化の受容と展開』一九九九年

第六章　中世の鋼生産と都市・集落・城館における鍛冶活動

中世の鉄について著者の認識を変える契機になったのは、大分県旧三光村（現、中津市）深水邸遺跡出土の鉄製品である。一九八七年同邸で庭園造成中に備前焼の大甕が掘り出され、それには一〇種に及ぶ鉄製品のほか、中国渡来銭や土師質土器が入っていた。この大甕は編年研究にもとづいて一三三〇～一三四〇年と推定され、埋納の時期はそれに近いと考えられた。鋳鉄と鋼の製品を分析調査したところ、始発の原料鉱石は磁鉄鉱と推定されるという、まったく予想外の結果になった。南北朝時代に入っても、なお原材料の銑鉄の輸入が続いていたことを著者は知らされたのである。

中世の原料鉄の流通については、すでに赤沼英男氏が『鉄と銅の生産の歴史』の中で金属学的立場から概説している(1)。本章ではその後の新しい情報を加えて、中世の大規模鋼生産施設の状況と生産物の流通の形態、都市・集落ならびに城館における鍛冶活動の性格を考察し、合わせて日本刀と火縄銃の材料鉄を検討することにしたい。

一　山間地に設営された鋼の大量生産施設

従来から中世の長方形箱型炉の炉高が報告されているが、これは炉床の平断面形状を近世たたら炉跡と比較し、発掘調査担当者が想定した数値（例えば一m前後）である。奈良時代の数カ所の遺跡調査で行なわれたような、炉壁片を接合して求めた復元炉高ではない。

一方、竪型炉については炉体の復元例があり、推定炉高は約七〇cmとされる。[2] 実際に発掘調査報告では、出土遺物の考古学・金属学的調査結果をもとに「(この炉では)砂鉄を原料にした製鉄ではなく、鋼精錬が行われた可能性が高い。」と述べている。これは復元炉高からの推測にも一致する。

中世の長方形箱型炉の遺構は主として中国山地で検出されるが、この地方では銑鉄を精錬して軟鋼を大量生産し、後述する棒状鉄鋌のような鋼半製品に仕上げて、各地方に送り出したのではなかろうか。

(1) 長方形箱型炉跡の技術的評価

中世の長方形箱型炉については、遺存する炉下部の施設を近世のたたら炉と比較して、炉の機能評価を行なっている。たたら炉に発展する中世初期段階の型式と考古学研究者が考えている最初の発掘調査事例が、広島県北広島町大矢遺跡である。これは「狭い谷に面した山腹裾近くの斜面をL字状に掘削して、長さ一七m、奥行き八mの平坦面を設け、ここに製鉄炉を築き、下方の斜面に鉄滓を廃棄していた。平坦面の中央には長さ三・四m、幅一・二m、深さ〇・五mの、長楕円形をした粘土貼り舟底形施設があり、その内面は上開きの曲面で、灰黄緑色の還元色に焼き固められていた。この粘土貼り舟底形施設の周囲には、幅〇・六m、深さ〇・四mのU字形溝が弧状に取り巻き、全体として長径四m、短径二・五mの長楕円形の赤く熱変した施設になっている」。[3] そして粘土貼り舟底形施設は近世たたら炉の本床(炉の保温・防湿を目的にした床釣りと呼ばれる地下構造)に、また弧状のU字形溝は小舟(本床の両長辺を取り巻く側面の保温・防湿構造)に相当するとみている。この調査を契機に、年代が下るほど近世たたらの規模と構造に近づくとする考古学的な見方が広まった。なお大矢遺跡で平坦面の一カ所には、未使用の砂鉄が数kg残されていたという。

中国地方の山間部では、炉遺構を伴う遺跡から年代の指標となる土器がほとんど出土しない。そこで炉に木炭を供給したと考えられる炭窯跡で採取した岩石の熱残留磁気と焼土の熱ルミネッセンス、ならびに残留木炭の放射性炭素

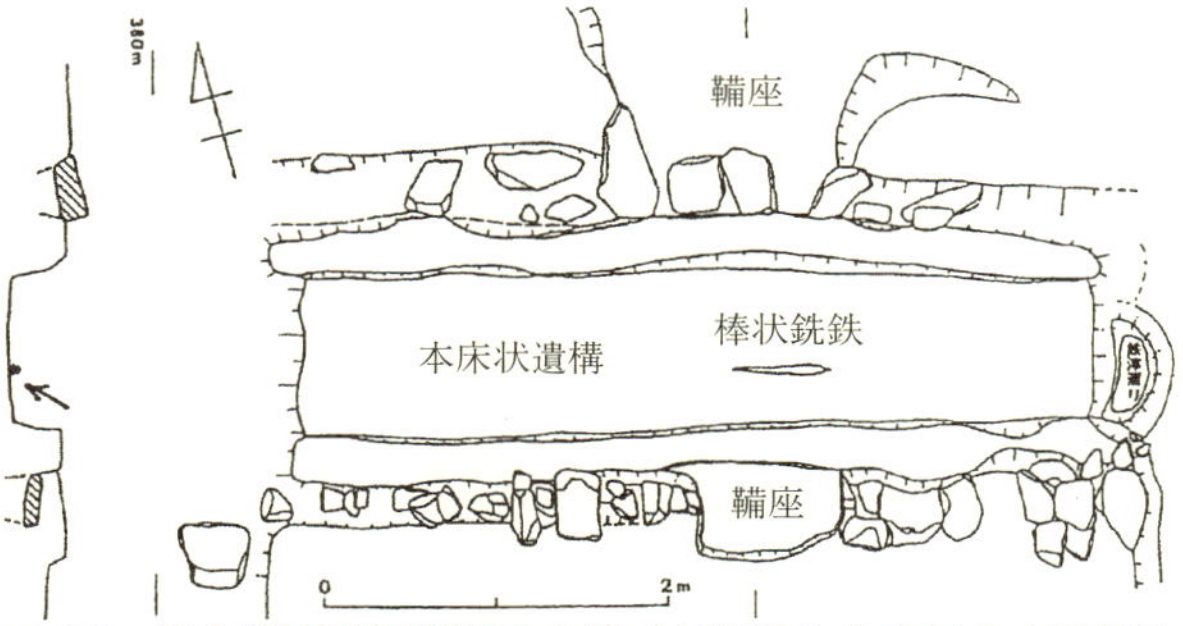

図62　長方形箱型炉遺構図の例（広島県北広島町今吉田若林遺跡）

注）「棒状銑鉄」は他の分析例から鉄滓と推定される。

14を測定し、それらの測定結果を総合して遺跡年代を決めている。大矢遺跡での測定値は、熱残留磁気法がAD（紀元）一一〇〇～一二〇〇年、熱ルミネッセンス法は一四〇〇年BP（BPは一九五〇年を基準にして何年前かを表わした年数）、炭素14法は八一〇±三〇年BPという年代値が得られ、遺跡は紀元一〇～一三世紀頃と比定された。

その後の代表的な調査例として、広島県北広島町今吉田若林遺跡[1]を挙げたい。図62に引用するように、丘陵斜面の断面をL字状に削って平坦面をつくり、炉の下部施設を構築するのは大矢遺跡と同様である。八×二・二五m、深さ一・〇mの掘り方の内部に、長さ四・六m、幅三m、高さ一mの本床状設備を造り、その長辺の両側に四〇～五〇cmの小舟状設備を構築している。本床状・小舟状設備の端部は石や炉壁片、鉱滓などを積み上げて塞ぎ、後者の上部には石や炉壁片を置いて蓋がされていたという。また第2号炉の場合は、炉底と地山の間に保温と防湿を目的に炉壁片や鉄滓を含む砂質土を層状に敷き詰め、合計の厚さは〇・六mに近い。上述の大矢遺跡の〇・五mやその他の例に比べてほぼ同じである。ただし江戸時代後期に東北北部で銑鉄製造を目的にした炉の地下構造（床釣り構造はない）は、深さを六尺（一・八m）と記録している（第八章二節を参照）。今吉田若林遺跡の炉体の寸法については、報告書の「まとめ」で「本床状遺構上面の灰緑色をなす還元状態を示す範囲を手がかりとすると、内法で長さ二m、幅一mの規模が推定される。高さも一m前後であろう。」と述べている。ここで高さが一m前後とあるのは復元炉高ではなく、報告者による推測値と思われる。

本遺跡で推定ふいご設置場所（鞴座）は、斜面上手側でも面積的にかなり狭く、さらに下手側は炉の近くで傾斜面になっているため、通常の横に置く型式のものは操作が難しいと考えられた。そこで報告書では、もともと下手側には盛土部分があり、そこに吹き差しふいごを縦に置いてピストン（手押し式の木製棒）の先端にロープを結び付け、回転できるようにした横木にロープを捲いて上下に交互に引き、ふいごを動かす方法を想定している。しかし前述の取香和田戸遺跡（第四章四節）の長方形箱型炉や次項で述べる寺中遺跡の竪型炉の場合には、炉の片側に複数羽口の装着が推定される。今吉田若林遺跡でもその可能性を考えてよいのかも知れない。

年代については、1、2号炭窯から採取された試料の熱残留磁気測定により、それぞれAD一二六〇±二五、一三七〇±二〇（年）という結果が得られ、遺跡は一三世紀から一四世紀の中に収まるとしている。一方で「地下構造から推定できる年代観よりもやや古いといわざるを得ない」とも述べており、自然科学的方法による推定年代については違和感をもっているようである。

ところで本床状遺構の炉底面の棒状遺物には、「銑」の符号がある。著者が他の遺跡から出土した同様形状の資料二点を分析したところ、銑鉄ではなく鉄滓であった。これらの遺物は、何らかの理由で羽口が抜き出されたあとの挿入孔に溶けた鉄滓が流れ込み、固化したものと考えられる。

中世の長方形箱型炉遺構の近くで出土した鉄塊系遺物や鉄滓の金属学的解析からは、砂鉄を原料に溶融銑鉄を炉内に生成させ、それを流し取ったことを裏付けるような確実なデータは得られていない。〝砂鉄製鉄〟を実証しようとすれば、炉体を復元して炉高の評価を行ない、送風方法を確かめるとともに、出土遺物の中に砂鉄由来の銑鉄の生産物を見つけ出すことが必要なのではないだろうか。

(2) 自立式竪型炉の再出現

この型の炉は鎌倉時代に入って東北・北陸の日本海側や伊豆・有明海などの沿岸域で再び現われ、また山陽地方のある河川の上流域では古墳時代と同じ炉床形状と規模を保ったままの姿を見せている。ここでは代表的な四例についい

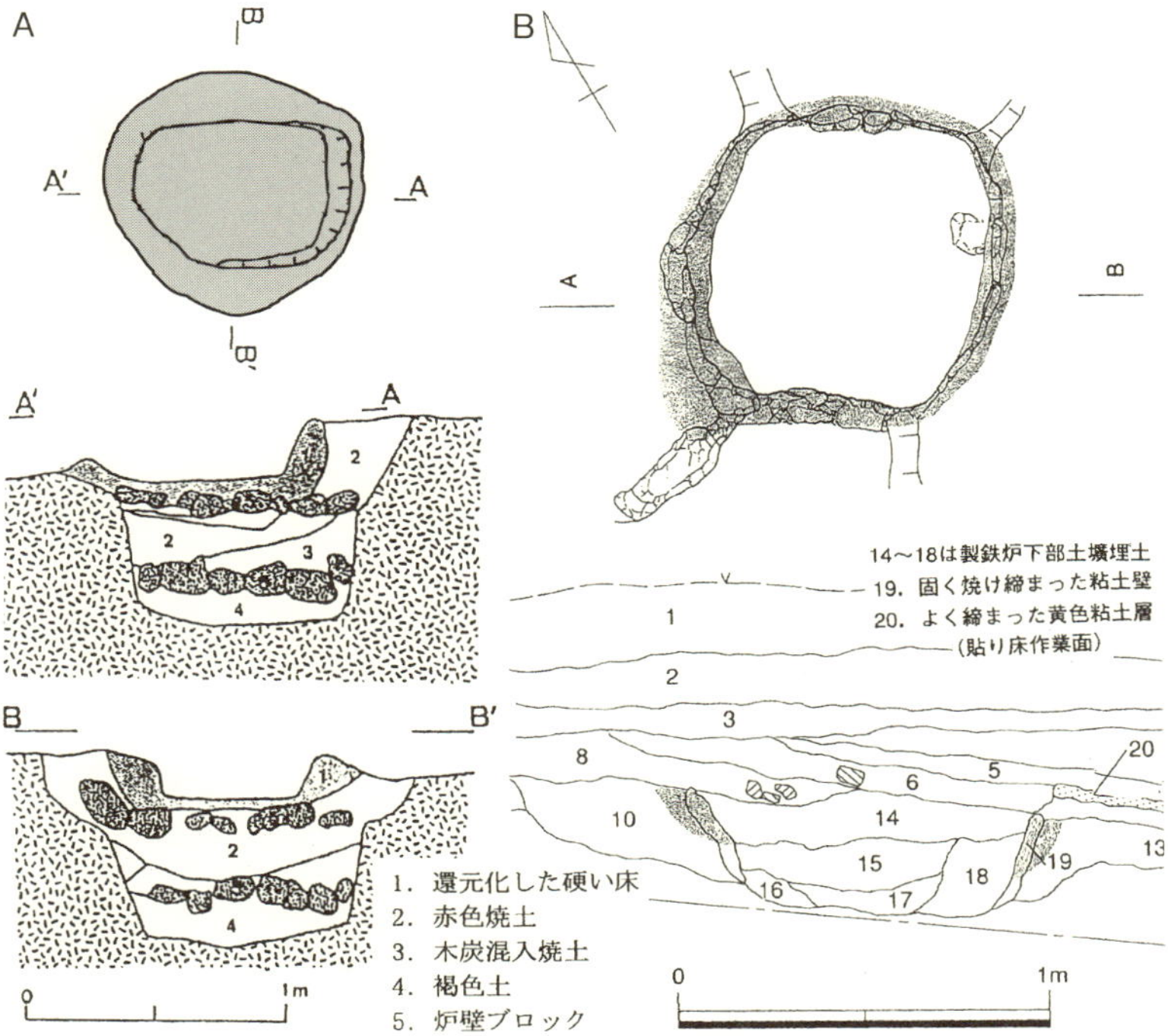

図63　自立式竪型炉遺構図の例

（A：新潟県新発田市北沢遺跡、B：岡山県総社市ヤナ砂遺跡）

て、遺跡と炉遺構の概要を述べる。

新潟県新発田市北沢遺跡は越後平野の東端に当たる丘陵地にあり、「中世初頭の杣工・鉄関連・中世陶器窯の複合遺跡[4]」とされる。丘陵斜面を掘削した平坦面に「三基の竪型炉跡が一列に並び、それぞれが防湿施設のコの字形の周溝によって左右と前後が囲まれ」ている。遺構の残存状態がよい2号炉の計測図を図63―Aに示す。上部には「還元化した固い炉床と炉壁の一部分を残して」おり、炉床の形状は「長方形に近く、幅五〇～五四cm、奥行き七〇cm」である。下部施設は「ブロックの敷き込み層が間隔を置いて二重にあり、坑は上部が円形に広がり、底部はほぼ方形で一辺が七五cmと八〇cm、深さは七〇cmを測る」。炉壁片を接合して炉体の復元が試みられ、頂部を残してほぼ成功しており、復元炉体の断面は円形に近い楕円形である。外壁面の傾斜から炉口の位置を推定し、それをもとに炉高を推測した結果はおよそ七〇cmである。なお、炉床が方形あるいは長方形に近くても、復元した地上部炉体はほぼ円筒形であることに注意を払う必要がある。

北沢遺跡では周溝と排滓層の中間から出土した須恵器系中世陶磁が陶器窯内の陶器片と接合したので、年代は一三世紀初頭と比定された。回収された鉄滓・鉄塊系遺物・炉壁ブロック・砂鉄などは六八tを越えるが、考古学の分野で一部の研究者が製錬（製鉄）の指標とする流状滓はほとんど含まれない。本遺跡の発掘調査責任者は鋼の生産が行なわれたと推定している。また赤沼英男氏による鉄塊系遺物の金属学的解析結果もそれを支持している。同氏は塊状の銑鉄が表面から脱炭が進んで鋼に変化していること、その境界面には鋼精錬の過程でしか生成し得ない特殊なチタン化合物ができていることを見いだし、鉄滓と回収した砂鉄の化学組成を比較検討して遺物は精錬の中間産物であると判定した。これによって考古学的調査と金属学的解析の双方の結果は一致した。

静岡県伊東市寺中《じちゅう》遺跡は伊豆半島の同市宇佐美を流れる烏川の沿岸にあって、鉄関連炉跡が一九基発掘されている。一三世紀と推定される輸入陶磁片が排滓場で見つかり、遺跡の年代は鎌倉時代としている。廃滓は幅六m、全長四〇mに拡がり、最大厚さは一・七mあり、出土した鉄滓類の合計は約六〇tに達した。炉遺構の中で注目を引くのが4号炉である。これを紹介した関係者によれば、「羽口が炉壁に挿入された状態で検出され、……炉は楕円形を呈し、……推定規模は内径で長軸九二cm、短径六二cmを測る。片側に羽口を装着し、反対側には認められない」。「炉形態は円筒形竪型炉としておきたい」[5]。また確認できる羽口は二本であるが、「（発掘）調査者は三本を想定している」という。羽口を炉の片側に装着したという報告例は他にないが、すでに第四章で扱った千葉県成田市取香和田戸遺跡の箱型炉遺構でも推測されたところである。発掘調査報告書では炉遺構を製鉄炉跡と述べている[2]。しかし鉄塊系遺物にはニッケル（Ni）やコバルト（Co）の含有量が遺存砂鉄よりもはるかに高いものがある。例えばコバルトの鉄対比（Co／Fe、本書では%で表示）が遺存砂鉄の〇・〇二五に対して、鉄塊系遺物は〇・〇三九とはるかに高く、砂鉄製錬の中間産物とはいえない。この遺跡では輸入の銑鉄を処理し、鋼を製造したと考えざるを得ない。

秋田県琴丘町（現、三種町）堂の下遺跡もまた重要である。[3] 遺跡は旧八郎潟の東岸に位置し、その年代は鉄滓に混じった陶器片（珠洲焼）から一二世紀後半代（鎌倉初期）とされている。二基の隅丸方形の炉跡が検出され、ほかに排滓場の存在からもう一基の想定も可能であるという。炉下部は炉壁・鉄滓を層状に敷き詰めた構造である。発掘調査担当者は操業時の炉形を自立式竪型炉とみている。炉の配置から三基の同時期操業は考え難く、操業の単位は一基であったと思われる。ほかに三基の地床炉式炉遺構を検出している。合計一〇t余の鉄関連遺物の出土は、上述の北沢遺跡や寺中遺跡には及ばないにしても、この時代の排出量としてはかなり大きい。鉄鍋と獣脚の鋳型片などが出土し、溶解炉跡（二基）も見つかっている。鋳造（鉄と青銅）を合わせて操業したことは、この遺跡における金属生産の総合性を示す。遺跡の立地について、調査担当者は「日本海との出入を意識していたのではないか」と述べている。

本遺跡から出土した遺物の中で著者が注目するのは、最大の長さ・幅・厚みがそれぞれ二七・六、一七・一、四・七cm、重さが二、一〇〇gの銑鉄資料である。計測図を見ると、資料の中央部付近で二枚の鉄片の端部が重なり合い、おそらく錆びついているのであろう。長手方向の推定断面図では、それぞれの鉄片の厚さは二cm前後とほぼ均一である。断面のミクロ組織は溶融状態から急冷されたことを示すので、元の鋳鉄資料は幅が一〇数cm、厚みが二cm程度の板状（長さは不明）の半製品であったと推測される。一方、分析した試料は錆化の程度が低く（全鉄T・Fe八二・一五、金属鉄六四・五五％）、周囲の土壌からの燐分吸収は少ないとみてよい。燐（分析値は〇・一五％）の鉄対比〇・一九％は、鋳鉄資料が錆びる前の燐含有量に近いと評価できる。したがって始発原料鉱石は国内産出の砂鉄とはいえない。元の板状鋳鉄半製品は国外から輸入したものと思われる。

岡山県総社市ヤナ砂《ざこ》遺跡は「山田川（高梁川上流域の支流の一つ）を遡った急峻な谷間に所在」し、この川沿いの近くには「時期不明ながら随所で鉄滓の撒布が確認される」という。[6] 炉の遺構を図63―Bに引用した。「平面形状は一辺八〇cmの隅丸方形、深さは三五cmで、周囲の壁には粘土が貼られ、内部には敷かれた粉状の炭がよく残っている」。一四世紀前半の土師器の椀や鍋の完形品が炭窯跡から、またその破片は鉄滓原（鉄滓が広く堆積した区域）の下から出土した。古代吉備の中心地域において、この隅丸方形の炉は六世紀末葉～七世紀頃に盛行した製鉄炉と考えられていた。しかし、形式と寸法をほとんど変えることなく中世まで続いていたとすれば、時代が下るにつれて製鉄炉々床の平断面積が大きくなるという従来の考え方は、改めて見直す必要がある。こうして本遺跡の発掘調査結果は極めて重要な問題を提起するに至った。なお、鉄滓原から鉄鉱石（破片）は検出されたが、流状滓は見いだされなかったという。鉄関連遺物の分析調査は行なわれていない。

中世に入っても、自立式竪型炉がいくつかの地域で操業されていたことは間違いない。しかしこれを長方形箱型炉と異なる技術系統として評価するのは難しい。やはり銑鉄・木炭など原材料の入手方法、生産物搬出の難易性、鉄に対する需要の多少などの条件に応じて、築炉と操業の方法を変えたとみるのが妥当ではあるまいか。

(3) 鋳造遺跡における鋼精錬遺構の評価

中世後期の伝世ならびに遺跡出土の鋳鉄製品については、赤沼英男氏が前出の『鉄と銅の生産の歴史』の中で金属学的解析結果を詳しく述べている。同氏は伝世の鉄釜・風炉・燈籠のほか、全国各地で出土する鉄鍋の分析例を挙げて、多くの資料に高燐の銑鉄を原料にするものがみられると述べている。国内で製造した鋳鉄製品であれば、それは広く流通する輸入銑鉄を使用して鋳造を行なったことになる。

鉄の鋳造遺跡の調査は、銅と合わせて豊富な研究実績がある。それによると、鋳造に止まらず原料の銑鉄を精錬して鋼の製造も行なわれていることがわかってきた。しかし一部の研究者は半地下式竪型炉を製鉄炉としたり、出土鉄滓の一部を製錬滓と判定するなどして、遺跡では銅・鉄製品の鋳造のほかに砂鉄を原料にした製鉄も行なわれたとする結論に導いている。それが正しいかどうか、関東地方の例を挙げて遺跡に付属する鉄関連遺構を検討してみよう。

埼玉県坂戸市金井遺跡B区は、関東地方における一三世紀後半から一四世紀前半の梵鐘鋳造遺跡としてよく知られている。それ以外に、鋳型片から仏具を主体にして鍋釜などの日常用具までも鋳造したことが推測された〈4〉。鉄鍛冶関連では鉄滓と鉄塊系遺物が出土した。椀形滓の分析例を挙げると、酸化チタン含有量が〇・四八％と少ない。それを理由に金属学系研究者が小鍛冶滓と報告したため、発掘調査関係者に遺跡の性格判定を誤らせる結果になっている。すでに第四章で説明したように鋼の精錬工程で極低チタン砂鉄を使用する場合がある。また化学成分間の関係を調べてみても、この椀形滓のスラグ成分は精錬滓の組成範囲に入っている。製造した鋼は鉄釘や鎹に加工して遺跡近傍の建物建築や、鋳造に関係した鉄製用具の鍛造に使用されたと思われる。なお、鉄塊系遺物（メタル試料）は標識成分のニッケル含有量は、〇・〇六五％と非常に高い。鋼精錬の原料にした元の銑鉄は輸入品と考えざるを得ない。

埼玉県嵐山町金平遺跡では、弘安四（一二八一）年の記銘がある梵鐘鋳型が検出されたので、年代を一三世紀第4四半期と推定している。[5] 前記の金井遺跡とは同じ鎌倉街道沿いに約二〇㎞離れた位置にある。各種の仏具鋳型と鉄滓も一緒に出土したが、外観が流状を呈する鉄滓を分析した金属学系研究者は製錬滓と報告した。鉄関連炉遺構は地床炉であり、報告書でも遺跡内で砂鉄製錬が行なわれたとする記述はない。しかしわずか五〇〇ｍしか離れていない同町の深沢遺跡（一三～一四世紀）で出土した鉄滓一点が、金平遺跡の鉄滓と同じ組成であるという報告を引用し、前者で製造した銑鉄が後者に搬入・使用された可能性があるとした。これもまた鉄滓についての誤った分析報告が、遺跡の性格判定に影響を与えた例といえる。

いま一つ金平遺跡の発掘調査結果で著者の興味を引くのは、遺跡近くの寺院（平沢寺）改修のために計画的に工房を配置して各種製品の鋳造（鋼の製造を含む）を行なったことである。操業期間は一年から数年と推測される。操業終了後は「建物などの柱は抜き、鋳造関連土壙などは遺物を入れながら埋め戻し、大きな溶解炉壁などの破片も小さく破砕した上で工房区域全体に遺物を撒き散らすように敷きつめて」いる。これは第四章で述べた「村落内寺院」跡で、使用可能な鉄釘や鎹が土壙から出土し、さらに白銅製銅碗の破片（地方では再生不可能）も検出された結果にも共通しており、ある種の宗教的行為を感じさせる。

上述の事例からわかるように、鋳造遺跡に伴って製鉄が実施されることはない。多くの場合、鋼の製造は鉄製建築資材や鋳造に関係がある鉄製用具の製作に必要な範囲で行なわれたと考えなければならない。

二　棒状鉄鋌の広汎な流通

すでに第四章で一〇世紀中頃から角棒状の鋼半製品が出土することを説明した。中世に入ると荘園からは「鉄を年貢に出す」ようになる。福田豊彦氏が作成した資料(7)には、たとえば伯耆国三野久永御厨（伊勢神宮領）の建久三（一一九二）年の年貢鉄は一、〇〇〇鋌、その他の年貢として筵一〇〇枚、八丈絹一〇疋、さらに別進の年貢鉄が一、〇〇〇鋌、筵五〇枚、六丈絹一〇疋のように記述されている。また出雲国佐陀庄（安楽寿院領）の場合は、年貢鉄一、〇〇〇鋌、筵二〇〇枚（一二〇五～一五年）とある。こうして貢納する鉄の数量は「鋌」を単位にする例が多い。角棒状鋼半製品がその鉄鋌に該当するのではないか、と考える考古学・金属学系研究者は少なくない。本節では棒状鉄鋌と仮称し、代表的な出土例について棒状鋼素材の形状・寸法と化学組成を検討してみたい。

(1)　棒状鉄鋌の出土状況と計測例

棒状鉄鋌が複数本出土したときは「まとまった」状態で検出されており、何かの器具に装着された状況にはない。したがって特定の製品と見なすことは難しい。

まず青森市浪岡城跡の出土例を挙げる。浪岡城跡の一五～一六世紀と推定される層序から、三四本の棒状鉄資料が出土した。図64にその外観を示す。一部は鉄錆で固着しており、分離できないという。遺跡からは椀形滓も出土しており、鋼の精錬を含む鍛冶活動が行なわれたことは間違いない。したがって棒状鉄資料は、鉄の鍛冶に関係した製品あるいは半製品とみてよいであろう。

時期が一二世紀後半とされる滋賀県東近江市斗西《とにし》遺跡の場合は、八本がまとまった状態で出土した。錆で固く結合

図 64　棒状鉄鋌の出土例（青森市浪岡城跡）

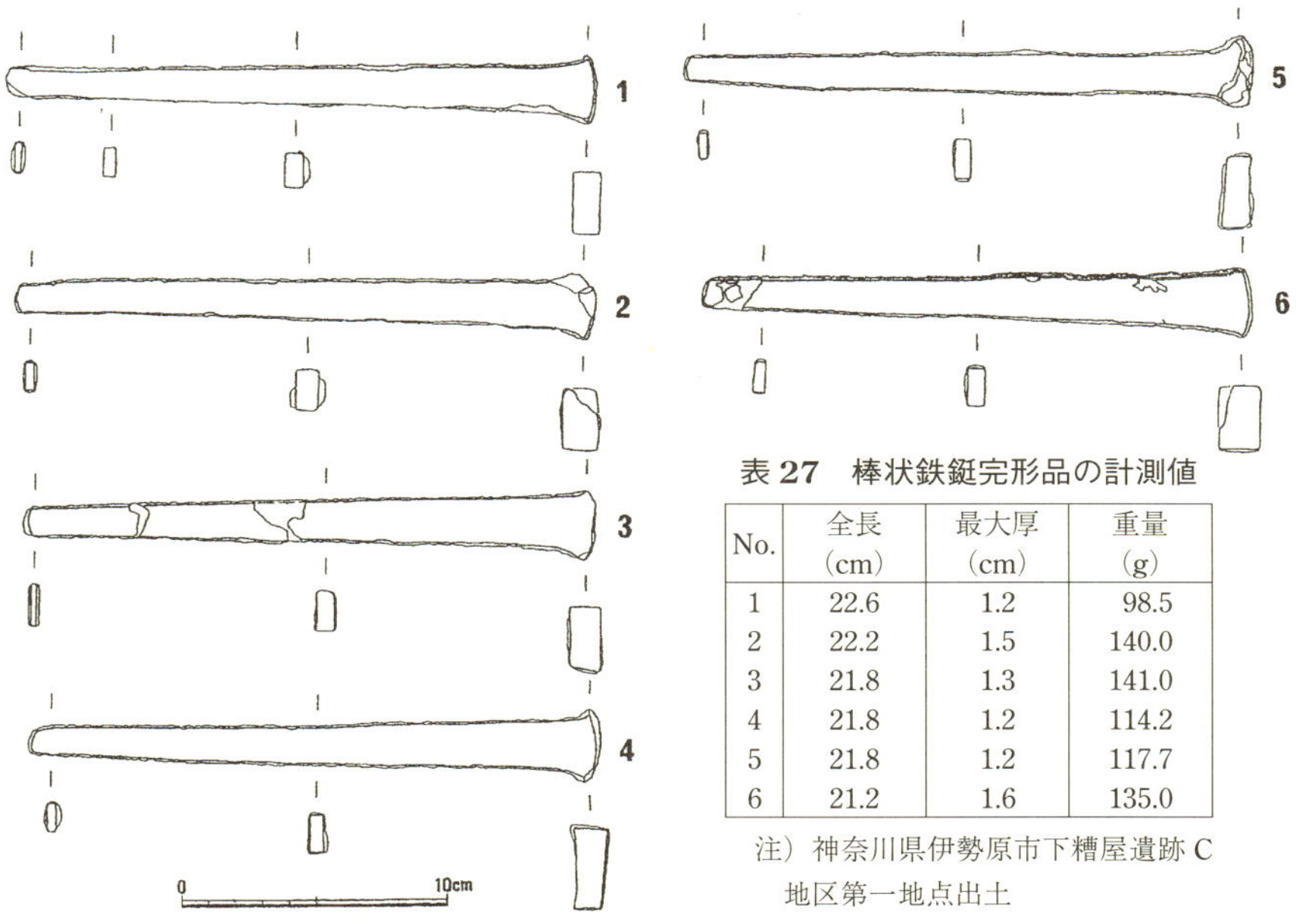

表 27　棒状鉄鋌完形品の計測値

No.	全長（cm）	最大厚（cm）	重量（g）
1	22.6	1.2	98.5
2	22.2	1.5	140.0
3	21.8	1.3	141.0
4	21.8	1.2	114.2
5	21.8	1.2	117.7
6	21.2	1.6	135.0

注）神奈川県伊勢原市下糟屋遺跡 C 地区第一地点出土

図 65　棒状鉄鋌の計測例（神奈川県伊勢原市下糟屋遺跡 C 地区第一地点）

図 **66**　棒状鉄鋌の出土分布

表 **28**　棒状鉄鋌の化学組成例

資料 No.	遺　跡	化　学　成　分（%） T.Fe 全鉄	Cu 銅	P 燐	Ni ニッケル	Co コバルト	C 炭素	S 硫黄	介在物組成
1a	浪岡城跡	90.70	0.013	0.085	0.012	0.035	—	—	W、T
1b	同上	95.90	0.017	0.088	0.027	0.061	—	—	T
2	根城跡	92.48	0.024	0.024	0.042	0.134	—	—	W、T、F
3	姉帯城	96.0	0.020	0.013	0.030	0.059	0.028	0.009	W、T、F
4	盛岡城跡	62.00	0.012	0.049	0.006	0.029	0.032	0.024	認められず
5	平野明神脇石堂	93.80	0.019	0.063	0.038	0.055	0.06	0.007	図67参照
8a	梅原胡摩堂遺跡	メタル	0.04	0.09	Mn：	0.24	—	—	
8b	同上		0.12	0.05	Mn：	0.11	—	—	
9a	斗西遺跡 1	91.98	0.005	0.030	0.063	0.040	0.13	0.006	T
9b	〃　3	90.53	0.006	0.027	0.041	0.018	0.38	0.013	T、F

注）資料番号は図66に同じ。CuとMnの0.1％以上、NiとCoの0.0数％（錆資料は鉄対比で評価）以上の分析値には網かけし、始発原料鉱石が磁鉄鉱と推定されることを示した（註8）。No. 8は報告書〈9〉から引用したが、原報には馬鍬の歯先と記載されている。

していたが、その中の一本から小さな分析調査試料が採取・分析された。

神奈川県伊勢原市下糟谷遺跡は一五～一六世紀である。この遺跡では、城館からやや離れた地点の住居跡から九本が出土した。〈6〉幸いにして一本ずつ分離することができ、完形品の六本について計測された。結果が図65である。形状は第四章で挙げた茨城県つくば市中台遺跡出土資料に似ているが、頭部に若干の違いがある。中台遺跡資料が半円形状に平たく潰れているのに対して、下糟谷遺跡資料は胴部よりも幅広の長方形をなし、かつ厚みが薄い。出土資料にはかなりの規格性が見られるが、法量に関しては表27で見るように全長がほぼ二一～二三cm、最大厚み一・二～一・六cm、重量にはばらつきがあって資料の一点は一〇〇g弱、五点は一一四から一四〇g強となっている。また次に述べる福島県飯坂町平野明神脇石堂の資料は、全長二一・九cm、重量一三九gである。当時取引する上での単位に本数と総重量の決まりがあったとすれば、大小の棒状鉄鋌を取り混ぜて重量を調整したのではないだろうか。もともと鍛造製品の寸法をきちんと揃えられるような技術水準に達していないから、個々の鉄鋌の重量は同じでなかったはずである。

棒状鉄鋌の出土分布を示すと、図66のようになる。西日本から東北北部まで分布しており、中世の日本では全国的に流通していたことが推測される。

次に鉄鋌の組成を検討してみたい。浪岡城跡や根城跡などの城館跡、富山県南砺市梅原胡摩堂の都市遺跡や滋賀県東近江市斗西遺跡などの拠点集落跡から出土した資料一〇点につき、目立たない個所から小さく試料片を採取・分析し、さらにミクロ組織観察によって介在物組成を調べた結果を表28に示した。炭素含有量は斗西遺跡の№９bが〇・三八％と若干高めのほかは、他はいずれも〇・一％前後の軟鋼である。網かけした標識成分の分析値は、始発原料鉱石が磁鉄鉱と判定される含有量レベルにある。

資料の長手方向断面のマクロ・ミクロ組織を調べた例は、表28—№５の福島県飯坂町平野明神脇石堂の資料一点に止まっている（この資料は中世墳墓に納められた骨壺の上に置かれていたという）。頭部側約三分の一の断面マクロエッ

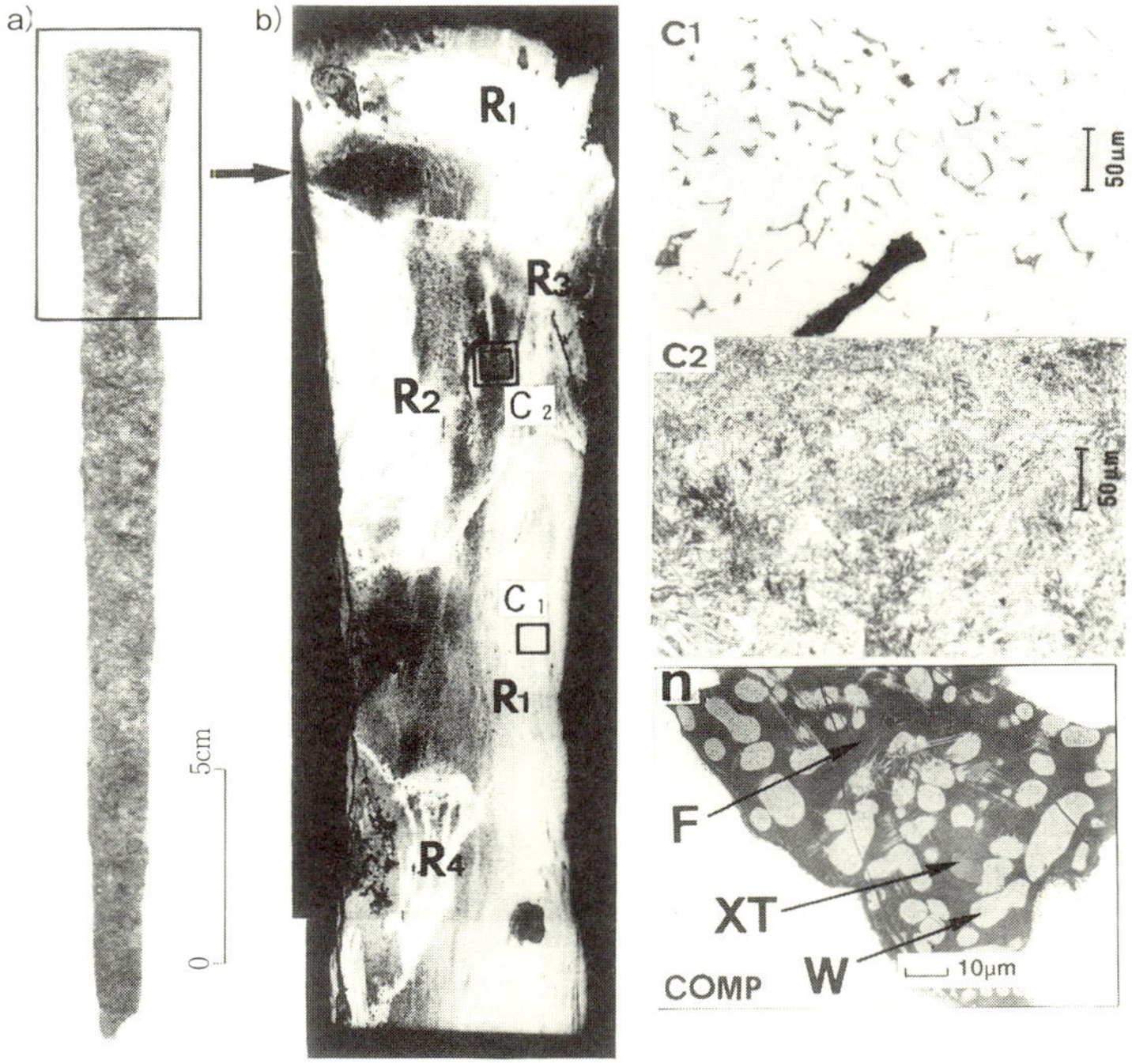

a）外観、b）断面のマクロエッチング組織、R_{1-4} は炭素量の違う小鋼塊が鍛接されたことを示す。c）ミクロエッチング組織、n）非金属介在物、W）ウスタイト、F）ファヤライト、XT）チタン化合物

図 67　棒状鉄鋌断面の組織（福島県飯坂町平野明神脇石堂）

チング組織ならびに三カ所のミクロ組織が、図67である[8]。符号Rを付した領域はそれぞれ炭素量が異なり、四個以上の小さな鋼片を鍛着したものと考えられる。ミクロエッチング組織の個所C_1は炭素量が〇・一〜〇・二％、C_2は〇・七〜〇・八％と推定される。棒状鉄鋌は炭素量分布が不均一なため、炭素の化学分析値は平均組成として評価しなければならない。鉄滓由来の介在物はウスタイト（酸化鉄）、ファヤライト（珪酸鉄）、チタン化合物から成り、量的にはかなり多い。このような不均質な軟鋼の半製品＊を受け入れた都市や城館の鍛冶工房で軟鋼製品を製作するには、おそらく折り返し鍛錬を行なって均質化したあと、造形作業に入ったであろう。

＊奈良時代に入って畿内では馬鍬の歯先が木製から鉄製に変わり、それが中近世に続くとして、棒状鉄製品を中世の鉄鋌と考えることに批判的な見解がある。これに対して著者は、当該鉄器が数本以上の場合は「まとまった」状態で出土し、材

料として不均質な軟鋼の半製品であることを説明する一方、別の論文で浪岡城跡のある東北地方北部では近世末にいたるまで馬鍬使用の民俗学的事例がないことを紹介した(9)。

(2) 荘園史料にみられる年貢鉄とその生産地

網野善彦氏はその著『日本中世の民衆像』(10)で三点の荘園史料を例に挙げ、年貢米が鉄に換算されることを指摘した。その中の備中国新見庄の史料［文永八（一二七一）年］から鉄年貢に関係のある事項を引用すると、段（田地面積の単位、現代用語では反）別に五両として、それぞれの田地に「分鉄二百七十三両」、「分鉄二百卅八両」、「分鉄二百卅両二分」のように記されている。ここでは重量が基準である。上述の「鋌」に加えて、鉄年貢の納入には重量で計る単位もあったことがわかる。これを考慮に入れて、年貢鉄が荘園内で製造されたものかどうかを検討してみたい。

新見庄について、網野氏は「この当時、最勝光院を本家とし、太政官実務を掌握している管務小槻家を領家とする荘園で、山の荘園といってよいほどに広大な山地を含み、渓谷にわずかな田畑がひらかれている」と説明している。この付近の鉄関連遺跡に関する情報は著者には不明であるが、荘園管理者が鋼生産施設を直接に経営したと想定するのは難しい。前項で説明したごとく、鋼の明確な炉遺構は山間部では主として長方形箱型炉、都市部で地床炉の形態をとっている。中世前期の炉遺構が検出された遺跡について、荘園との関連を確認したという考古学的調査報告は見あたらない。ただし荘園管理者はその経営に関係した一人であったかも知れない。荘園の生産物と鋼半製品との比較評価は、当時の流通経済の条件を反映したものではなかったかと著者は推察する。

鉄を貢進するのは、山陽・山陰地方にとどまらず西日本で広く行なわれていたのではないかと思われる。時代は下るが、表29に九州の国東半島にある大分県夷村（現、豊後高田市）の永禄六（一五六三）年の史料を引用した。未納になっていた鉄を納入するので受け取っていただきたい、という内容である。国東半島は中世寺院が栄えたことでよく知られ、また小規模な鉄関連炉遺構も多数発掘されているという。もしも中世末に遡る確実な炉遺構を集落跡で検出

表29　豊後国夷村の年貢鉄の納入記録

大分県国東半島の夷村
「えびすの御れいしんミしんのうち、きりかね廿く、
（夷）　（御例進）（未進）　（切り金二〇荷）
うけとり候へく候」
えい六　三年四月廿二日　しきふきょう
（永禄）　　　　　　　　くまさと　とのへ

（注）飯沼賢司「余瀬文書」『大分県史』より

したのであれば、村落単位で鉄で納めていたことも想定できる。ここで著者の興味を引くのは、「切り金二〇荷」の記述である。「切り金」というからには、板状の軟鋼を裁断したものと思われる。形状が定まった棒状鉄鋌ではなく、それと違うのかも知れない。今後の研究によって対応する出土遺物が確認されることに期待したい。

表29の中の「二〇荷」は、運搬される荷の単位重量に規定があったことを示唆している。これに関しては、一五世紀中頃の瀬戸内海上交易の一端を示す『兵庫北関入船納帳』から、今谷明氏が鉄関連事項記事を抜粋・作成した表30がある。ここで「金」は鉄を意味しており、その積載量の単位は「駄」になっている。一件だ

表30　兵庫北関入船納帳における鉄関係記事（今谷明氏による）

日付	船籍地	積載物資・数量	関税額・納入月日など
四月十七日	尾道	カネ廿駄 米百五十石 備後八十石 マメ五十石 筵二十枚	五百文金公事（注一）七月廿八日 相国寺領過所（注二） 河南河北年貢
六月七日	尾道	備後二百六十五石 金廿駄	塩一石上（のぼる）、代六百文 ノコル一貫三百文 六月十七日
六月廿日	郡	銕拾貫文	百五十文　同日
九月十三日	尾道	備後二百廿石 金十駄	一貫四百文 十月五日
	瀬戸田	備後三百八十五石　金廿駄	二貫四百文 九月廿六日
九月廿日	尾道	備後四百卅五石 金廿駄	二貫六百文 十月五日
	尾道	備後三百八十五石　金十五駄	一貫七百四十五文 十月五日
	尾道	備後二百七十石 金十五駄	一貫七百文 十月五日
十一月二日	瀬戸田	備後三百十石 金十五駄	一貫九百文 同十四日
	瀬戸田	備後四百四十石 金廿駄	二貫五百四十五文 十一月十一日

（注）一　金公事は銕に課せられた税金のこと
　　　二　過所は税金免除の意味

け「銕拾貫文」（銕は鉄の古語）という重量記載の事項があるに過ぎない。多くは荷駄の形で運ばれたとみられる。

ところで上述の新見庄史料には「二段　三斗代　鍛冶給」とあって、鍛冶職に対して米が支給されている。これが荘園に定住した鍛冶職人に対する給付かどうかは疑問である。炉遺構の全国的な検出状況からいって、荘園で鋼の精錬に始まる鍛冶活動が継続して行なわれたとは考え難い。この時代の鍛冶職人が農鍛冶として荘園に定住していた証拠は見当たらないためである。都市部に居住する鍛冶職人は、荘園から直接・間接の要請があったときに道具と材料を携えて荘園まで出向くか、あるいは広く全国を渡り歩いたとされる「鋳物師」に同行して、荘園内で鉄製の農具や日常用具を修理・製作したのではないだろうか。

網野氏はまた上記の著書で「(平民百姓の中の)絹、布、紙、合子、鉄、塩などの手工業生産物や牛、馬などを年貢として負担していた人たちも、主な生業は製鉄、製塩、製紙などであり、農業はむしろ副業であった。」とも述べている。しかし中世の鉄生産は銑鉄を処理して鋼（一部は刃金鋼）を製造する精錬であり、その操業が荘園に直接関わりがあったかどうかの考古学的な裏付け、すなわち鋼精錬遺構が確認されていない。同氏には史料中の「鉄」を砂鉄製鉄の産物とする誤った認識があったため、荘園内の非農業民による鉄生産という見解が生まれたのかも知れない。荘園の年貢米が鉄で換算された理由について、現在の鋼精錬遺構と遺物に関する考古学・金属学的知識からいえば、他の基礎物資と同様に当時の流通経済に求めることが必要と思われる。

三　都市・集落・城館における鍛冶の性格

前節で述べたように、山間部で検出される大型の炉遺構は銑鉄を精錬した炉跡である。製造した軟鋼は別の場所に移され、鉄鋌の形状に加工されたものと思われる。

それでは鉄鋌が流通する中で、都市・集落・城館における鍛冶操業はどんな性格であったろうか。これらの地での

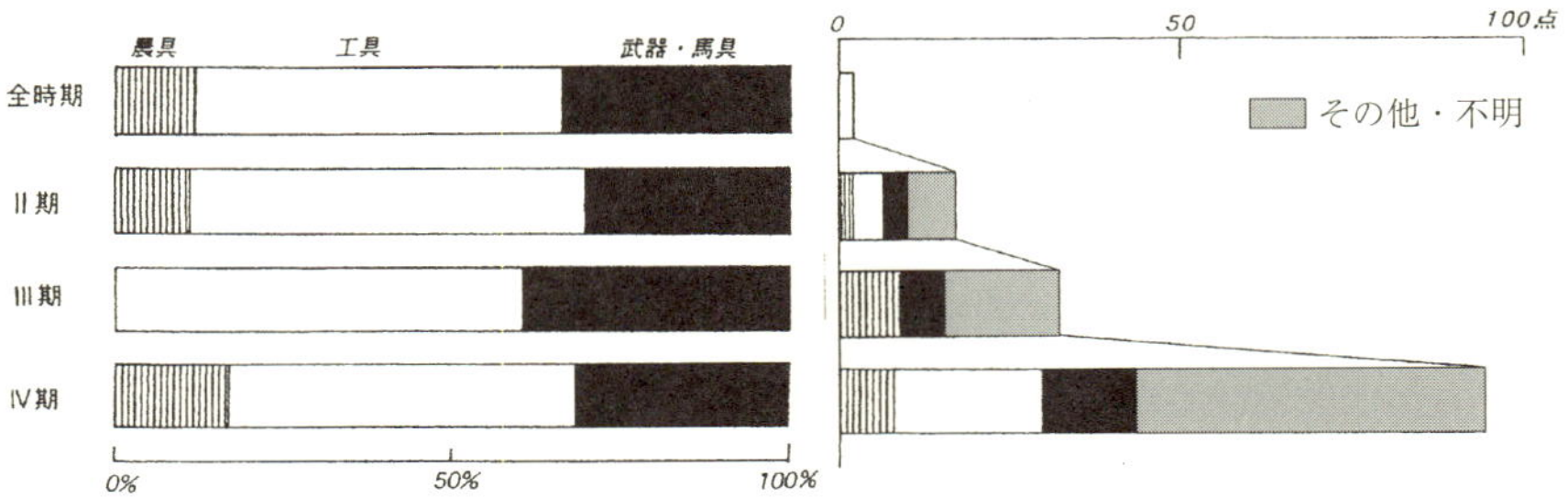

Ⅰ期 7C 末〜 8C ／Ⅱ期 9C ／Ⅲ期 10 〜 11C 初頭／Ⅳ期 11C 中葉〜 12C 前半

図 68　平安末の荘園跡から出土した鉄器の器種構成（長野県塩尻市吉田川西遺跡）
（松崎元樹氏による）

表 31　長野県塩尻市吉田川西遺跡出土鉄関連遺物の化学組成

No.	遺物資料	化学成分（%）				
		C	Cu	P	Si	Ti
1	板状鋳鉄片	2.57	0.006	0.278	0.23	0.006
2	鋼未成品	—	0.012	0.201	0.01	0.005
3	刀子	—	0.019	0.078	0.27	0.017
4	刀子	—	0.58	0.246	0.32	0.018

注）遺跡第Ⅳ期。網かけした分析値から始発原料鉱石は磁鉄鉱と推定される。

精錬操業は、当然刃金鋼の製造を第一の目的としたに違いない。しかし十分な数の鉄鋌が得られない場合には、同じ地床炉を使って低炭素の軟鋼を製造したのではないかと著者は推測する。炉遺構を小鍛冶の跡と主張する研究者もいるが、小鍛冶操業での鉄滓発生量は少なく、しかも多孔質で脆いため外形を留め難いといわれ（現代刀工による）、緻密な鉄滓として残るとは考え難い。またしばしば証拠に挙げられる〝鍛造剥片〟も分類名称とは組成が違って、実際は精錬工程の産物である。何よりも椀形滓の出土が、小鍛冶ではなく鋼精錬が行なわれたことの証拠になる。以下、発掘調査に合わせて鉄関連出土遺物が分析された例について説明する。

(1)　中世前期の荘園と拠点集落における鍛冶遺跡の例

本項の見出しに中世前期としたが、史学の分野で中世の開始年代について諸説があるようなので、ここでは地方の一一〜一二世紀代の荘園と集落につき、遺物の金属学的解析が合わせ行なわれた二例を挙げることにしたい。

長野県塩尻市吉田川西遺跡は、九世紀半ばから一一世紀代にかけて成長・発展した集落である。[7] 遺跡第Ⅳ期（一一世紀中葉〜一二世紀前半）に大型建物遺構が検出され、近くから多量の食膳具も出土した。在地領主層の館があったと考えられている。隣接する竪穴住居跡では鍛冶関連遺構と遺物が見つかった。出土鉄製品の器種別構成を図68に示す。(11)刀子・鉄鏃などが遺跡第Ⅳ期にピークを迎える。この時期の鉄器の急激な増加が武器生産にあるという通説に対し、最近では鉄鏃の構成をもとにして「征矢鏃のまとまりがなく、野矢鏃が多い傾向は、……狩猟についての考察を求めている」とする指摘がなされている。(12)なお第Ⅲ期の馬具三点からは、馬牧との関係も推測される。ほかにこの地方に特有の鉄鐸が、六点出土している。

鉄関連遺物はⅣ期の四点が分析されたが、重要なのは表面が若干錆びた未使用の板状鋳鉄片である。表31—№1に引用したように炭素含有量は二・五七％である。また燐の〇・二七八％は始発原料鉱石が磁鉄鉱の可能性の高いことを表わし、№2の鋼未成品も同様である。ほかに椀形滓の破片三点は、いずれも鋼の精錬滓と判定された。この遺跡では、鋼の精錬に始まって小型の鉄器を製作する、一連の鍛冶作業が行なわれたと考えられる。

神奈川県横浜市西ケ谷遺跡は多摩丘陵の東端に位置し、低丘陵の斜面を開いて造られた比較的小さな集落跡である。(13)一〇～一二世紀の間継続したが、近隣の集落とどのような社会的組織で結ばれていたかは不明である。遺跡では四基の地床炉式鍛冶遺構が検出された。時期は一一世紀後半から一二世紀代とみられる。炉跡の近くからは板状鋳鉄片・鉄塊系遺物・椀形滓などが出土し、鋼精錬の操業が行なわれたことを示す。鉄製品としては刀子・鉄鏃のほか、大鎧小札の製品・未成品と鉄錐が見つかった。鉄錐は鉄製小札の穴あけに使用するものである。大鎧小札の製作が関東地方で確認されたのは、この遺跡がもっとも古い。本遺跡は武器製作を主体にした集落と考えられている。なお、板状鋳鉄片の燐分析値は〇・一九七％、コバルトは〇・〇二六％であり、始発原料鉱石は磁鉄鉱の可能性が高い。

この項で挙げたのは二例にすぎないが、律令体制が衰退したあとの地方の荘園や拠点集落で武器製作の割合が増加する傾向は、他の遺跡でもよくみられる。

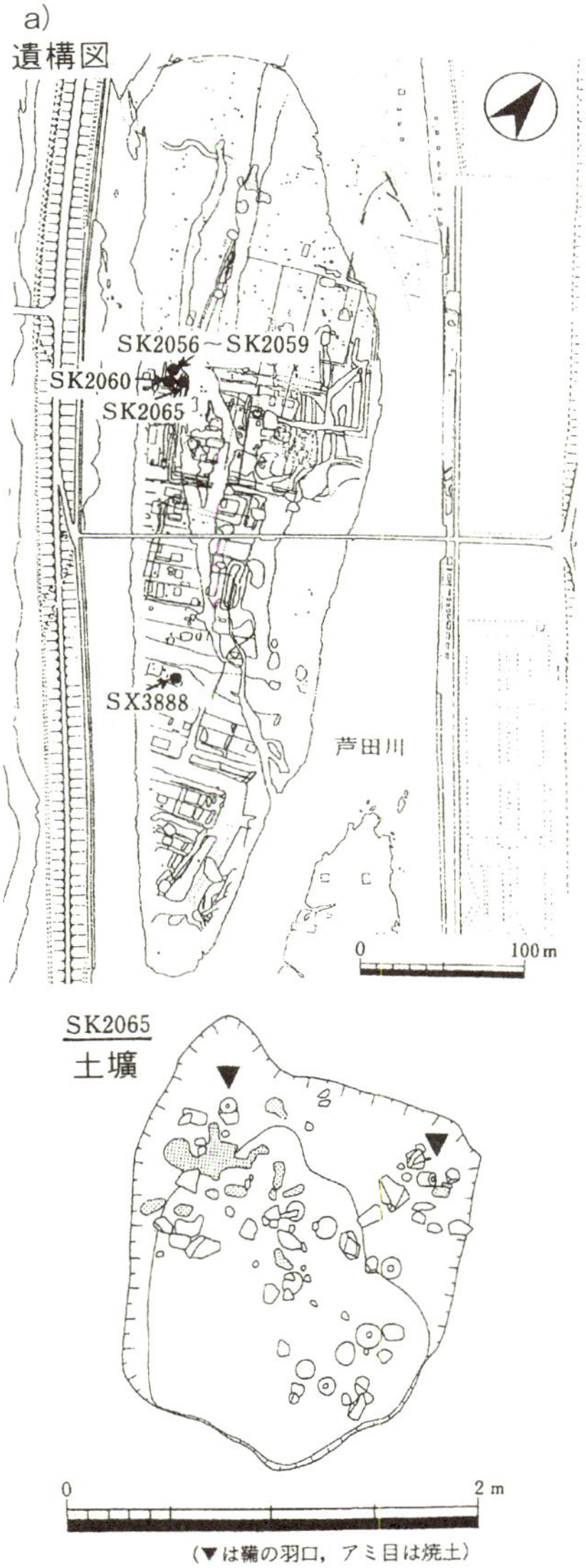

注）鉄滓は炉跡以外に遺跡全体で 1850 点、うち約 500 点が椀形滓である。

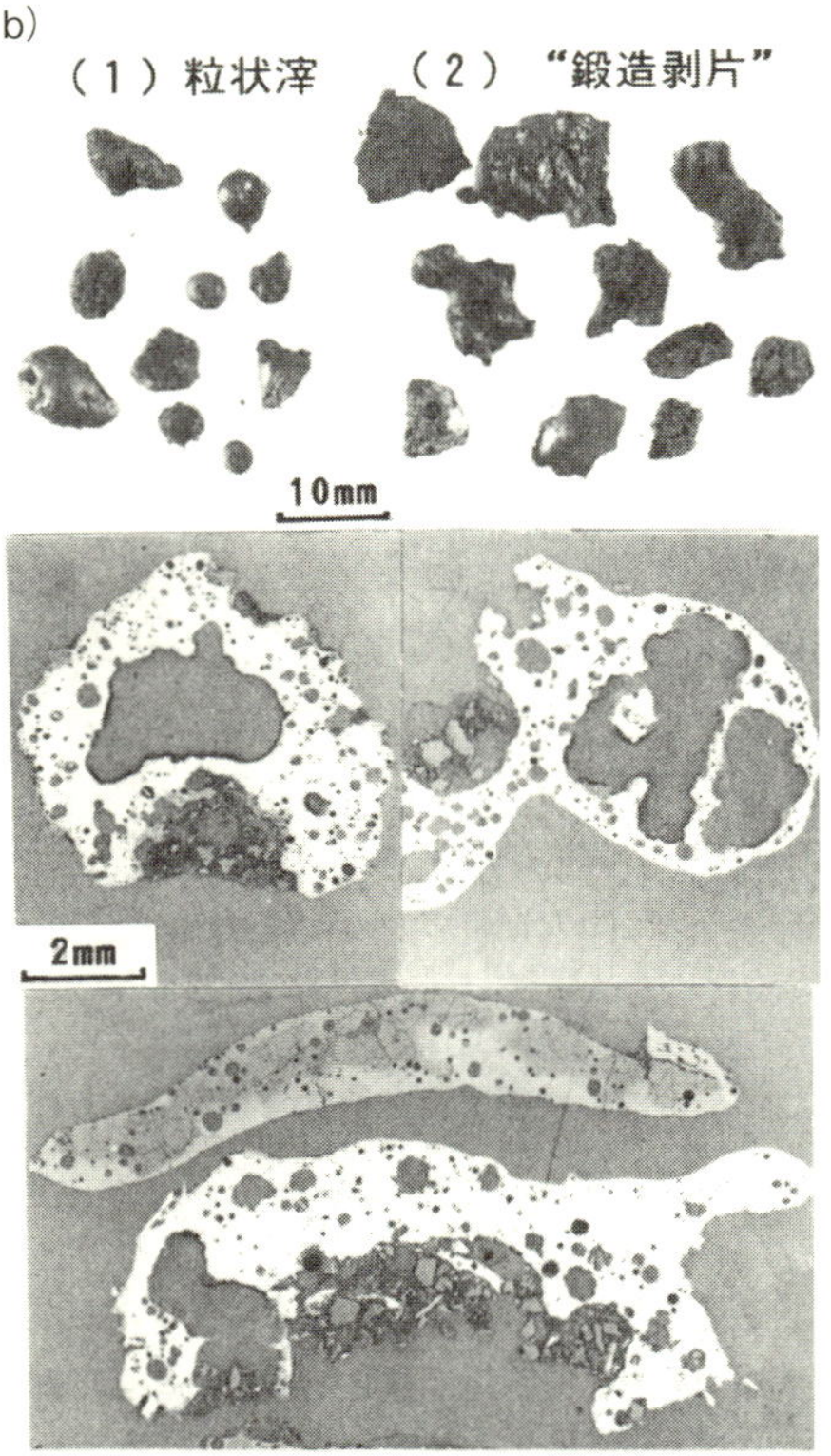

注）粒状滓はガスに伴って炉口から排出された鉄滓、"鍛造剥片" は鋼塊表面に生成した酸化鉄に富む付着物である。

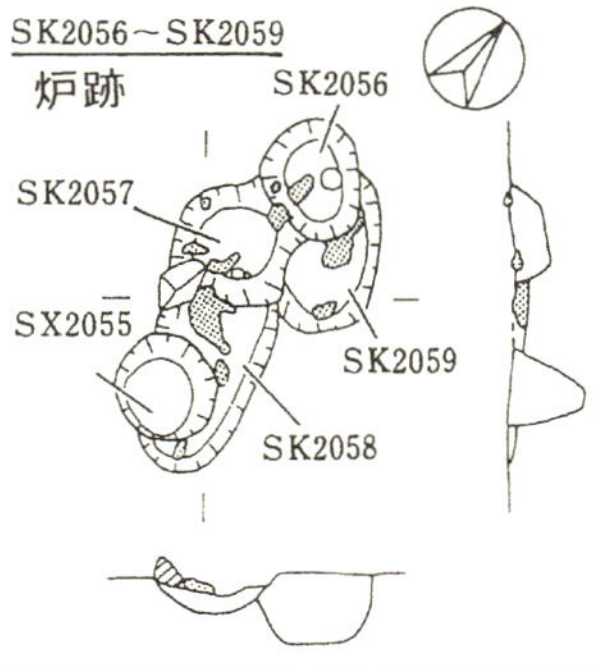

図 69　草戸千軒町遺跡の鍛冶遺構と出土粒状滓類の断面組織（広島県福山市）

(2) 中世の都市・集落遺跡の鍛冶遺構と出土遺物

中世の都市遺跡として一般に知られているのが、広島県福山市草戸千軒町遺跡である。芦田川河口の大きな中州に広がった遺跡で、一三世紀中頃後半には定期市が立ち（Ⅰ期）、その後次第に港町になり、一四世紀初めから中頃にかけて大きく発展した（Ⅱ期）[14]。一六世紀始め頃から村落化するが、その理由は建物と貿易の機能が城下町に移転したためと考えられている。Ⅱ期後半の遺構面では、ほぼ全体に多数の鉄滓（一、八五〇点）の分散状況が見られる。おそらく整地が繰り返される中で、廃棄した鉄滓の分布が拡がったのであろう。地床炉の遺構と炉跡の周囲から回収された粒状滓（一部）の外観を図69に示した。粒状滓は鋼の精錬が行なわれたことの証拠である。なお、棒状鉄鋌（報告書では鏨状鉄製品と分類）も一点見つかっている。鋼製鉄器の製作が行なわれたことは確かで、刀剣を製作する途中段階の梃子金が出土していることは一つの証拠である。

草戸千軒町遺跡の各時期の都市復元モデルを、遺構図にもとづいて宇野隆夫氏が作成している[15]。それによれば「寺的空間」と管理屋敷に隣接して「鍛冶」、また溝を挟んでもう一つを「鍛冶」と記しており、これらの地点で鉄関連の鍛冶を行なったことを推測させる。おそらく前者が小鍛冶、後者は鋼精錬の実施場所であろう。こうした鍛冶工房の配置が他の都市や集落にも共通しているかどうか、次の遺跡で検討してみる。

宮城県仙台市王の壇遺跡は名取川支流の川岸近くに位置し、中世の建物遺構が多数検出された[8]。出土遺物には国内各地と輸入の陶磁などが多数含まれ、交易活動の広さを示している。中世の遺跡は三期に分けられ、一期は奥州藤原氏後半段階（一二世紀後半）、二期は名取郡地頭和田氏・三浦氏（一二世紀末〜一三世紀中葉）の郡地頭の代官屋敷跡、三期は名取郡地頭北条氏段階（一三世紀中葉〜一四世紀前半）の名取郡「北方」の郡政所クラスの屋敷跡と想定されている。

Ⅱ期の遺構面では小刀・刀子・鉄釘などが見いだされ、土壙から鉄塊系遺物・椀形滓・羽口などの遺物がまとまって出土し、また竪穴建物跡の一つから板状の鋳鉄半製品が検出された。炉の遺構は確認されなかったが、土壙近くの

表32　宮城県仙台市王の壇遺跡出土鉄関連遺物の化学組成

No.	遺物資料	化学成分（%）						鉄対比（%）	
		T.Fe	M.Fe	Cu	P	Ni	Co	Ni	Co
1	板状鋳鉄片	52.7	0.56	0.014	0.31	0.012	0.019	0.023	0.036
2	鉄塊系遺物	48.0	0.55	0.015	0.20	0.020	0.020	0.042	0.042

注）網かけした数値から始発原料鉱石は磁鉄鉱と推定される。

工房で鋼の精錬が行なわれたのは間違いない。製造した鋼からは、鍛造（小鍛冶）によって小型の鉄器（小刀は別として）が製作されたことが推測される。さらに銅の溶解・鋳造に係わる溶解炉壁片や銅滓が検出されたので、この地点は明らかに鉄・銅の鍛冶に関係した区域である。建物遺構の配置と鍛冶区域の関係は、草戸千軒町遺跡のⅡ期に共通するように思われる。鉄塊系遺物は内部に銑鉄の組織を残しており、また椀形滓は鋼精錬滓に共通の組成を示した。板状鋳鉄片と鉄塊系遺物の分析結果を表32に引用したが、燐分析値とニッケルならびにコバルトの鉄対比から始発の原料鉱石は磁鉄鉱と推定される。ほかに時期を決定できない板状鋳鉄と鉄塊系遺物の二点について、前者のコバルト分析値は〇・三五％、後者のクロムは〇・二一％であった。本遺跡で使用されていた原料銑鉄は、やはり列島外からの輸入品と考えられる。

第三の例は富山県南砺市梅原胡摩堂遺跡である。宇野隆夫氏はこれを中世の集住集落の典型的な例の一つとして挙げ、「平野部における溝区画をもつ方半町以下の規模の方形屋敷の集合」と特徴づけている。本遺跡の場合は、一二世紀中頃から一八世紀の間継続・発展した。鉄関連遺物が多数出土し、椀形滓などの鉄滓類は各時期の遺構面に広く分布している[9]。鍛冶工房は特定の個所に配置されなかったとみられる。この点で草戸千軒町遺跡とは違うのかも知れない。ここで棒状鉄鋌が検出されたことは重要である。報告書には「馬鍬」と記載されているが、前述のように著者はこれを棒状鉄鋌と考える。ほかに分析された鉄器の中で年代が確かな刀子と鋤先（一六～一七世紀代）の化学組成を調べてみると、マンガン（Mn）含有量は〇・九一、〇・〇八％と高く、棒状鉄鋌と同様のレベルにあることがわかった。棒状鉄鋌を原材料に鉄器を製作した可能性がある。

椀形滓（一部は破片）の一二点（一二世紀中頃～一六世紀）が分析されているが、鉄滓の成分組成はかなり狭い範囲に収まっており、精錬操業技術は長期間安定していたとみられる。鉄滓はいずれ

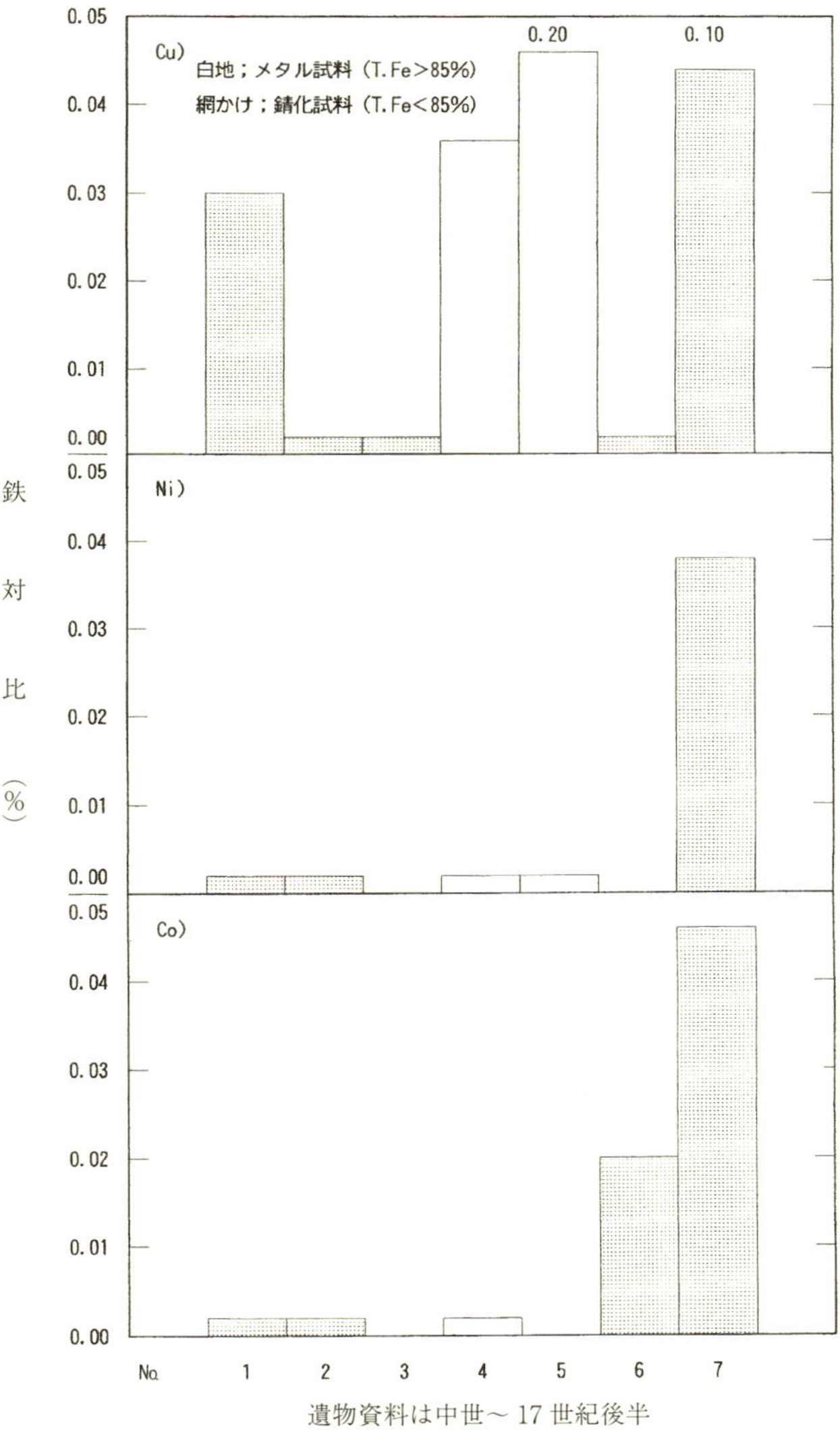

図70　中世の拠点集落遺跡から出土した鉄塊系遺物中の標識成分鉄対比（千葉県香取市神門房下遺跡）

も酸化チタンが一%以下であり、鋼の精錬工程で極低チタン砂鉄を使用したことが推定される。

最後に千葉県香取市神門《ごうど》房下《ぼうした》遺跡C地点の発掘調査の例を挙げたい。本遺跡は鹿島川と高崎川が合流する地点に近い低丘陵の台地上にあり、比較的狭い区域（二、六〇〇㎡）に限定された発掘調査である。中世の建物遺構群が検出され、台地全体の状況は不明であるものの、調査者はこれを「中小の名主あるいは有力作人層の屋敷跡」と想定している。鉄滓類は遺構面の全体に拡がっていたが、年代の指標になる輸入陶磁と一緒に土壙から出土した鉄関連遺物を分析した結果、鋼の精錬に始まり小鍛冶へと続く一連の鍛冶活動のあったことが確かめられた(10)。小集落が存続した一二世紀後半から一五世紀中葉の間、おそらく断続的に行なわれたものと思われる。屋敷跡が上述の性格をもつとすれば、こうした小集落にも鍛冶職人が訪れ、鉄製の農具や日用品の製作・修理を行なったことになるであろう。しかし、もしも台地上に大きな集落が拡がっていて、当該の屋敷を含む小集落がその一部を構成していたにすぎない場合は、ここは大集落の鍛冶区域であった可能性も出てくる。今後は同様の小規模集落の調査結果を収集し、総合的に検討することが必要であろう。

分析した中世の鉄製品の一点(灯明皿と推定)はコバルト含有量が高く、また中世～一七世紀後半とされる包含層から出土した鉄塊系遺物七点中の四点は、銅・ニッケル・コバルトの中の少なくとも一成分が、磁鉄鉱と判定されるレベルを越えていた。これを図70に示す。使用された銑鉄は国内砂鉄を原料にした半製品ではなく、やはり輸入品と考えるざるを得ない。なお一二世紀後半～一五世紀中葉の四つの土壙から出土した椀形滓五点の分析結果では、スラグ成分の組成比にかなりの変動が見られた。これは上述の〝鍛冶活動の断続性〟という推測に矛盾しない。

(3) 中世城館跡と城下町跡にみる鍛冶活動の性格

城館跡からは鉄滓・羽口を主にして鉄釘や棒状鉄鋌、銅の溶解炉壁片などの遺物が出土することで知られている。すでに著者はいくつかの城館跡から出土した鉄・銅関連遺物を金属学的に解析して、城館内で鋼精錬と鍛造、小規模な銅の溶解と鋳造が行なわれたことを報告した(16)。

一方、中世城館跡の考古学的調査研究を行なった小都隆氏は、山陽・山陰地方を中心に合計一五の城・館・砦・陣屋敷跡の鍛冶遺構について時期・鍛冶の種類・城館との関係を総合的に検討し、鍛冶の操業時期は「城館跡で鍛冶遺構が見られるのは一四世紀以降で、一三世紀以前のものは現在のところ見られない」、「四遺跡では釘の多量出土」があり、また「城郭の建設時よりも廃止後の跡地を利用した操業が多い」と研究結果を要約している(17)。以下、他の調査例も加えて比較・考察する。

（一）　広島県北広島町吉川元春館跡は元春が隠居後に建てた館で、一六世紀第4四半期の主要な建物遺構に重複して鍛冶炉跡が検出された。調査者は鋼を製造して館の建築に必要な鉄釘や鎹などを製作したと考えている。ところが館跡の背後で近世の大鍛冶に相当する施設と思われる遺構が見つかり、炉跡からは鉄滓と〝鍛造剥片〟（考古学的分類用語で遺物の発生原因を正確に表現するものではない）が出土し、また館の礎石を鍛冶の台石に転用したことがわかった。そのほか関連の施設では鉄滓や鉄製品が検出され、小都氏はこうした状況を総合的に判断して「……一六世紀末の館の廃絶後、館およびその周辺の数カ所で鍛冶が行われた可能性がある」と述べている。なお、大きな鉄釘様遺物の出土が報告されているが、前述の棒状鉄鋌と形状・寸法がほとんど同じである。

鉄釘については吉川元春館跡で七六三本、小倉山城跡（同県北広島町、一五世紀〜一六世紀前半、鍛冶操業は城郭の使用中ならびに廃絶後）からは一、五〇〇本という多数の出土を見ている。同時に鉄滓の出土量が多い。鉄釘は鎹とともに建築・土木建設工事の基礎資材であるが、戦時には軍事資材にもなる。そうした必要があって、銑鉄を処理し大量の鋼を製造したのではなかろうか。

（二）　愛知県名古屋市名古屋城三の丸遺跡の発掘調査では、一六世紀前半の堀などから少数の鉄滓が出土した。その中の椀形滓の破片を分析して、スラグ成分の組成比から鋼精錬滓と判定された。〈11〉名古屋城が築かれる以前、比較的大きな建物（方形居館のような）を建築する際に、釘・鎹などを製作するための鋼を製造したと考えられる。

同じように宮城県仙台市北目城跡でも、数十個の鉄滓が堀跡から出土した。椀形滓が分析され、鋼精錬滓と判定された。〈12〉この城は伊達政宗が仙台城に移転する前に居住しており、築城時に発生した鉄滓を堀に投棄したとみられる。

（三）　北九州市小倉城跡では、中世の第三層から多量の鉄滓が出土した。これは永禄一二（一五六九）年に城郭を建設する際、紫川河畔の泥炭地を埋めて石垣を築く基礎工事に利用したと推測されている。〈18〉椀形滓の化学分析値は、いずれも極低チタン砂鉄を使用したときの鋼精錬滓の一般的な組成を示す。〈13〉鉄滓は築城以前のものなので、この区域ではすでに鋼の精錬を含む活発な鍛冶活動が行なわれていたことになる。隣接する室町遺跡は小倉鋳物師が関与した鋳造遺跡といわれ、両遺跡を合わせると鉄と銅の鋳造ならびに鋼の精錬に携わった鋳物師の活動が浮かび上がってくる。このような性格は前述の埼玉県金平遺跡（本章一節参照）にも共通する。

（四）九州地方の他地域においても、中世城館跡で地床炉遺構を検出した例が報告されている。その中で重要と思われるのは鹿児島県大崎町金丸城跡の鍛冶遺構である。〈14〉遺跡は志布志湾に注ぐ田原川を河口から数km遡った河岸段丘に位置する。延文四（一三五九）年に落城したが、城跡の中世末～近世初頭と推定される地層で炉の三基ならびに六基を単位とする鍛冶遺構群が検出された。ここで六基の配置を詳しく調べると、三基ずつ近接して二カ所に構築されているように見受けられる。そうすると遺構群は合計五つになり、遺跡での操業はかなり長期にわたった可能性もある。鉄関連出土遺物としては、①鋳化が若干進んだ板状ならびに塊状（断面は円形に近いので元は棒状か）の鋳鉄半製品、②椀形滓、③大型釘と報告されている。板状・棒状の鋳鉄半製品は中国大陸で古くから製造されていたものである（図22参照）。また報告書の計測図によると、「大型釘」は前述の棒状鉄鋌とほぼ同一の形状・寸法を示す。遺構と遺物の評価が改められるならば、本遺跡は廃城後の跡地を利用して輸入の銑鉄を地床炉で処理し、製造した鋼は国内流通品の棒状鉄鋌に加工したことを表わす貴重な例になるであろう。

（五）青森県八戸市根城跡の調査から、一七世紀初めの段階で城下町は未形成であったと考えられている。本丸地区の地床炉遺構は一二世紀～一五世紀初頭なので、根城以前の城郭を建築する際の建築資材製造を目的にしたものであろう。一六世紀代には棒状鉄鋌が出土し、また竪穴遺構内に焼土面が検出されたので、小鍛冶の操業が行なわれた可能性もある。一五世紀後葉以降一七世紀前葉の東構《ひがしがまえ》地区で、銅関連の鋳型、溶解炉壁片、溶解途中の青銅銭などの遺物が多数出土したことは重要である。銅細工の機能は城内に保存されたままであり、城下町の未形成に関係があると思われる。〈19〉

（六）宮城県仙台市養種園遺跡は、初代藩主伊達政宗の居館であった若林城の町域に含まれる。遺跡は一三～一四世紀を主体とする地層の上に一五世紀末頃～一七世紀初頭の遺構群があり、後者は堀で区画して一定の敷地を確保された建物があるⅠ区と、整地層を伴って多数の掘立柱建物跡や鍛冶工房跡・竪穴式建物・区画塀・墓・土壙・溝などが検出されたⅡ区から成る。「両区ともに都市的な町並みを形成しているようだ」と説明されている。[20] 鍛冶工房跡から出土した鉄塊系遺物・椀形滓・粒状滓を分析した結果、銑鉄を処理して鋼にする過程で生成したことが確かめられた。戦国時代の城下町に定住した鍛冶職人の、初期の操業のあり方を示すものといえる。なお、鉄塊系遺物中のニッケルの鉄対比は〇・四一％と高く、使用された銑鉄はやはり磁鉄鉱を始発原料にした輸入品であり、国内の砂鉄製鉄によるものではない。

（七）すでに城下町のあった福井県福井市一乗谷朝倉氏遺跡（一五七三年落城）では、武家屋敷区画内の住居跡から鍛冶炉遺構が検出されている。この遺構に関しては、「炉跡は直径五〇cm、深さ一〇cmほどの皿状のくぼみで、中央部が黒く焼き締まっていた。」「炉跡の外側に接するように直径九cmの羽口と……、そのほかに大小二個の羽口、粒状や不定形の鉄滓が出土した。炉跡の三m西に掘立柱建物があって、工房と思われる」と述べられている。[21] 鉄滓は分析されていないが、炉跡の形状や羽口の寸法、写真で見られる鉄滓の表面状態、さらに鋳型が出土しないことなどを勘案すると、鉄の鋳造遺構とはいえず、やはり鋼精錬工程の一連の遺物ではないかと推測される。また、工房近くの建物跡からは長さ四五cm、厚さ一・五cm、重さ二kgほどの「三日月形」の銑鉄半製品が出土したが、これは従来の報告にない形状のもので、以後も国内で見つかっていないし、生産の記録もない。分析の結果、燐を〇・二四％含有することがわかった。磁鉄鉱を始発原料鉱石とする製鉄の産物であり、やはり輸入品としか考えられない。なお、本遺跡で検出された火縄銃の銃弾に使われている鉛が国産でないことも、考慮する必要があろう。

こうして戦国時代の城下町に集められた鉄鍛冶は、工房内に設けられた地床炉*を使って銑鉄（おそらく輸入の）を精錬した鋼ならびに流通品の鉄鋌を鍛造加工し、鋼製品を製作するという一連の操業を行なっていたことはほぼ間違いない。

＊地床炉方式による鋼の小規模精錬の後に、鉄器製作すなわち小鍛冶へと進むのは当然のことである。もしも小鍛冶の炉遺構を確認したのでなければ、鍛冶の種類はとくに挙げる項目でないと考える。

四　日本刀と火縄銃の材料鉄

(1)　日本刀の地金

①　現代刀工が追求する中世日本刀の美

北宋の皇帝に平清盛が二口の日本刀を贈ったことが記録にあり、銀装螺鈿巻きの太刀とされている。美術工芸品としての日本刀の美は中国の詩人にも謳われ、例えば一一世紀の詩人欧陽修は詩の一部に次のような句を詠み込んでいる。

「……宝刀近ごろ出づ日本国、越賈之を得たり滄海の東、魚皮装貼す香木の鞘、黄白間雑す鍮と銅と、……」

現代の刀工が再現を目指すのは鎌倉・室町時代の古刀で、とくに前者が究極の目標といわれる。人間国宝であった故隅谷正峯氏は、長年の刀剣製作の経験から鎌倉期のものに日本刀の美がもっともよく表現されていて、これを再現するためには製作技術だけでは不可能であり、どうしても良質の鉄素材が必要であると考えていた。しかし、現代のたたら炉で製造した鋼（玉鋼の名称がある）がそれに適しているとは言い難く、試行錯誤の中から得た結論は「銑からの出発」であると述べている[22]。今日では、多くの刀工が砂鉄あるいは鉄鉱石を木炭で還元して銑をつくり、その銑を脱炭処理して鋼に変え、作刀の材料に使うようになっている。

同氏がこの結論に到達したのは製作の経験だけによるものではない。江戸後期の刀工、水心子正秀の著書『剣工秘伝志』から示唆されたところが大きかったという。関係の個所を引用すると、「故に往古より応永のころまでの刀鍛冶は、皆自ら銑を製して鋼となし、刀剣に造りたることなれ共、近世に至りては聞伝へる人だに稀にして、その製法

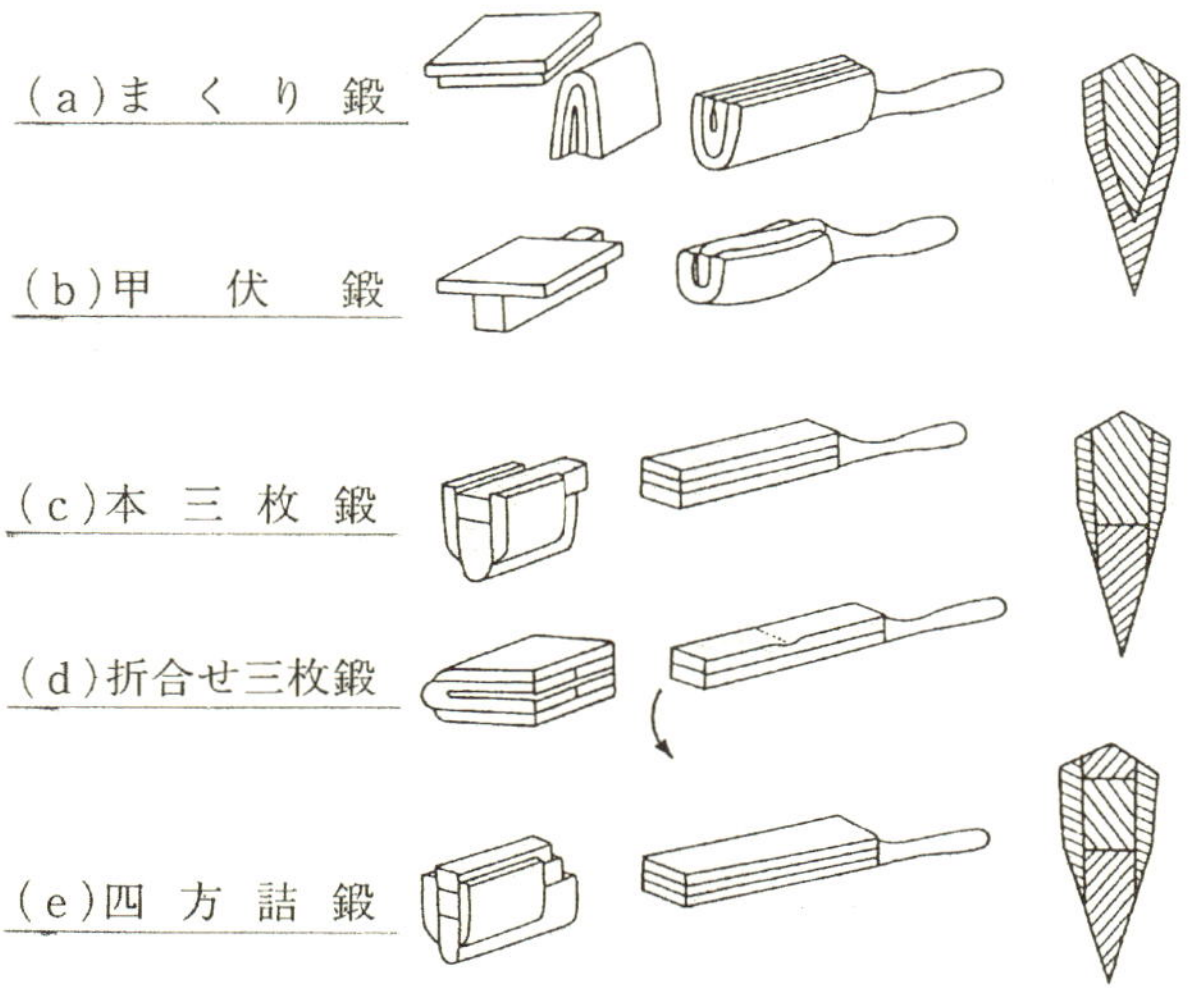

図71　日本刀の基本製作法の模式図（谷村熙氏による）

を知りたる人は猶以て稀なり」とあって、いわゆる古刀が製作された時代には自分で銑を精錬して鋼をつくっていた。その内容を別の個所では「往昔は銑ばかりなり。……これを鋳刀という。」と簡潔に記している。「自ら銑を製して鋼となし」は、現代的には「銑を処理して鋼にした」と解釈することもできる。しかし江戸後期には銑と軟鋼（心金あるいは皮金として使用）の双方が広域的に流通していたから、刃金鋼の製造を主たる目的にして脱炭処理を行なったのではないかと著者は考える。

鎌倉・室町時代の日本刀を切断して化学分析した結果では、輸入の銑鉄を処理した鋼の使用を確認できたのは一例にすぎない。しかし前述の大分県中津市深水邸遺跡から出土した直刀・小刀ならびに呑口式刀子（調査担当者は刀子を畿内での製作と推定）の三点は、銅分析値の高さから原料の銑鉄は輸入品と判定された。こうして刃金鋼はもちろん、軟鋼を製造する場合にも銑から出発したのであれば、日本刀の地金は間接的な輸入品といわざるを得ない。

「日本刀」は明治後期以降の用語であり、それ以前は太刀と刀（さらに古くは太知と加太奈）であった。本節では日本刀の呼称を用いることにしたい。日本刀の各部名称と鑑賞の重要な一つの対象になる刃紋・地肌について知りたい場合は、刀剣の専門書に当たっていただきたい。

②　日本刀の大量生産の技術

美術工芸品として鑑賞の対象になる刀はもともと出来がよいために、最初から神社への奉納品、あるいは高級武士

表33　中世の日本刀8口の製作法

No.	銘	時　期	種類	鍛法の推定（報告者）	鍛法の別見解
1	了戒	永仁年間、13～14 C	太刀	四方詰（俵）	本三枚造り
2	政光	永徳2（1382）年	刀	記述なし（高橋ら）	まくり鍛え
3	無銘	室町時代と推定	太刀	甲伏せ鍛え（佐々木）	
4	祐定	天正年間か	刀	丸鍛え（俵）	
5	無銘	戦国期末と推定	脇差	刃金鋼主体の丸鍛え（佐々木）	
6	無銘	室町期と推定	脇差	逆甲伏せ鍛え（星・佐々木）	
7	祐定	江戸初期	太刀	まくり鍛え（佐々木）	
8	藤原秀辰	同	太刀	甲伏せ鍛え（星・佐々木）	

注）No. 4の“祐定”は偽銘とされる。No. 6は薙刀の元を詰めたもの。俵は俵国一、高橋は高橋恒夫、星は星英夫、佐々木は著者。

No. 1の鍛法については、まくり鍛えの刃部に刃金鋼を割り込ませたとする見方がある。No. 3、7も刃金鋼割り込みの可能性が考えられる。

の所蔵品や贈答用として扱われ、実際に使用することなく伝世されたものとみられている。いわゆる名刀は鎌倉期のものに多い。刀剣関係者からは、「日本刀は（甲冑とともに）武士のおしゃれ」いう見解をしばしば聞くことがある。鎌倉武士の好みが優れた日本刀の製作を引き出したのかも知れない。大和・山城・相州・備前・美濃（いずれも伝を付す）の各鍛冶に伝わる古来の製作法は、江戸時代に入って「五ケ伝」と総称されるようになった。* 基本的な方法を示したのが図71である。しかし各流派がそれぞれ家伝の方法を厳守して日本刀を製作したとはいえない。現代の刀工によれば、実際の製作では途中で手法をいろいろ変えたり、手直しもするという。なお「○○伝」と称して国内で流通した刀は、必ずしも製作地を示すのではなく、一種のブランド名を表わすと考える研究者が多い。

　室町期には大量生産が行なわれ、史料には「束刀《たばがたな》」の名も現われる。今日ではこうした粗悪品を「数打ちもの」と呼ぶが、広域的な生産体制と低コスト製作技術の確立がそれを可能にしたと思われる。「数打ちもの」の製作には、工程をできるだけ簡略化・分業化し、さらに刃金鋼の使用を極力減らして、安価に製作することを計ったのではなかろうか。

　これまで報告された鎌倉・室町・江戸初期の有銘・無銘の太刀と脇差、合計八口の断面エッチング組織を改めて見直し製作法を検討したところ、表33に示すようにまくり鍛え・甲伏せ鍛え、逆甲伏せ鍛え、四方詰鍛え、刃金鋼を主体とする丸鍛え様の造りの五通りになった。[23、24] 前三者の方法は「〃刃金鋼の出〃がよいので、しばしば行なわれる」というのが現代刀工の見解である。

＊一般には丸鍛えのほかに、まくり鍛え、甲伏せ鍛え、本三枚鍛え、折り合わせ三枚鍛え、四方詰め鍛えの五つの合わせ鍛えの方法があるといわれる。

③　刃金鋼（釼）の生産と流通

刀剣製作用の刃金鋼の流通を推測させる文献史料として、『蔭凉軒日録』が知られている。これは京の相国寺の僧による日記で、長享二（一四八八）年八月二二日に次のような記述がある。

「一昨日、長船勝光・宗光の一党、備前より上洛す。凡そ八十員。千草鉄廿駄、人数百人ばかりこれあり。蓋し鈎の御所の尊名により、浦上方よりこれを召し上すと云々。」

近江国鈎《まがり》に出陣していた将軍足利義尚によって、備前長船鍛冶の勝光・宗光一派が呼び寄せられたときの状況を記したものである。千草鉄は刀剣製作用の鋼素材として知られ、おそらくこの頃から製造が始まったものと思われる。水心子正秀の上述の書に「出羽千草、今ある風の鋼は、天文の此《ころ》より仕出したるものにして、其の以前は無きこと也」とある。この鋼については刃金鋼というのが現在有力な見解であり、当時の備前の国で大型の地床炉あるいは長方形箱型炉による刃金鋼を大量に製造することに成功したのであろう。陣中に運ばれた刃金鋼は、刃部を損傷した刀の修理に使用したと考えられる。「釼」として広域的に流通するのは、近世に入ってからである。しかし地方の鍛冶のすべてがそれを購入・使用したとは思われない。おそらく状況によって「自ら銑を製して鋼となし」、利器の製作に使ったのであろう。

福田豊彦氏は江戸時代の文献史料を詳しく調べ、生鉄（銑鉄）、熟鉄（軟鋼）、釼（刃金鋼）の三種が知られていたことを明らかにし、さらに中世のある時期からは前二者だけでなく釼も流通していた可能性があることを示唆した[25]。一方、刀剣専門家の中には上述の『蔭凉軒日録』の記述が刃金鋼を指すと考える人もいる。考古学的出土遺物によって確かめることはできないが、刃金鋼は武器の製作・修理に使う必要から戦国時代に入って畿内を中心に流通し始め

表34　遣明船が積載した日本刀の数量と値段の変遷

遣明時代	刀剣の数	一把の値	総額
永享4（1432）年	3,000把	10,000文	30,000貫文
永享6（1434）年	3,000	10,000	30,000
宝徳3（1451）年	9,868	5,000	49,840
寛正5（1464）年	30,000余	3,000	90,000
文明8（1476）年	7,000余	3,000	21,000
文明16（1484）年	37,000余	3,000	111,000
明応2（1493）年	7,000		12,600
	5,000	1,800	
	2,000	300	
永正6（1509）年	7,000	1,800	12,600
天文8（1539）年	24,152	1,000	24,152

（田中健夫『倭寇と勘合貿易』至文堂，1966年，125-126頁）

たと考えてよいのではなかろうか。

④　対明交易の中の日本刀

対明交易船（遣明船）の積載品の中に多数の日本刀がある。史料にもとづいて田中健夫氏が作成したものを、表34に引用した。永享四（一四三二）年から天文八（一五三九）年の約百年間に、二〇万把を超える日本刀が積み出されている。一把の値段は最初の一万文から一、〇〇〇文へと、十分の一にまで下がっている。この時期には上述の束刀といわれる安価で低品質の刀が製作されており、それが輸出されたものと思われる。おそらく刀身に止まらず、刀装具を含めて低コストで製作したのであろう。実戦に使ったとは考えられず、明朝の官吏の佩刀に使われたのではないかという日本側研究者の見方もある。原料鉄が輸入だとすれば、これは一種の加工貿易ということができる。

(2)　火縄銃の製作技術と材料鉄に必要な性質

火縄銃の各部名称と銃尾部の構造を図72—aに示す。銃の各部を構成する金属は、鉄製の銃身が鍛造容易な軟鋼で造られる。バネと火挟みには一般に真鍮（銅と亜鉛の合金）が使われる。鉄製のバネもあるが、火薬の燃焼ガスには鉄の腐食成分を含むため、江戸時代に入ってからの使用例は少ない。銃弾は鉛の鋳造品である。これらの金属のうち、伝来の当初は鉄（軟鋼）も輸入品であったと考えられる。真鍮は当時中国でしか生産されなかった。また鉛の国内生産が再開されるのは一六世紀後半と推定される。黒色火薬材料の中の硝石も輸入品であるが、これはインド産の可能性もある。なお、中国の真鍮とインドの硝石はヨーロッパにも輸出されていた。

著者を含む複数の研究者の共同研究によれば、火縄銃はたまたま種子島に漂着したポルトガル人が伝えたというようなものではなく、かなり明確な計画のもとで一連の生産システムを島に移植して試験操業を行ない、そのあと本土各地に製作技術を伝えたのではないかと考えられ、これには環東シナ海交易集団の関与が想定される[26]。

以下では製作技術を日本刀と比較したあと、材料の鉄にどのような性質が必要とされたかを紹介する。

①　日本刀にない火縄銃の銃身製作技術

銃身の製作は、軟鋼を丸い鉄棒に捲いて鍛打を繰り返して断面を円形にしたあと、加熱しながら鋼板の合わせ面を鍛接する。一種の鉄パイプ（真《しん》という）であるが、これを銃身に仕上げるには断面を真円にし、かつ内面を平滑にするための内腔研磨を行なう。ここまでの加工で材料鉄に求められる性質は、「軟らかく、丸め易い、しかも裂け目が入らない」というものである。

日本刀の場合、曲がり・折れ難くするために皮金あるいは心金として使われる軟鋼には、このような性質は必要とされない。ほかに日本刀の製作にない技法には、「真」を強化するために外側に「葛《かずら》」（帯状の薄い鋼板）を捲く、「葛」の接合に「ノタ」を厚く塗る、出来上がった銃身の歪み取り焼鈍は行なわないなどがある。この「ノタ」は、鋼材を加熱・鍛打する工程で発生した酸化鉄粉と粘土を混ぜ合わせ、水を加えて泥状にした一種の接合材ではないかと思われる。

両者の製作技法の違いをまとめたのが表35である。また図72―bには、元禄頃の製作と推定される銃身の先端部断面のマクロエッチング組織を示した。「真」の断面には横に長く伸びた黒色のものがみられるが、これは非金属介在物（残留した鉄滓に由来）である。使用の鋼は決して清浄とはいえない。江戸時代の火縄銃に葛を捲いた銃身が多いのは、清浄な軟鋼が得られなかったためではないかと著者は考える。

なお銃尾の雌雄のねじの製作は、日本刀にはもちろん当時の国内の鉄器製作にまったくなかった技法である。『鉄炮記』には、どうしてもその加工法がわからず、「ポルトガル船漂着の翌年に来着した船にたまたま乗っていた蛮胡

表 **35**　火縄銃と日本刀の製作材料・技法との比較

1. 高真円度の鉄の丸棒→真は角棒を鍛打か
2. 良質で均厚の軟鋼板→瓦金は厚板を鍛打か
3. 沸かし付けに接合材のノタ（ねば土）を厚く塗る→酸化防止のため粘土汁をかける
4. 加工歪みを残す技法→熱処理で歪みをとる（銃身の縦方向切断時に“捩れ”が発生）
5. 尾栓雌雄ねじの加工（日本刀にない技術）手切り法、先端に向かってねじ径を減少

注）切断調査と尾栓ねじの解析結果にもとづく

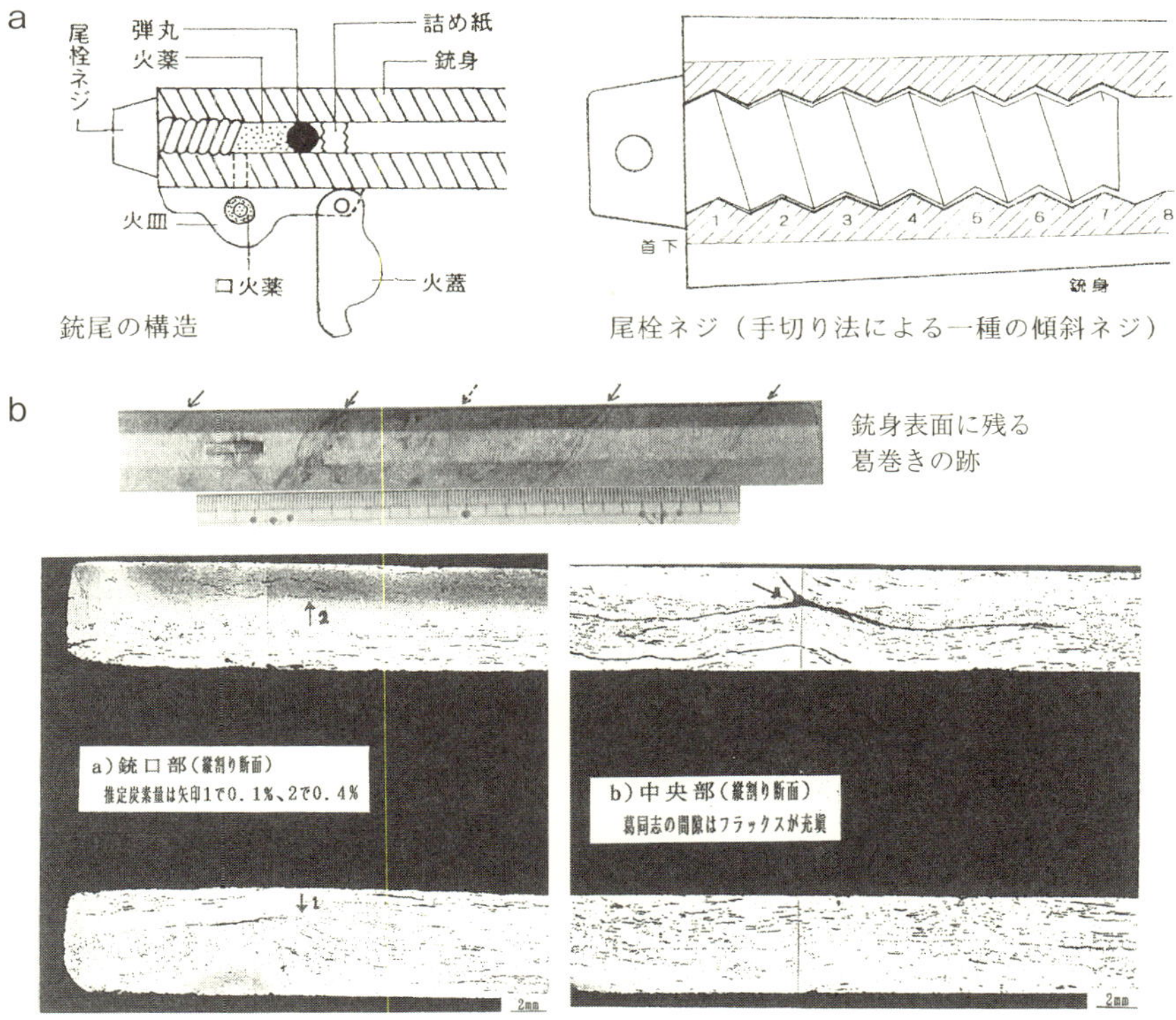

銃尾の構造

尾栓ネジ（手切り法による一種の傾斜ネジ）

銃身表面に残る
葛巻きの跡

図 **72**　火縄銃の銃尾部の構造模式図と頭部断面のマクロエッチング組織
（火縄銃は元禄期頃の製作と推定）

の鉄匠に教わった」ことが記されている。上述の共同研究の結果では、雌ネジの切削にはネジ型が使用されたと推察した。

② 銃身製作に用いた材料鉄

一六世紀後半に明の政府から日本に大使として派遣された鄭舜功が帰国後に著わした『日本一鑑』には、火縄銃に関係した次の記述がある。

「手銃……其鉄既脆不可作、多市暹羅鉄作也、而福建鉄向私市彼、以作此」

中国人研究者の助けを借りて意訳すると、「日本の鉄はまったく脆く、鉄砲を作ることができない。多くは暹羅《しゃむ》鉄を購入して作っている。しかも（いまでも）密貿易で得た福建鉄を用い、これ（火縄銃）を造っている。」のようになる。「暹羅鉄」はシャム船が運んできた鉄を意味するのであろう。ところが火縄銃の銃身に使う軟鋼が脆いというのは、現代の知識からは疑問が生ずるかも知れない。この福建鉄（建鉄ともいう）の優秀性については、最近出版された著書の中に明代の史料から引用して、次のような記述があるという(27)。

「……福建所産鉄、名為〝建鉄〟、質良、被用為製造火砲、鳥銃之鉄料。用〝建鉄〟鋳造仏郎機砲、将軍砲和鍛造的鳥銃銃筒、施放時可不発生爆裂、……」（『西园見聞録』巻四〇）

「福建鉄を用いて鋳造した大砲や鍛造した鳥銃の銃筒は、発射時に爆裂が発生することもない」と、その材質の優秀性が明確に述べられている。上述の「日本の鉄はまったく脆く」は、技術的に間違った理解をしていたとはいえない。材料鉄について正しく認識していたのではないかと思われる。

一方、当時のヨーロッパでは、兵器工場において大量の火縄銃が製造されていた。工場で受け入れる銃身製作用の材料鉄の品質判定基準について、次のように記されている。

「長さ約一m、厚さ一〇～一二㎜、頭部の幅一〇プラス二分の一㎝、尾部の幅一二㎝の平たい鉄（平鉄）であった。それは粘い、繊維状の、完全に傷のない鉄でなければならない(28)」。

この「粘い、繊維状の、完全に傷のない」という外観性状の評価は、優良な軟鋼板に関する現代の金属学的知識からも納得のゆくところである。

ヨーロッパで鋼板を一枚捲いただけの〝単捲き〟の銃身を製作したのは、おそらく良質な鋼板が供給されたからであろう。これに対して火縄銃が導入された当時の日本では清浄な鋼板の自給が不可能であり、材料鉄自体を輸入するしかなかったのではあるまいか。

五　まとめ

本章の内容は多岐にわたっているが、ここでは鉄関連炉の機能と地金の生産に絞って要約することにしたい。

（一）　中世の長方形箱型炉の遺構は、中国地方の山間地で発掘されるものが多い。炉下部の平断面の形状・寸法が拡大して近世のたたら炉に近づくものの、保温と防湿の地下構造には古代と比べて基本的な差が見られない。また炉壁片を接合して上部炉体を復元する試みは行なわれておらず、炉高の数値は発掘調査関係者の想定に止まっている。炉付近で出土した鉄関連遺物のうち鉄滓類の一部は分析されているが、未処理の銑鉄を検出して金属学的に調べたという報告はない。そのため長方形箱型炉の機能が砂鉄の製錬（製鉄）にあったかどうかを判定するデータに欠けている。長方形箱型炉の大型化の目的は、一基当たりの軟鋼（低炭素鋼）の生産量を、古代に比べて大幅に増加させることにあったと著者は考える。

（二）　自立式竪型炉については、炉体頂部の炉口までの復元には至らないものの、上方に向かうにつれて外径を減ずる炉体のすぼみ具合を考慮して、地上炉高をおよそ七〇㎝と推定した発掘調査報告がある。しかしこの高さの竪型炉で砂鉄を還元した場合、仮に炉内で銑鉄が生成したとしても、それを溶融状態で炉外に流し出すことはできない。実際にその報告書では、鉄関連遺物の詳しく調べた結果をもとに慎重な考察を行ない、銑鉄を処理して鋼を製造した炉と結論している。いま一つ竪型炉跡の発掘調査で重要なのは、山陽地方において古代とほとんど同規模の炉下部遺構が見つかったことである。時代が下るにつれて炉床断面が大きくなる、という従来の見方に修正を迫るものといえる。また断面が楕円形に近い炉の下部で複数の羽口が炉の片側に装着された調査報告があり、これも竪型炉の機能を再検討する上で新たな問題を提起している。

（三）断面矩形で細長い角棒状の鋼半製品が、一、二本あるいは数本以上まとまって出土することがある。一部の地方を除いてほぼ全国的に検出されているが、報告書には釘・鑿のように記載されている場合もあり、今後の見直しによって増える可能性がある。一〇本の角棒状資料が金属学的に解析された結果、全体としては低炭素鋼であるが、炭素量分布が不均一の、鍛錬不十分な半製品であることがわかってきた。中世荘園史料にある年貢鉄の数量単位は多くの場合「鋌」とされており、この半製品が中世の鉄鋌ではないかと考える研究者は多い。

鉄鋌が荘園内で年貢として生産されたとする見解については、長方形箱型炉の遺構が荘園遺跡で検出したという発掘調査報告がないので、現段階では検証困難と思われる。荘園内での製鉄は、（一）で述べた理由から想定できない。

（四）地方の都市と拠点集落においては、その形成の初期から地床炉を使った鋼の精錬が続いているが、定住した鍛冶によるものかどうかは不明である。必要とされる時期に集落を訪れて鍛冶を行なうのが一般的であったのではなかろうか。地床炉の遺構だけでなく角棒状の鉄鋌が出土することもあるので、この場合は利器の刃部に使う（焼きが入る）刃金鋼の製造を目的にしたと思われる。城下町の形成とともに、鍛冶職人もその地に定住するようになったと考えられる。

城館の鍛冶は、建物建築の際に鉄釘や鎹などを製作するため、一時的に活動したと推定される。ただし戦国末には城館廃止後の跡地を利用して、比較的規模の大きい鍛冶を行なった例も見られる。この場合は鉄製建築資材だけでなく棒状鉄鋌の製作も行なったようである。

（五）日本刀は、国内の大規模な戦争の需要を満たすとともに対明交易の重要な商品でもあったため、大量に生産されたことは間違いない。刃の部分に使用する刃金鋼は「昔から刀工自らが製造した」という江戸後期の史料の記述があり、それを正しいとする評価に著者も同意したい。刀身を折れにくくするために使う軟鋼には、流通の半製品（上述の鉄鋌に限らない）を当てたものと思われる。

火縄銃の銃身に使う鉄については、「日本の鉄は弾丸発射時に銃身が裂けてしまう」という中国側の資料があるので、伝来の当初から中国大陸沿岸部で生産された良質な鉄（軟鋼）を密輸入し、使用したことが推測される。

（六）流通した原料の銑鉄は中国大陸から輸入した可能性が高い。遺存する鋳鉄製品、未使用のまま出土した原料銑鉄、精錬途中の鉄塊系遺物、鋼の製品・半製品の中で、磁鉄鉱を始発原料鉱石と判定できる例が多いからである。国内の砂鉄使用による銑鉄生産を裏付けようとするならば、やはり確実な製鉄炉の遺構を発見することが必要と思われる。

註

（1）赤沼英男「中世後期における原料鉄の流通とその利用」佐々木稔編『鉄と銅の生産の歴史』雄山閣、二〇〇二年、九七頁
（2）川上貞雄氏の私信による。
（3）古瀬清秀「長方形箱型炉の成立と変遷」註1の同書、二二五頁
（4）川上貞雄「中世初頭の越後」『季刊考古学―いま、見えてきた中世の鉄』第五七号、一九九六年、二六頁
（5）佐藤達雄「古代・中世の伊豆」註4の同誌、二六頁
（6）総社市教育委員会『埋蔵文化財調査年報13』二〇〇四年（概要は武田恭彰「中世の製鉄遺跡―総社市ヤナ砂遺跡」『季刊考古学』第九九号、二〇〇七年、一〇五頁を参照）
（7）福田豊彦「鉄を年貢に出す荘園一覧」たたら研究会編『日本古代の鉄生産』六興出版、一九九一年、二五三頁
（8）赤沼英男・佐々木稔・伊藤　薫「出土遺物からみた中世の原料鉄とその流通」『製鉄史論集』たたら研究会、二〇〇〇年、五五三頁

(9) 佐々木稔「〝中世の棒状鉄鋌論批判〟に対する疑問」『たたら研究』第四〇号、たたら研究会、二〇〇一年、六四頁
(10) 網野善彦『日本中世の民衆像』岩波新書、一九八〇年
(11) 松崎元樹「丘陵地における古代鉄器生産の問題点─多摩ニュータウン遺跡群の検討─」『研究論文集Ⅷ』東京都埋蔵文化財センター、二三五頁
(12) 中沢克昭「居館と武士の職能」小野正敏・萩原三雄編『鎌倉時代の考古学』高志書院、二〇〇六年、九五頁
(13) 坂本　彰・伊藤　薫「平安末東国の小札製作工房跡」註4の同誌、七八頁
(14) 福島政文「草戸千軒遺跡における鉄関連遺構と出土遺物」註4の同誌、八二頁
(15) 宇野隆夫『荘園の考古学』青木書店、二〇〇一年
(16) 佐々木稔「中世の城館跡にみる鍛冶活動の特徴」『たたら研究』第四〇号、たたら研究会、二〇〇〇年、一六頁
(17) 小都　隆『中世城館跡の考古学的研究』淡水社、二〇〇五年
(18) 谷口俊治「小倉城の鉄関連遺物」註4の同誌、八〇頁
(19) 註17に同じ
(20) 佐藤　洋「戦国期の鍛冶工房跡─仙台市養種園遺跡」註4の同誌、九一頁
(21) 岩田　隆「中世城下町における鋳造鍛冶遺構と遺物」註4の同誌、口絵説明
(22) 佐々木稔「鉄と日本刀」福田豊彦編『いくさ』吉川弘文館、一九九三年、三九頁
(23) 佐々木稔「長船鍛冶製作の日本刀と鉄砲の構造・材質」『長船町史・刀剣編通史』岡山県長船町、二〇〇〇年、四七七頁
(24) 星　秀夫・佐々木稔「日本刀素材の金属学的解析─実用刀を中心に」『鉄と鋼』第一巻第九一号、日本鉄鋼協会、二〇〇五年、一〇三頁
(25) 福田豊彦「中世東国の鉄文化解明の前提　和鉄生産における『常識』の点検を中心に」『国立歴史民俗博物館紀要』八四、二〇〇〇年、一三五頁
(26) 佐々木稔編著『火縄銃の伝来と技術』吉川弘文館、二〇〇三年
(27) 蔡文高氏のご教示による。
(28) ベック著・中沢護人訳『鉄の歴史2（Ⅱ）』たたら書房、一九七八年、二六八頁

発掘調査報告書

〈1〉広島県山県郡豊平町教育委員会『今吉田若林遺跡発掘調査報告書』一九九五年
〈2〉伊東市教育委員会『寺中遺跡』一九九四年
〈3〉秋田県埋蔵文化財センター『堂の下遺跡』二〇〇四年
〈4〉埼玉県埋蔵文化財調査事業団『金井遺跡B区』一九九四年
〈5〉埼玉県比企郡嵐山町遺跡調査会『金平遺跡Ⅱ』二〇〇〇年
〈6〉神奈川県伊勢原市教育委員会『成瀬第二地区遺跡群』二〇〇二年
〈7〉長野県文化財センター『吉田川西遺跡』一九八九年
〈8〉仙台市教育委員会『王の壇遺跡』二〇〇〇年
〈9〉富山県文化振興財団『梅原胡摩堂遺跡発掘調査報告書（遺物編）』一九九六年
〈10〉千葉県印旛郡市文化財センター『神門房下遺跡C地点』二〇〇四年
〈11〉名古屋市教育委員会『名古屋城三の丸遺跡第６・７次発掘調査報告書』一九九五年
〈12〉仙台市教育委員会『北目城遺跡』一九九五年
〈13〉北九州市教育文化事業団『小倉城跡２』一九九七年
〈14〉鹿児島県大崎町教育委員会『金丸城跡』二〇〇五年

第七章　擦文・アイヌ文化期の鉄

北海道は近世中期にいたるまで中央政府の権力支配が及ばなかったため、時代は文化史的な立場から区分されている。諸説があるものの、本章では続縄文文化期に続く擦文文化期を七世紀頃から一三世紀頃、アイヌ文化期は一四世紀から一九世紀代とする一般的な見方にしたがうことにしたい(1)。

鉄製品が最初に現われるのは続縄文期であるが、次の擦文期には鉄製品の広範な使用が認められ、これは鉄器使用の画期とされる。アイヌ期には日常の用具にまで拡がり、鍛冶炉遺構と合わせて原料鉄や鋼の製品・半製品、また鉄滓などが出土して、鍛冶活動の性格を推測することも可能である。さらに墓壙に副葬された鉄器は、火山灰の降下年代をもとにして副葬時期を推定できる場合がある。そのため中世末から近世初期にかけての鉄製品の成分組成と製作技術について、本州と比較・考察することができるようになってきた。以下にこれらの問題を概説する。なお、本章の記述に関連ある道内の遺跡の分布は、図73に一括して示した(2)。

一　擦文文化期の鉄製品と鋼の製造

(1)　擦文初頭の墳墓から出土した鉄製品

北海道後志地方の余市町余市川の河口近くにある丘陵部先端の天内山《あまうちやま》遺跡には、共伴土器から擦文初頭（七世紀代）と推定される土壙墓一〇基があり、合計三七点という道内では卓越した多数の鉄器が出土した。主な鉄器を挙げると

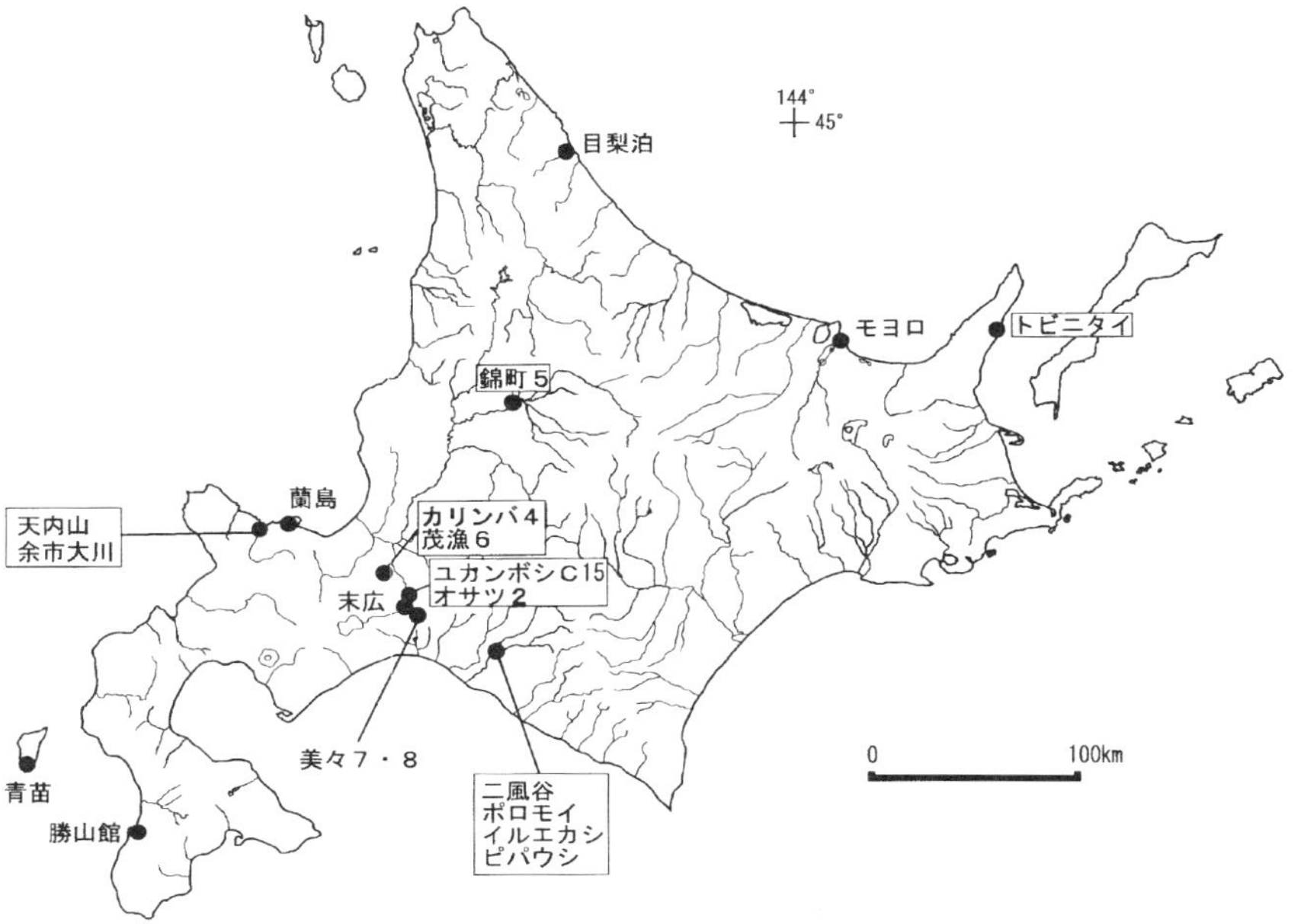

図73　本章に関係ある遺跡の分布（笹田朋孝氏提供）

大刀一点、刀子一九点、鉄斧四点、鉄鎌二点、鉄鏃一点である。この中の刀子・鉄斧・鉄鎌・鉄鏃の合計一一点が分析された[1]。その結果によると、始発の原料鉱石を磁鉄鉱と推定できる標識成分の銅（Cu）を多く含有した鉄器資料は、四点（いずれも刀子）を占めている。このような状況は、本州の古墳時代後期や東北地方北部終末期の古墳から出土した鉄製品と同じである。本州から何らかのルートを通じて入手した鉄製品を、墓壙に副葬したものと思われる。遺跡の近くに有力な交易拠点が存在したのかも知れない。

これに関連する史料として、日本書紀の斉明四（六五八）年の条に阿部比羅夫が粛慎《みしはせ》国を討つ記事がある。「大河」の河口に集まった一千人余の渡嶋蝦夷《わたりしまのえみし》との戦いを控え、前夜川辺に綾帛《あやぎぬ》と兵鉄（鉄製武器のこと）を置いて平和的な交易を行なおうとしたが成功せず、翌日戦闘になったという。「大河」が現在のどの河川に比定されるのか不明であるが、この記事は当時本州から来た人々と北海道に居住する集団とが接触したことを示す証拠と考えられている。

(2) 擦文前〜後期の鉄製品の組成と推定される流通経路

本節では、擦文文化期の区分について前期を七世紀頃から九世紀、中期は九世紀から一〇世紀、後期は一一世紀から一三世紀頃とする見解にもとづくことにする。

① オホーツク海沿岸部における蕨手刀の出土

前期と重なる時期（八〜九世紀代）に東北北部で盛行した蕨手刀が、遠く北海道のオホーツク海沿岸部から出土する。北海道枝幸町目梨泊遺跡ならびに網走市モヨロ貝塚から出土した二点の蕨手刀を分析した赤沼英男氏によれば、東北北部のものと材質的に大きな違いが認められないという[3]。さらにモヨロ貝塚から一緒に出土した鉄斧は銅含有量が高く、上述の天内山遺跡の鉄器に成分組成が共通する。蕨手刀がオホーツク海沿岸部にもたらされたルートは、どのように考えたらよいのであろうか。

この沿岸部の縄文・続縄文時代の遺跡からサハリン産の琥珀が出土することは、すでに考古学的に知られている。擦文文化期に入っても、かつてのルートが新たな交易物を運んで維持され、さらに東北北部からの交易ルートとどこかで接点をもっていたのであれば、蕨手刀の出土は考古学を専門としない人達にも理解され易いであろう。ところがこの時期に、道北の日本海沿岸部で北からの交易活動を裏付けるような遺跡・遺物は検出されないという。また東北北部の太平洋沿岸から北上して北海道東部沿岸に至るルートは、当時の航海技術からいってほとんど不可能ではないかと考える。別のルートを求めなければならないが、現在のところ有力な見解はないとされる。この問題の解明については、今後の研究の進展に期待したい[4]。

② 千歳市オサツ2遺跡出土の鉄製品の成分組成

当遺跡は千歳川の支流の一つ長都《おさつ》川《がわ》の右岸にあって、擦文ならびにアイヌ両文化期の遺構・遺物が多数検出された。千歳川は支笏湖に源流をもつ、道央部の大きな河川である。下流で江別川に合するが、その江別川は石狩川の支流の一つである。もしも石狩川河口を起点に船で遡行するのではなく、太平洋岸から千歳川流域に向かおうとした場合に

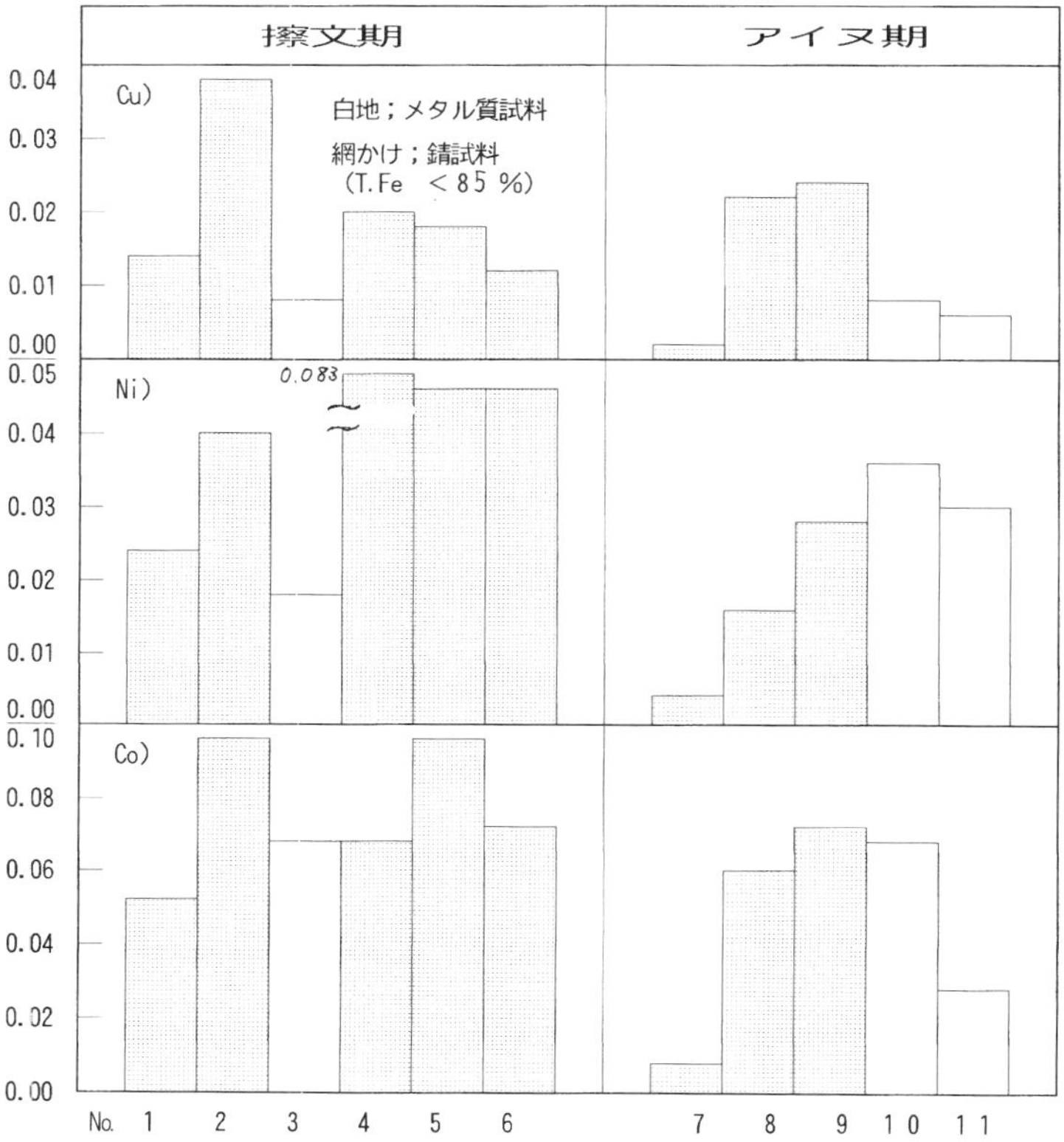

1 鉄鎌、2 柄金具、3 棒状鉄器、4 刀子、5 鉄鎌、6 紡錘車、7 刀子、8 鉄鎌、9 鉈、10 小刀、11 棒状鉄器
国内砂鉄の標識成分の鉄対比は Cu<0.002%、Ni、Co<0.03%（Ni と Co は中性子放射化分析法による測定値）

図 74　オサツ 2 遺跡出土鉄器の標識成分鉄対比（北海道千歳市）

はどのようなコースを辿ったであろうか。おそらく現在の苫小牧市の安平川を北上し、途中（美々付近で）から陸路をとったのではないかと思われる。陸上の距離はせいぜい一〇km前後と見積られる。

多くの鉄関連遺物のうち、一〇世紀代の合計六点の鉄製品が分析された[2]。また擦文前・中期の鍛冶遺構も検出され、炉跡周辺から多数出土した小鉄片様遺物の中の一点も分析に供されている（結果は次項(3)を参照）。分析結果にもとづいて標識成分の鉄対比を求め、棒グラフで表わしたのが図74である。Cuの鉄対比は小さく、原料鉱石を磁鉄鉱と著者が判定する基準に達していない。しかしNi（ニッケル）、Co（コバルト）の二成分のうち、とくにCoは六資料のすべてにおいて磁鉄鉱と判定し得る基準を越えている。国内砂鉄の多くはNiとCoの鉄対比が〇・〇二％以下で、〇・〇三％に近い例は稀である。分析した六点の資料は輸入の原料鉄を使用した製品といえる。

なお№3の棒状鉄器（一〇世紀中葉）について赤沼英男氏は鋼の半製品と判定し、同じ時期の青森県上北郡六ヶ所村発茶沢(1)遺跡出土遺物中に形状の類似した鉄器（前掲図50参照）があることから、東北北部より持ち込まれたものと推定している。鋼の精錬と合わせて鋼半製品が出土する事実は、それを加工して製品化する意図を示す重要な証拠になるのではなかろうか。

③ **千歳市ユカンボシC15ならびに末広遺跡出土の鉄製品**

長都川を挟んでオサツ2遺跡の対岸に位置するのがユカンボシ遺跡群である。擦文前・中期の墓壙群が検出されたユカンボシC15遺跡から出土した八〜一〇世紀代の鉄器のうち、刀子を主体にした鍛造鉄器と棒状ならびに薄板状製品各一点の計七点が分析された(5)。その結果にもとづいて標識成分の鉄対比を求めると、Cuの鉄対比は高いもので〇・〇三六％に過ぎなかったが、Ni、Coの二成分のどちらか一成分（とくにCo）は著者が磁鉄鉱と判定する基準を越えていた。国内の砂鉄に比較してNi、Coを非常に多く含む鉱石であり、七点の資料は輸入の原料鉄を使用した製品といえる。なお千歳川左岸にある末広遺跡の一〇世紀代の鍛造鉄斧と筒形鉄製品は後者のCo鉄対比が高く、ユカンボシC15遺跡同様に輸入原料鉄の使用が推定される。

④ **擦文期の原料鉄と製品の搬入ルート**

含有するCuの鉄対比が〇・一％を越すような鉄器は、前述の天内山遺跡で九点中四点と高い頻度を示したが、オサツ2、ユカンボシC15、末広の三遺跡ではゼロである。このような状況は、擦文前〜中期と同じ時期の東北地方北部の出土鉄器に共通する。鋼製品の原材料になった銑鉄の主な供給地は、それまでの山東半島・長江下流域の地帯から中国大陸の南部に変わったのではないかと著者は推察する。

原料鉄が中国大陸の沿岸部から本州に船で運ばれ、処理・加工して製品化されたとすれば、道内への鉄製品搬入経路として考えられるのはまず日本海沿岸ルート（津軽半島沿岸を北上して北海道の西側沿岸に達する）である。さらに特徴的な文様をもつ土器の分布をもとにして、擦文中期には陸奥湾沿岸域の交易拠点から出発して津軽海峡を横断するルートが開発された、と推測する考古学系研究者も少なくない。〈6、7〉交易の拠点については、例えば一〇世紀中頃の青森県青森市野木遺跡〈3〉で鉄器や交易品とみられる遺物が多く出土するので、野木遺跡から比較的近い箇所に少なくとも一つは存在したことが考えられる。これが正しければ、上述の千歳川流域への鉄鋼製品の搬入には、海峡を横断するルートをとった可能性が大きい。ただし三陸沿岸と下北半島の太平洋側を海流に逆行・北上して北海道の太平洋沿岸に到達するルートになると、当時の船がはたして航行できたかどうか、船舶の建造と航海技術の面から慎重な検討が必要と思われる。

(3) 擦文期における鋼精錬の開始

擦文前期といわれる小樽市蘭島B地点遺跡では屋外に炉跡と羽口が検出され、また精錬関連遺物の〝鍛造剥片〟も出土している。〈4〉〝鍛造剥片〟は鉄関連出土遺物の考古学的な肉眼分類の用語である。その表現からは鋼材を鍛打・加工する小鍛冶の工程で発生するスケール（高温に加熱されたときに表面に生成した酸化鉄の剥離物）と受け取られかねないが、必ずしも遺物の組成と成因を表わすものではない。実際に蘭島遺跡の発掘調査報告書に掲載されたミクロ組織写真を観察すると、小鍛冶の鍛造剥片ではなく、精錬中に鋼塊表面に生成した酸化鉄の特徴を示している。この〝鍛造剥片〟資料は、炉から取り出した鋼塊の表面を鍛打して仕上げたときに発生したものである。したがって羽口と〝鍛造剥片〟の出土は、鋼の精錬が行なわれたことを意味する。

さらに余市町の大川遺跡では、擦文文化期の前・中・後期を通して豊富な鉄関連遺物が出土し、鉄滓と羽口も見つ

表36　擦文・アイヌ文化期の出土鉄滓の化学組成例

No.	遺跡・年代	鉄滓の形状	化学成分（%）（抜粋） T.Fe 全鉄	FeO 第一酸化鉄	Fe_2O_3 第二酸化鉄	SiO_2 酸化珪素	Al_2O_3 酸化アルミニウム	CaO 酸化カルシウム	MgO 酸化マグネシウム	TiO_2 酸化チタン
1	旭川市錦町5遺跡、擦文中期	不明	59.00	58.60	19.15	13.40	4.12	2.70	0.55	0.30
2	千歳市末広遺跡、擦文前〜中期	〃	65.10	56.60	26.80	6.70	4.23	2.01	0.52	0.15
3	上ノ国町勝山館跡、15〜16C	椀形滓	51.57	—	—	16.6	3.19	1.62	0.88	0.90
4	〃　〃	〃	50.99	—	—	12.2	3.43	0.81	0.64	2.57

注）No. 1、2は大澤正巳氏、No. 3、4は赤沼英男氏による。小鍛冶滓と報告された前二者は、成分組成上、鋼精錬滓と考えてよい。

かっている。両遺跡を含むこの一帯は、鉄製品の交易だけでなく鍛冶も行なわれた重要な地域であったと考えられる。鋼精錬の開始時期を確実に前期まで繰り上げることができるかどうか、今後の発掘調査に期待したい。

中期の炉遺構検出例としては、旭川市錦町5遺跡がよく知られている。炉跡付近からは羽口と鉄滓が出土した。鉄滓の分析結果を表36の№1に示す。SiO_2 一三・四〇%、Al_2O_3 四・一二%、CaO 二・七〇%という化学成分組成は、鋼の精錬滓であることを示す。原報では鉄滓を小鍛冶滓と報告しているが、これはTiO_2が〇・三〇%と低いことにとらわれたためであろう。今日の知識をもってすれば、鋼の精錬工程で脱炭材として使用される砂鉄にはチタン含有量の低いものがあり、またときには鉄鉱石が使用される場合もあるため、TiO_2の含有量レベルが低いことを理由に小鍛冶滓と判定するのは間違いである。重要な出土資料なので、鋼の精錬滓と訂正さるべきであろう。№2の千歳市末広遺跡（前・中期）は鉄滓とはいえない。T.Fe（全鉄）が高く、SiO_2やAl_2O_3などのスラグ成分が少ないので、鉄塊系遺物（精錬が不十分のために廃棄された鉄塊）と判定される。遺物内部に残っていた金属鉄のほとんどすべてが錆化した資料と思われる。さらに同市オサツ2遺跡の鍛冶遺構では、「よく焼けている円形の火床を中心として、……先端が溶融している土製羽口（と）、……金床石が検出されている」[8]。炉跡の周辺で採取された小鉄片様遺物の分析結果を、表37に引用した。T.Feは七一%で、高温で生成したほぼ純粋な酸化鉄といえる。ミクロ組織もそれを実証するものであった。赤沼英男氏は、精錬した鋼塊表面の錆を除去するためにはつった際の、剥離物と判定している。なおCo含有量の〇・〇四六%（鉄対比は〇・〇六五%）

表37　オサツ2遺跡の鍛冶炉跡付近で出土した小鉄片様遺物の化学組成（北海道千歳市）

化学成分（%）							種類
T.Fe 全鉄	Cu 銅	P 燐	Ni ニッケル	Co コバルト	Ti チタン	Si 珪素	
71.00	0.009	0.010	0.016	0.046	0.066	0.031	酸化鉄

注）赤沼英男氏による。同氏は精錬鋼塊の表面に生成した酸化鉄と判定。表面の酸化鉄被膜は、鍛打により剥離・除去する。網かけした分析値から始発原料鉱石は磁鉄鉱と推定される。

は前述の鋼製品とほぼ同じレベルにある。こうしてオサツ2遺跡で鋼の精錬が行なわれ、製造した鋼塊が鉄器製作に使用されたことは確実である。ほかにも同様の出土例はあるが、遺物の分析は行なわれていない。

後期になると、道内で検出される鋼精錬遺構の数は増加する。中でも著者が注目するのは、奥尻島奥尻町の青苗貝塚である。大量の鉄滓が出土し、しかも鋼精錬の証拠となる椀形滓も見つかっている。この島は海上交易ルートの中間的位置にあるため、鋼の精錬と製品の製作を行なう拠点の一つとして鍛冶工房が島内に設営されたものと考えられる。

二　アイヌ文化期の鋼製品の組成と鍛冶活動の性格

(1)　鋼製品の化学組成と原料鉄の搬入経路

①　千歳市オサツ2遺跡出土の鋼製品

前掲の図74の右側には、アイヌ期の資料五点の標識成分鉄対比が示されている。No.7刀子を除く四点のNiあるいはCoが判定レベルを越えており、始発原料鉱石は磁鉄鉱といえる。No.7もおそらく磁鉄鉱であろう。鉄鉱床は場所によって鉱石の少量成分含有量が変動するからである。この図で擦文期とアイヌ期を比較してみると、標識成分の鉄対比に明確な差は見いだされない。オサツ2遺跡では、二つの文化期の間に原料鉄と鋼製品の供給源の変更がなかったことを示している。

②　千歳市美々8、7遺跡出土の鋼製品

美々遺跡群は千歳市と苫小牧市の境を流れる美沢川の左岸に立地し、建物遺構と文献史料から江戸時代後期に「船乗場」があった地点と推定されている。[9] 図75には赤沼英男氏によって分析された鉄器資料の標識成分鉄対比を示した。

美々8遺跡出土の鎹・斧・鉈・小刀は一六六七年（樽前山噴火による降下軽石層の「樽前b」に当てられる年代）以前、柄孔式斧（二点）・鉈・鎹・平鎹は一六六七年以前で中・近世とされる。また美々7遺跡のタシロは、一六六七〜一七三九年（「樽前a」）の間に入る。合わせて七点の遺物は擦文後期とアイヌ期のものから構成されるので、この遺跡群の二つの文化期にまたがる鉄器の化学組成を比較できることになる。Ni、Coのどちらか一方の鉄対比が判定レベルを越える資料は四点あり、残る三点も決して低い値ではない。分析された鉄製品の多くは始発原料鉱石が磁鉄鉱で、鉱石産出地は複数あったことが推察される。

③　千歳市ユカンボシC15遺跡出土のアイヌ期の鋼製品

分析された資料は太刀・刀・刀子・山刀の刀剣類のほか、責金具、鉄鏃、小札、鎖、薄板状鉄製品、鉄鍋（鋳鉄製）の計一五点である。[10] 標識成分の鉄対比（％）を算出して、図76に示した。含有するNi、Coの量から、始発原料鉱石が磁鉄鉱と判定できる鉄対比のレベルを越える資料は八点、同様にPの鉄対比〇・一％を越えるものは、Ni、Coの重複分を除いて一点になる。残る五点も原料を砂鉄と断定する根拠はなく、磁鉄鉱の可能性があることはこれまでも説明した通りである。前述のように本遺跡における擦文期の出土鉄

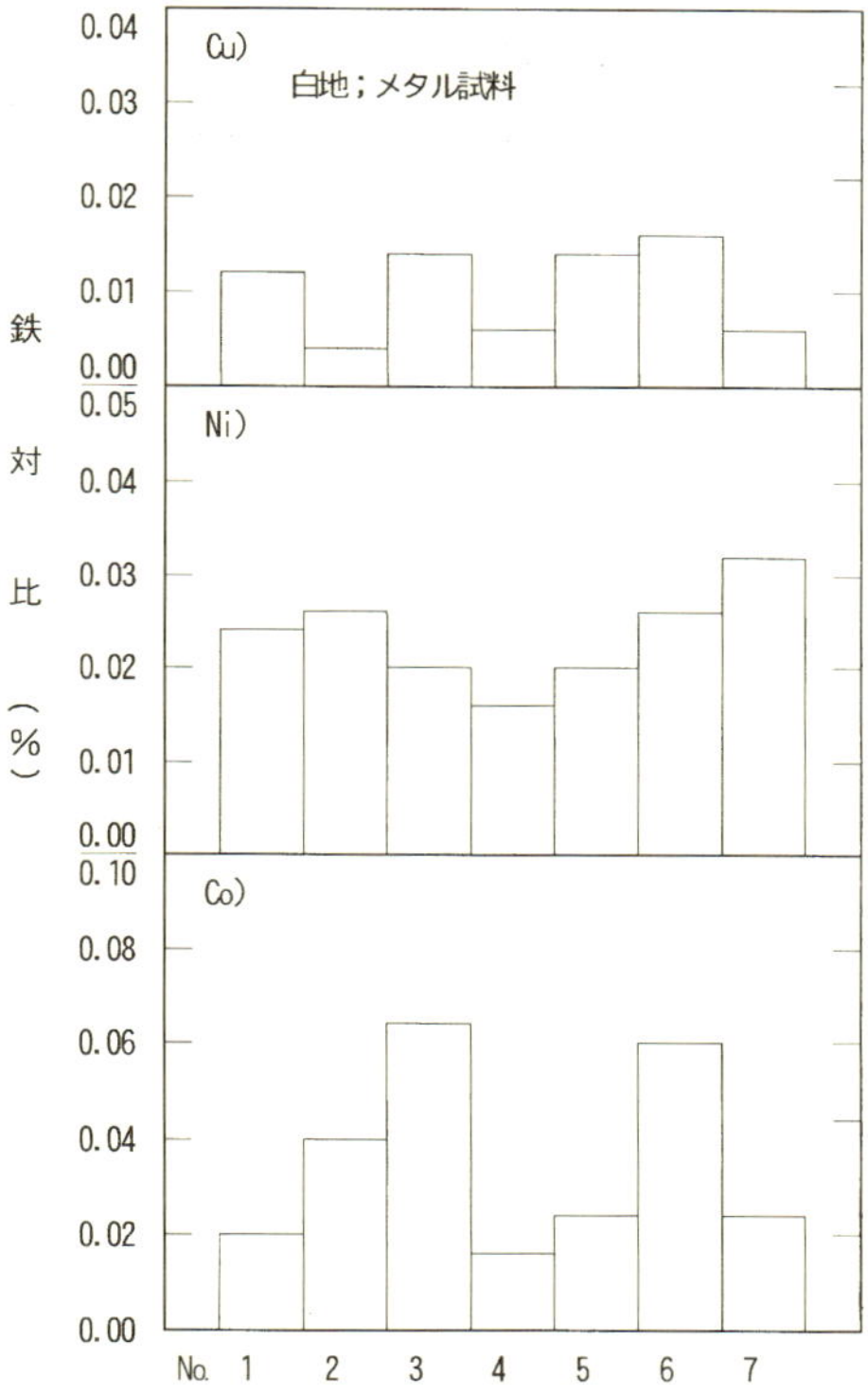

1鎹、2斧、3鉈、4小刀、5柄孔式斧、6鎹、7タシロ
1〜6は美々8遺跡で1667年以前の中・近世、7は美々7遺跡で1667〜1739年

図75　美々8、7遺跡出土鉄器の標識成分の鉄対比（北海道千歳市）

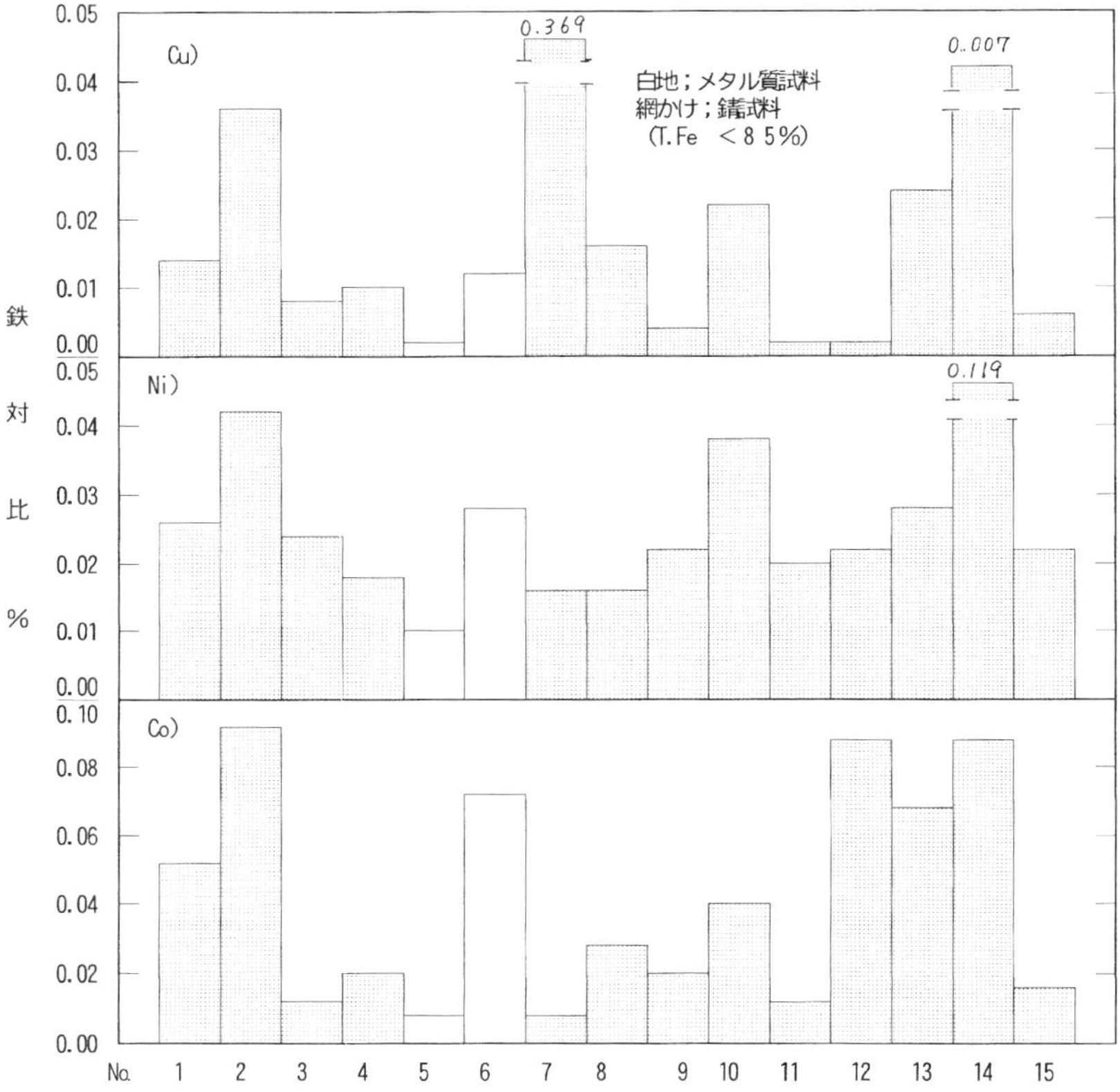

1 鉄鏃、2 責金具、3 刀、4 刀子、5 責金具、6 太刀、7 小札、8 刀子、9 刀子、10 小札、11 刀子、12 薄板状鉄製品、13 刀子、14 山刀、15 鎖

図 76　アイヌ文化期のユカンボシ **C15** 遺跡出土鉄器の標識成分の鉄対比（北海道千歳市）

器は、分析した七点の資料のすべてが磁鉄鉱であった。この遺跡でも擦文・アイヌの両文化期を通じて、供給源が同じ原料鉄を処理し、鋼製品を製作したと考えられる。

なお、本遺跡の住居跡からは鍛冶炉や金床石を据えた跡が見つかっている。炉遺構を鋼精錬と小鍛冶のいずれとも判定していないが、もしも堅硬な鉄滓が検出されているならば鋼を精錬した鍛冶炉跡としてよいであろう。

④ 沙流《さる》川流域のチャシから出土した鉄鍋

鉄鍋は道内で女性の遺骸と一緒に副葬される場合が多い。アイヌ期に副葬が始まって、全道的な拡がりをみる。

北海道以外では沖縄にその風習がある。全国で出土した鉄鍋の型式分類（釣り手を懸ける耳の位置で内耳型と吊耳型とする）にもとづく出土分布は、考古学研究者によって詳しく調べられ、(11) また金属学研究者は二〇点を越える資料を分析している。

沙流川は日高山系北部に水源をもち、いくつもの支流を合わせて太平洋に注ぐ（河口一帯は日高町の区域）。流域には数多くの「チャシ」（アイヌが残した砦跡とされる）遺跡があって、江戸時代後期には「他のアイヌと比べて優越した経済力を持っていた」といわれる。(12) そこで時期が特定できるチャシ跡の墓壙から出土した鉄鍋の化学分析値を選んで、上述の美々遺跡出土の鋼製品と比較してみたい。

沙流川中流域に位置する平取《びらとり》町のポロモイチャシ遺跡と二風谷遺跡は、一七世紀前半～同中葉と時期がかなり狭く限定できる。両遺跡からの出土品は、擦文文化期の道内の鉄製品だけでなく、江戸時代初期の本州の資料と比較する上からも重要である。

後掲の表39の№1と№2に示すように、鉄鍋二点のT.Feは八〇％台で、銹化があまり進んでいない鋳鉄資料である。したがって埋納環境下でのP分の汚染は少なく、Pの化学分析値はもとの鋳鉄の成分組成に近いとみてよい。ポロモイチャシの鉄鍋は〇・〇九七％であり、その鉄対比は磁鉄鉱と判定するに基準に近く、二風谷のPも〇・〇五一％である。擦文文化期に引き続いて、輸入の原料鉄からつくった成品を使用したことが推定される。なお中世後期～近世初頭の本州の鉄との比較は次節で取り上げる。

この平取町のイルエカシ遺跡からは、鋼精錬の指標となる椀形滓が出土している。またピパウシ遺跡では地床炉様遺構が検出され、その近傍から鍛造剥片と「方形状鉄塊」が出土したという。(13) 鍛造剥片については、前節で著者の見解を述べたように、精錬鋼塊の表面酸化鉄をはつって除去するときに発生したものである。また鉄塊が「方形」であることは、それが鍛打・成形可能な鋼であったことを意味する。遺構と遺物からは両遺跡で鋼精錬が行なわれたことを推測させる。

道内各地で検出された地床炉式の鍛冶炉跡については、考古学系の解説書・専門書にも銑鉄を処理した精錬炉の遺構とする説明がされていない。おそらく原料の銑鉄は流通品であることが十分に理解されていないためであろう。鉄鍋の廃品を原料にしたという推論もあるが、鍛冶職人が当然携えたはずの原料銑鉄について考慮しなければならない。彼らはチャシに定住せず、活動が終れば他の集落に移ってしまうと考えられている（本州の例は第六章三節(3)参照）。もちろん鉄鍋の破片を一部使用した可能性は否定できないが、それに限定してしまうと精錬操業の規模や期間について誤解を招きかねない。

(2) 上ノ国町勝山館跡の鍛冶関連遺物

上ノ国町は松前半島の日本海側に面し、天ノ川が注ぐ河口に位置する。中世には箱館や松前と並んで大いに栄えた港町であった。勝山館は港を管理・支配する施設で、遺構の年代は一五～一六世紀代と考えられている。調査によって当時の町並みが明らかになり、鍛冶作業場跡も特定された。鉄関連の遺物としては、鉄塊系遺物・鉄滓・鋼半製品が出土しているので、鋼の精錬に始まる一連の工程が実施されていたかどうかを検討することが可能である。一方、背後にある夷王山では中世末～近世初頭の墳墓が数多く検出され、太刀・刀などの副葬品が出土した。これらの遺物もまた、当時の本州における鉄の生産と技術を知るためには重要な資料である。本項では、分析された鋼半製品と鉄関連遺物[5]について金属学的な考察を行なってみたい。

① 鋼精錬関連遺物と鋼製品の組成

鉄塊系遺物の内部には溶融銑鉄の急冷組織（レーデブライト）が残っていて、銑鉄の再溶融・脱炭処理を行ない鋼を製造する途中の産物であることがわかった。脱炭と鉄滓の分離が不十分なため、利用されずに廃棄されたのであろう。金属鉄に富む部分を採取・分析した結果が、表38のNo.1である。Cuの含有量は〇・二〇三%ときわめて高い。始発原料鉱石が磁鉄鉱であり、銑鉄は中国大陸から輸入されたものと著者は考える。

表38　勝山館跡出土鉄関連遺物の化学組成（北海道上ノ国町）

No.	種類	化学成分（%）（抜粋） T.Fe	C	Cu	P	Ni	Co	Ti	Si	種類
1	鉄塊	84.54	2.55	0.203	0.048	0.020	0.016	0.07	0.012	銑鉄
2	鉄釘	96.47	—	0.015	0.035	0.016	0.065	0.018	nd	鋼
3	鉄釘	92.89	—	0.012	0.024	0.014	0.064	0.019	nd	〃
4	鋼塊	96.67	0.01	0.01	0.018	0.009	0.037	0.004	＜0.001	〃

注）赤沼英男氏による。—は分析せず。鋼塊と鉄釘はともにCo含有量が多い。

分析された鉄滓は椀形状で、明らかに地床炉を使って鋼を精錬したときの生成物である。二点を選んで前掲の表36No.3、4に引用した。SiO_2とAl_2O_3分が多く、ファヤライト（珪酸鉄）に富む鉄滓といえる。両者のスラグ成分組成はほぼ同じで、TiO_2含有量の違いは精錬の工程で脱炭材として使用した砂鉄に起因する。勝山館では銑鉄を処理し、鋼を製造していたことが明らかである。

鋼製品としては鉄釘二点の分析値を表38のNo.2、3に示した。いずれもCoが高い。これは次に述べる鋼塊と共通するが、P含有量レベルが違うので、製造した鋼を鉄釘や鉤を作るのに使用したとは言い難い。また鉄塊系遺物中に残る銑鉄とはCu含有量に大きな差があって、材料に用いた鋼の製造時期が異なるものと思われる。

②　半円盤状の鋼半製品

図77に見られるような形状であるが、直線部分には切断したような切り口が観察される。これは円盤状のものが半裁された残りではないかと考えられている。化学組成はSi分析値が低く、ミクロ組織観察の結果でも非金属介在物が非常に少ない。極めて清浄な鋼といえる。表38―No.4のCoの分析値〇・〇三七%からは、中国大陸からの輸入品と推定される。円盤状の鋼半製品は日本国内に製造の記録はなく、また出土したのもこれが唯一の報告例である。中国からの輸入品とすれば、明代の技術書『天工開物』に、精錬した鋼は「少し冷却した時に、塘《ふね》*の中で、切り取って四角な塊としたり、とり出して槌で円形に打ってから売ったりする」（藪内清訳、平凡社刊）という記述の後者に相当するのではないかと著者は推察する。このような高純度の鋼は地床炉方式ではなく、坩堝製鋼法**で製造した可能性が考えられる。次節で述べるような上質の蝦夷刀の製作にも使われれたかも知れない。

前章で述べたように、中世の日本では形状にある程度の規則性がある鋼半製品が生産され、鉄鋌《てってい》として流通してい

図77　上之国勝山館跡出土の“半円盤状”鋼半製品の外観（北海道上ノ国町）（赤沼英男氏による）

たことが史料から推察される。一五～一六世紀の北海道の交易拠点にも当然搬入されたと思われるが、これまでのところ出土の報告がない。本州のいくつかの地方と同じく、鉄釘・鏨のように分類・記載されているのかも知れない。

＊溶融銑鉄を精錬して熟鉄（低炭素量の鋼）を製造するために、「四角な塘を築いて、それを低い壁でかこう」という説明（訳文）がある。一種の精錬炉であるが、このような装置で鋼の精錬が可能なのか、技術的に疑問があるとされている。

＊＊詳細は不明であるが、土製の坩堝に塊状の銑鉄を装入し、それと一緒に少量の脱炭材ならびに造滓材を加え、外部から高温に加熱して炭素量を低減する方法と思われる。しかし装入した銑鉄が坩堝の内壁に接触しないように、木炭粉の層で隔てる必要があったのではないかと著者は推測する。

(3)　本州の鋳鉄製品との化学組成比較

それでは北海道出土の鉄鍋と比較して、本州の鉄鍋以外の鋳鉄製品はどうであろうか。中世末～近世初頭の資料二点を挙げて検討してみよう。表39の№3は京都市豊国神社灯籠から採取された分析試料である。この灯籠は銘文から一五九一年に鋳造されたことがわかっている。Cu分析値の〇・一三％、Pの〇・一三％は、始発原料鉱石が磁鉄鉱であり、灯籠に使用された銑鉄は中国大陸で生産されたことを示す。№4は大坂城桜門石垣下で出土した砲弾である。大坂夏の陣（一六一五年）の戦いで城側が蓄えたものと考えられている。Cuが〇・二八％、Mn（マンガン）は〇・四一％なので、明らかに磁鉄鉱を原料にした銑鉄である。江戸初期の鋳鉄製品の分析例は、鍛造製品と同様に決して多くない。今後分析データを増やして、輸入品の使用状況が明らかにされることを期待したい。

比較例の最後に挙げた№5は、韓国の順天倭城跡出土の羽釜である。この城は一五～一六世紀に日本人が居住した

表 39　チャシ跡周辺の墳墓から出土した鉄鍋と本州の鋳鉄製品の化学組成比較

No.	遺跡・年代・遺物種類	化学成分（%）（抜粋） T.Fe	C	Cu	Mn	P	Ni	Co	種類
1	平取町ポロモイチャシ跡、鉄鍋	81.44	—	0.009	0.005	0.097	—	—	白銑
2	平取町二風谷遺跡、鉄鍋	82.77	—	0.007	0.005	0.051	—	—	〃
3	京都市豊国神社、1591 年作、灯籠	96.47	4.35	0.23	—	0.23	0.016	—	鼠銑
4	大坂城桜門石垣跡、17 C 初、砲弾	65.8	(2.97)	0.28	0.41	<0.01	0.24	—	不明
5	韓国順天倭城跡、15〜16 C、羽釜	(メタル)	3.98	0.25	0.28	0.16	0.10	0.007	鼠銑

注）破面の色調を観察して白銑と鼠銑を区別する。前者は溶融銑鉄を急冷、後者は徐冷したときに現われる。No. 3 の炭素分析値は 4.35〜4.37、No. 4 は錆試料なので炭素分析値に括弧を付して参考値であることを示した。

城館と考えられている。分析試料は未錆化のメタル部分を採取したものである。Cuの〇・二五、Mnの〇・二八、Pの〇・一六、Niの〇・一〇（いずれも%）という数値から、原料鉱石は磁鉄鉱であることがわかる。使用の銑鉄は中国大陸の生産であり、したがってこの羽釜の製造地は中国大陸、日本、あるいは朝鮮半島南部の三つの可能性が出てくる。それを特定しようとすれば、型式の研究調査によらざるを得ないであろう。

北海道は環日本海交易圏の一部を構成するとともに、山丹貿易によって北アジアから物資・文化がもたらされる地域である。しかも前者の交易圏自体は、南の方で環シナ海交易圏に繋がっている。北の鉄の問題は、広い視野をもって検討することが必要と著者は考える。

三　蝦夷刀にみる鍛造技術の特徴と水準

前述のごとく七世紀代（擦文初頭）の墳墓から出土する刀剣類は直刀であるが、擦文前期には東北北部と同じように蕨手刀も副葬されるようになる。さらにアイヌ文化期に入ると、刀身全体は本州の打刀《うちがたな》に似ているものの、切っ先部分がそれよりも大きく膨らんだ形態の蝦夷刀が現われる。全道的に普及したことは、墳墓からの出土によっても明らかである。

蝦夷刀を切断して断面を金属学的に調べた報告はきわめて少ない。図78には著者が調査に係わった三口の外観と完形品の出土例を示した。鍛造技術の説明と合わせて、蝦夷刀が北海道に伝わった経路についての考察を述べてみたい。

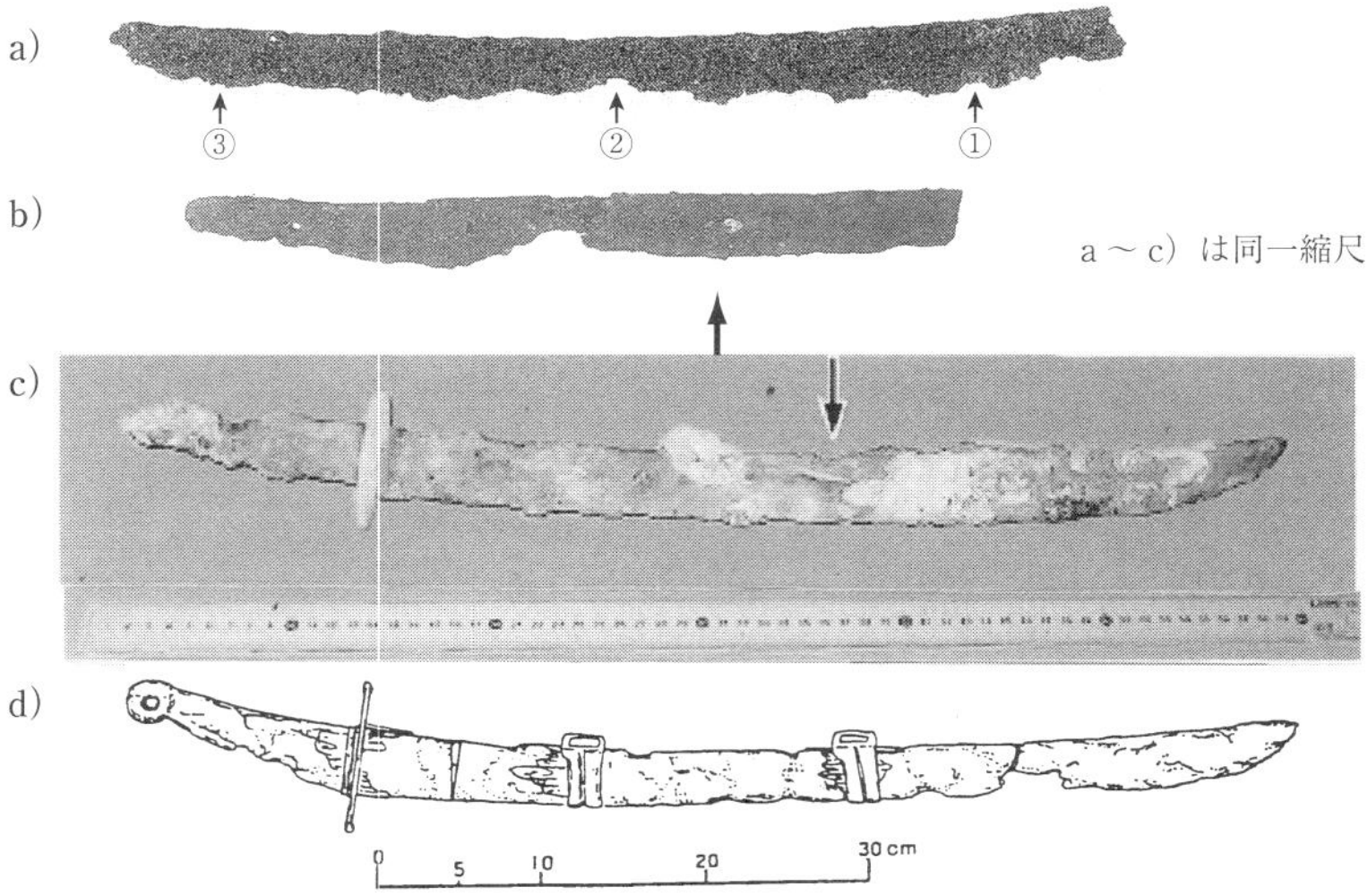

a）羅臼町出土刀、b）恵庭市カリンバ４遺跡１号刀、
c）同市茂漁６遺跡１号刀、d）札幌市発寒遺跡出土完形品、矢印は切断個所

図 78　蝦夷刀の切断調査資料外観と完形品計測図例

(1)　羅臼町出土の蝦夷刀

知床半島にある羅臼町のトビニタイ小学校のグランド整地中に、スクレイパーなどを伴って出土したものといわれる[6]。ここでは著者が先に発表した研究報告[14]の要点を述べる。資料刀（羅臼町刀と仮称）は切っ先部と柄部分が失われ、表面の錆はほとんど除かれていた。図78―aに示す矢印の三個所（①～③）で切断し、断面試料を採取してその鍛接構造と炭素量分布を調べた。

断面の組織を模式化して表わすと、図79―a①、②のようになる。切っ先部に近い個所①（もとの刀身の三分の一くらいの位置か）では、刃金鋼（炭素分析値〇・五九％）が縦に配置されているが、棟部までは達していない。錆びる前には、刃金鋼の両側に軟鋼の皮金が存在したと考えられる。刃先には焼き入れ組織が認められたので、少なくとも切っ先から個所①までの間の刀身刃部には焼き刃があったはずである。それに対して刀身のほぼ中央部の個所②と柄元の個所③は、平均炭素量がそれぞれ〇・一三、〇・二三（％）の軟かい鋼であり、また断面に刃金鋼も観察されなかった。これは斬撃によって刀身が曲がることへの配慮がされていない造りといえる。切っ先部分は「三枚造り」に近い断面構造であるが、中心部から柄元にかけては刃金鋼が配置されていない。「三枚造り」というよりは、鍛打して延べようとする軟鋼の直方体形ブロックの前面を二つに浅く開いて、楔形の刃金鋼片を割り込ませた方法ではないかと思われる（図79(2)参照）。しかしこのような方法で作刀した例が残っているがどうか、調査が必要であろう。

なお刃金鋼・軟鋼のいずれの部分も介在物が少ない清浄な鋼であり、珪素分析値は〇・〇四〜〇・一〇％であった。

(2) 恵庭市遺跡群出土の二口の蝦夷刀

第一は恵庭市カリンバ4遺跡の樽前a層のすぐ下から出土した蝦夷刀で、樽前山噴火の年代（一七三九年）にかなり近い時期の副葬品と推測されている。遺跡からは狩猟・漁労を営んでいた痕跡が検出され、アイヌの人々が居住していた集落遺跡であることが判明した。図78―bに示すように刀身の中ほどから先は失われている。仮に〝カリンバ4遺跡1号刀〟と呼ぶことにする。第二は同市の茂漁《もいさり》6遺跡の墳墓中からの出土である。墓壙の規模・特徴や副葬品から、アイヌ文化期の男性を埋葬した墳墓と考えられている。ほぼ完形品に近い蝦夷刀で、鍔付きの太刀拵えである（図78―c）。これを〝茂漁6遺跡1号刀〟と仮称する。二口の刀の矢印を付した個所で切断し、顕微鏡観察試料を採取した(15)。

〝カリンバ4遺跡1号刀〟の断面組織の模式図が、図79―bである。炭素量〇・七％前後の刃金鋼が断面の刀の中心を貫いている。刃先に近い個所には弱いながらも焼き入れ組織が観察されたので、錆びる前の刃部には鋭利な刃が付いていたことがわかった。両側の皮金に相当する部分は炭素量の低い鋼である。ここではウスタイト（化学組成FeO）主体の球形に近い介在物が見いだされた。鋼中のウスタイト系介在物がこのような形状をとるのは、鋼が溶融もしくは溶融に近い状態の場合である。どんな鋼精錬法によるものなのか、非常に興味が引かれるところである。前節でも触れたように、古くから中国大陸で行なわれたという坩堝炉法で製造された鋼なのかも知れない。

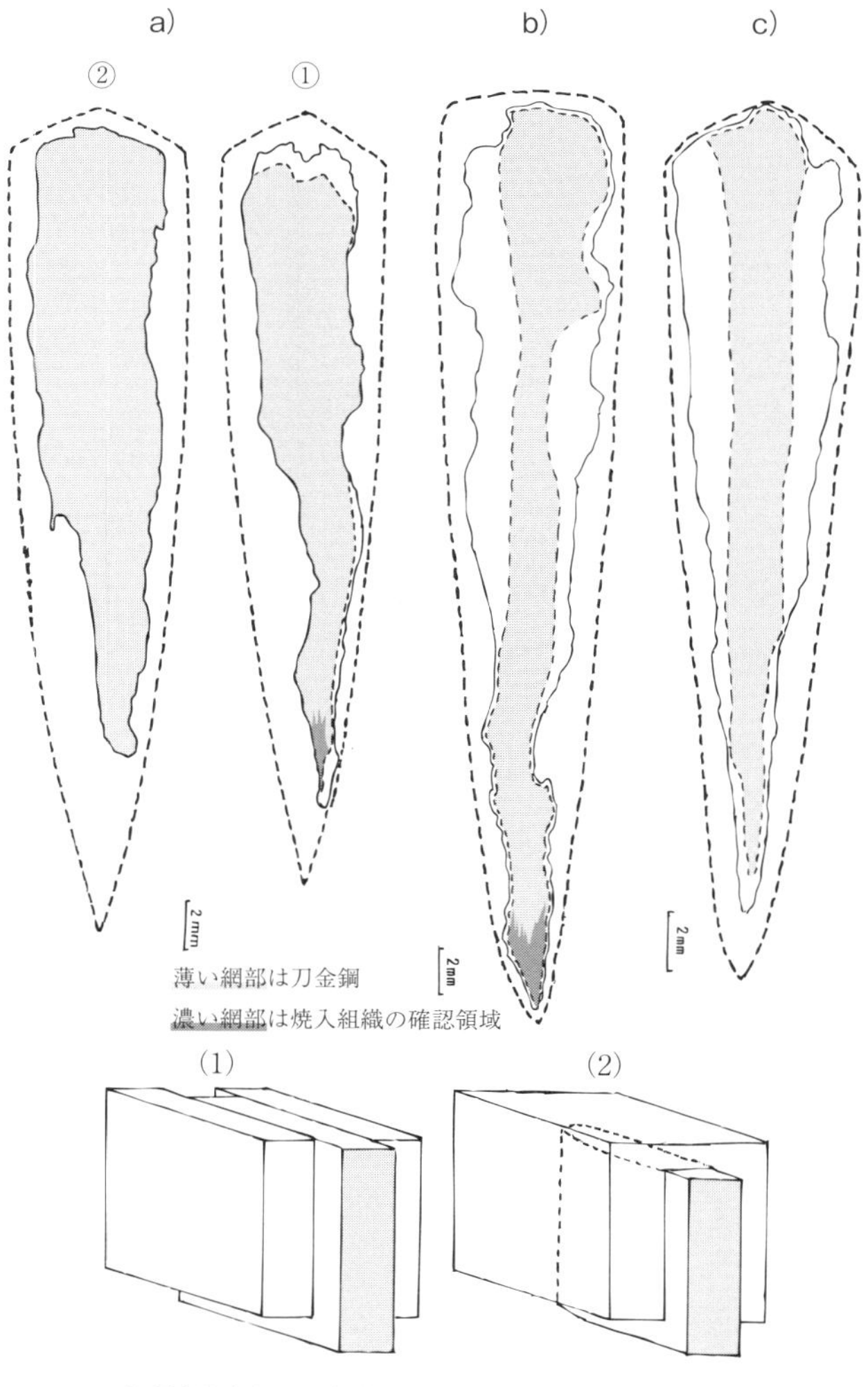

a）羅臼町出土刀、b）恵庭市カリンバ4遺跡1号刀、
c）同市茂漁6遺跡1号刀、(1) 三枚造り法、(2) 割り込み法

図79　蝦夷刀の断面組織模式図と推定される製作法

本資料の刀背部で皮金が連続していたため、著者は先に原報で「三枚造りを基本としながら、両方の皮金を内側に折り込む操作を付け加えたのではないか」という考察を述べた。しかし、さる刀匠から「必ずしも意図的操作とはいえず、三枚造りの過程では軟鋼の皮金が伸びるため必然的に鍛接することになる」という指摘を受けた。これは正しいものと著者は受け止めている。

〝茂漁6遺跡1号刀〟の断面組織は、図79―cのようになる。刃金鋼が太刀のほぼ中心に沿って縦に配置され、その両側を軟鋼の皮金で挟んだ構造をとっており、三枚造りの方法で製作されている。刃先部には焼き入れの跡も認められなかった。刃金鋼は非金属介在物が少なく、比較的良質であったが、折り返し鍛錬回数の少ない、十分に錬られていないものであった。また皮金にも大型角状の非金属介在物が多数残っていて、刃金鋼同様に鍛錬数のきわめて少ない鋼であった。

こうして恵庭市の二口の蝦夷刀は、いずれも三枚造り法で製作されたと考えられる。製作法の原理を模式化すると図79―(1)のようになる。さらに、ここでは紹介しなかったが、茂漁6遺跡出土の2号刀もまた同じ方法によると推定された。それに対して羅臼町刀は、切っ先側三分の一くらいの位置までは三枚造りの構造を示すが、中央から柄元の間に刃金鋼の配置が見られない。ここでは同図(2)に示すような特殊な「割り込み」法を提案しておきたい。

(3)　切断調査結果からみた蝦夷刀の性能と起源

上述の二口の資料刀の構造と製法を比較・検討してみると、いずれも本州で「蝦夷地向け」に製作された刀ではないかと思われる。〝カリンバ4遺跡1号刀〟には良質の鋼が使われており、また刃部には焼き入れ操作が施されている。しかし〝茂漁6遺跡1号刀〟は、皮金は劣悪な鋼が使用され、刃部に焼き入れの跡が見られない。この事実は「蝦夷刀の刀身には、武器としての実用性がない」という史料[16]にもとづく、「松前藩がアイヌの人々への実用刀の販売を禁じた以後は、低水準の造りの刀が蝦夷地に搬入されたのではないか」という従来からの見解にも合致する。一方、羅臼町出土の蝦夷刀は、刺突力はあるにしても、刃金鋼が中央部から柄元の間に配置されていないため切り裂く能力は弱く、また強い斬撃に耐えられない造りである。

こうして蝦夷刀の造りと性能は、本州の日本刀と共通性を有しながらも相違点がある。このような相違はどうして生まれたのであろうか。蝦夷刀の起源については、北東アジアの日本海沿岸域説と本州成立説の二つが提起されている。前者は狩猟・漁労文化に関係すると考え、後者は本州勢力の進出と影響によるものとする。とくに後者は一二世紀代に東北北部で盛行した打刀《うちがたな》の、いわゆる〝奥州刀〟に起源を求める見解である。しかし考慮しなければならないのは、良質な鋼を生産する基盤の有無である。それが前者の北東アジアにあったとは思われない。中国大陸生産の鋼半製品が陸路あるいは海路（大陸の日本海沿岸）を経由して蝦夷刀の製作地に運ばれ、製品化されたのではなかろうか。もしもそうであれば、北海道には最初アイヌの人々と一緒に北方から持ち込まれ、次いで需要の増大に応じて本州で製作した蝦夷刀が搬入されたことが考えられる。蝦夷刀は〝北からの鉄〟を探る上で、きわめて重要な資料といえるであろう。

四　まとめ

本章では通説にしたがって擦文文化期の年代を七世紀頃〜一三世紀頃、アイヌ文化期を一四〜一九世紀とした。各文化期における鉄鋼製品の材質的特徴と流通につき、以下に要約する。

（一）　七世紀代の擦文期初頭になると、それ以前の時代（続縄文文化期）に比べて飛躍的に多くの鉄製品が出土する。道央の墳墓群（余市町天内山遺跡）から出土した大刀を始めとする鉄器は、当時の本州の終末期古墳に埋納されたものと同様の材質であり、日本海側の何らかのルートを経て本州から道内に搬入されたと考えられる。

（二）　前期には鉄製品の流通が全道的になり、当時東北北部で盛行していた蕨手刀はオホーツク海沿岸域にまで持ち込まれた。しかしその経路について、道北の日本海側を北上して宗谷海峡を通る海の道は考古学的に裏付けることができないとされる。鋼の精錬に関しては、天内山遺跡と地理的に近い箇所（小樽市蘭島）で鍛冶炉遺構と鉄関連遺物が検出されたが、小鍛冶炉跡とする見方があって研究者間の意見は一致していない。

（三）　擦文中期には、精錬の炉遺構と関連遺物は道央にとどまらず、道内の各地で見いだされる。原料の銑鉄は、本州と同じように中国大陸生産のものが使用されている。道西の日本海沿岸域の奥尻島から多量の椀形滓が出土したが、これは日本海交易ルート上に設営された一つの鋼製造基地と考えられる。一方、同時期の東北北部の日本海沿岸域や内陸部では大規模な鋼精錬遺構が検出されているが、製造した鋼を加工して作った製品の一部は、陸奥湾（青森県）沿岸域の拠点から津軽海峡を横断し、渡島半島や道央南部の太平洋岸に渡るルートによって輸送されたとする説が有力である。道央の出土鉄器の金属学的解析結果は、それを支持している。

（四）擦文後期とアイヌ文化期の境界を考古学的に区分するのは難しいとされるが、一つの遺跡群から出土した鉄製品の少量成分組成と材質に連続性があるかどうかを検討するには好都合である。例えば道央のオサツ2遺跡やユカンボシ遺跡（ともに千歳市）出土の鉄製品には組成・材質上の不連続性が認められないので、中国大陸生産の原料銑鉄と鋼半製品、ならびに本州における加工品は引き続き供給されたことがわかった。鋼精錬の操業については、上述の遺跡にとどまらず、集落の工房跡からも地床炉跡と一緒に椀形滓あるいは製造した鋼の半製品が出土し、遺構・遺物による裏付けが可能である。しかし鍛冶職人がチャシの集落に定住したとは考えられない。おそらくそれは、一五～一六世紀代の一部の港湾都市（例えば上之国勝山館）に限られたと思われる。

近世に入ってからの北海道の南東部では、火山噴火による降下軽石層でアイヌの人々の墳墓造営時期が比較的狭く推定され、副葬された太刀や鉄鍋などを本州のものと比較することが可能である。その結果によれば、材質的にはとくに違いが見られない。本州と同様に北海道の鉄は多くを中国大陸生産の原料鉄に負っていたことになる。鋳鉄製品の鉄鍋を例に挙げれば、原料銑鉄の輸入は少なくとも一七世紀前半～同中葉まで続いたと考えられる。

（五）アイヌ文化期に現われる蝦夷刀は、一二世紀代の本州東北地方を中心に製作・使用された打刀の形態に似た点があるものの、刀身の構造に日本刀とはかなり大きな違いが見られる。その起源については従来から北東アジアの日本海沿岸域あるいは本州での成立という二つの説があって、前者は狩猟・漁労文化に関係があるとし、後者は本州勢力の影響によるものとされてきた。しかし中国大陸で生産された良質の銑鉄と鋼半製品が広く流通していた状況下では、それらは陸路あるいは海路（大陸の日本海沿岸）を経て需要地に運ばれ、その地で作られた蝦夷刀が最初は北からのルートで北海道に持ち込まれ、次いで需要の高まりに応じて本州で製作されたものに変化したのではないかと著者は推察する。〝北からの鉄〟を解明する上で、蝦夷刀はきわめて重要な資料といえる。

註

（1）野村　崇・宇田川洋編著『擦文・アイヌ文化』北海道新聞社、二〇〇四年
（2）笹田朋孝「北海道擦文文化期における鉄器の普及」『物質文化』第七三号、二〇〇二年、三九頁
（3）赤沼英男氏の私信による。
（4）笹田朋孝氏の私信によれば、北海道東部の出土遺物を調査した結果にもとづいて、本州生産の物資は道央から東に向かう水路を利用し、そのあと陸路をとって沿岸部に到達した可能性を指摘している。
（5）赤沼英男・福田豊彦「鉄の生産と流通からみた北方世界」『国立歴史民俗博物館研究報告』第七二集、一九九七年、一一一頁
（6）鈴木靖民「平安後期北奥の祭祀・交易・経営拠点と交流」『東アジアの古代文化』一二一号、二〇〇四年
（7）鈴木琢也「北日本における古代末期の北方交易」『歴史評論』No.六七八、歴史科学協議会、二〇〇六年、六〇頁
（8）註1に同じ、八二頁
（9）註1に同じ、一一九頁
（10）註5に同じ
（11）越田賢一郎「北方社会の物質文化─鉄からみた北海道島の歴史」『蝦夷島と北方世界』吉川弘文館、二〇〇三年、九〇頁
（12）註1に同じ、一一三頁
（13）註1に同じ、一〇六頁
（14）佐々木稔「擦文期における鉄器と鉄滓の金属学的解析」『北海道考古学』第二二輯、一九八六年、一七頁
（15）佐々木稔・森　秀之「アイヌ文化期の蝦夷刀三口の鍛造法」『恵庭市郷土資料館年報12』恵庭市郷土資料館、二〇〇六年、一六頁
（16）『松前蝦夷記』一七一七（享保二）年に「懸刀之身用立申もの無之」とある。

発掘調査報告書

〈1〉北海道余市町教育委員会『大川遺跡における考古学的調査Ⅰ』二〇〇〇年
〈2〉北海道千歳市教育委員会『オサツ2遺跡（2）』一九九五年
〈3〉青森県青森市教育委員会『新町野・野木遺跡発掘調査報告書』二〇〇〇年
〈4〉北海道小樽市教育委員会『蘭島遺跡』一九八九年
〈5〉北海道上ノ国町教育委員会『史跡　上之国勝山館跡ＸＶ』一九九四年
〈6〉北海道羅臼町教育委員会『羅臼町文化財報告』一九七一年

第八章　国内砂鉄製鉄の開始はいつか

前章で述べたように、本州と北海道における室町時代末から江戸時代前期初頭にかけての伝世品と出土鉄製品の分析結果によれば、砂鉄から製造した国産地金の使用を裏付けるものはなく、磁鉄鉱を原料にした輸入の銑鉄と、それを精錬した鋼と確認できる場合が多かった。一方、近世初期には南蛮鉄という名称の輸入の鋼半製品があって、製鉄史や刀剣の研究者にはよく知られている。「南蛮鉄を用いて作刀した」と刀の茎に刻銘した日本刀もある。南蛮鉄はかつて俵国一氏によって切断調査が行なわれた[1]。

日本への鉄の輸出に関連しては明側にそれを示唆する史料があり、『明神宗実録』の一六一二年の条に「鉄は（日本で）もとの値の二〇倍になる。」の記述が見られる[2]。今後の調査研究によって、新しい史料がさらに見つかる可能性もある。

こうして砂鉄を原料にした国内製鉄の開始時期が、改めて研究課題に上ってきた。しかしその時期を裏付ける史料は、現在のところ見当たらない。間接的情報を含めて広く収集・検討し、多数の研究者が同意できるような見解を得ることが必要と考える。以下には、この問題に関する著者の考察を述べて、今後の総合的な研究に資することにしたい。

一　幕末まで続いた原料鉄の輸入

(1)　江戸府内の屋敷跡から出土した鉄釘と鉄片の組成

東京都千代田区紀尾井町遺跡が本遺跡の名称である。〔1〕そのⅠ期は大名の土岐・本多家が屋敷を構えた江戸前期、Ⅱ期は一六五七（明暦三）年から紀州藩の上屋敷があった江戸中期に相当する。Ⅲ期は明治初期（一〇年代）で、周囲の長屋を残した状態で官有地として利用された。遺跡出土の鋳鉄片ならびに鉄釘の合計七点が分析された。鉄釘一点を除く六点は、すべて健全なメタル試料である。

化学分析値をもとに、原料鉱石の種類を判別する標識成分の鉄対比（鉄を一〇〇としたときの化学成分の比率％）を算出し、図80に示した。No.1の鋳鉄片の鉄対比を見ると、P（燐）が高いので原料鉱石を磁鉄鉱と判定することができる。またNi（ニッケル）とCo（コバルト）も砂鉄とはいえない含有量レベルにある。これまで説明してきたように、中国大陸生産の原料銑鉄を精錬した鋼の使用が推定される。No.2の頭巻釘も、PとCoはかなり高い値である。Ⅱ期の二本の合釘は、NiとCoのいずれかが磁鉄鉱と判定される基準に近い。Ⅲ期の角釘とさっぱ釘もNi、Coの二成分はかなり高い。No.7の鉄釘も同様である。ただし錆試料のため、Pは評価対象にすることはできない。

こうしてわずか七点に過ぎないものの、江戸初期から明治初年の間に府内の屋敷で使われた（あるいは使おうとした）鉄の製品・半製品は、砂鉄を原料にしたものではないことがわかった。原料鉄の輸入は、明治の初年まで続いていたことが推測される。

(2)　江戸後期の大鍛冶場跡から出土した銑鉄と鉄塊系遺物の組成

近世のたたら炉では、主として銑鉄（炭素量四％前後）を製造したと考えられている。〔3〕銑鉄は大鍛冶場に送って処

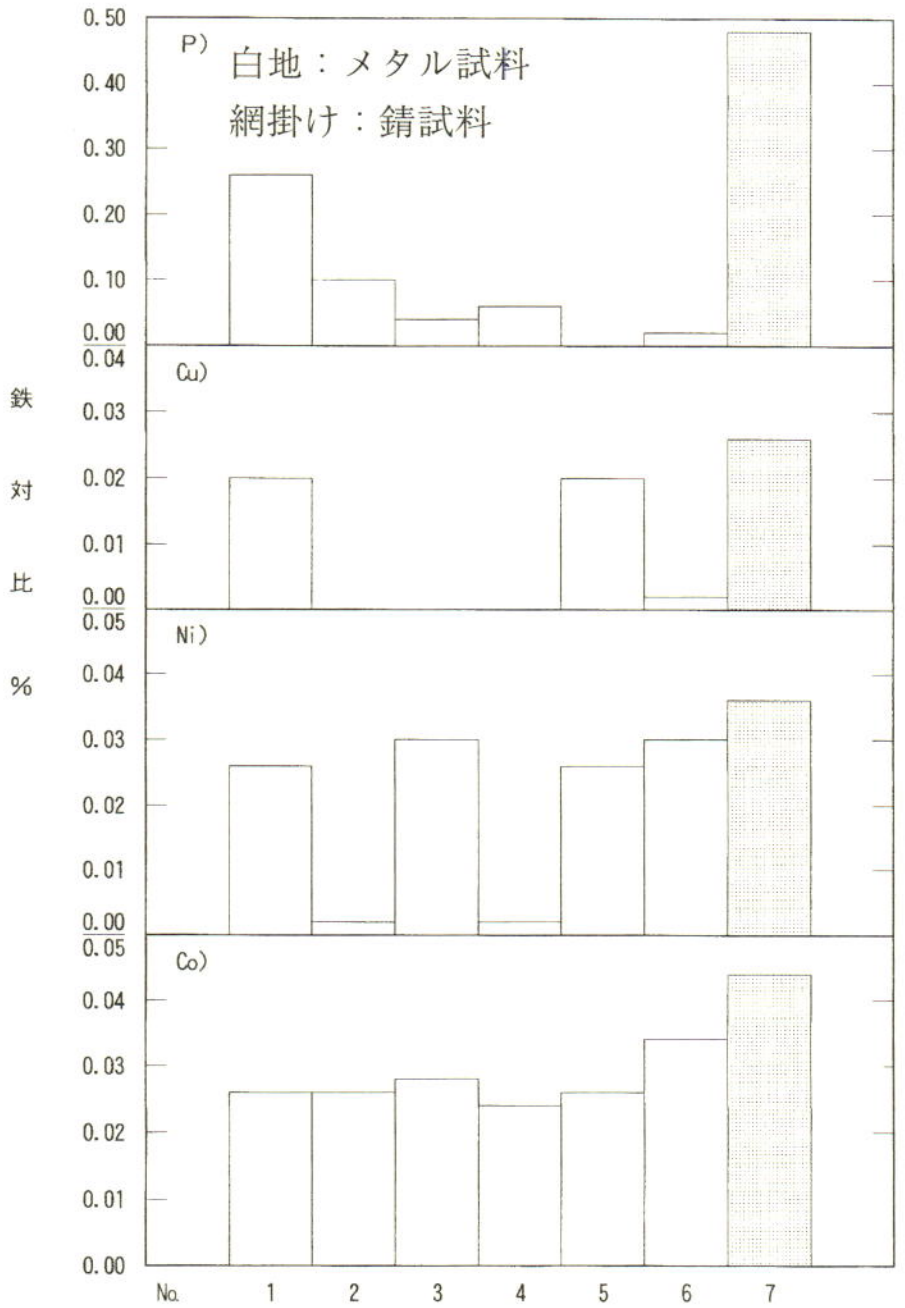

1鋳鉄片、2頭巻釘：I期、3、4合釘：II期、5角釘、6さっぱ釘、7鉄釘：III期。4は井戸側板、6は木樋、他は覆土中。
国内砂鉄中の標識成分の鉄対比はCu＜0.002％、Ni、Co＜0.03％（NiとCoは中性子放射化分析法による測定値）

図80　紀尾井町遺跡出土鉄釘類の標識成分鉄対比（東京都千代田区）

理（精錬）し、鋼に変えられた。その大鍛冶場には「左下場《さげば》」と「本場《ほんば》」があったが、これは脱炭を二段階で実施するものである。左下場では炭素量を減じて鍛造が可能となるよう（一・九％以下）にしてから、本場ではさらに〇・一〜〇・二％まで下げ、長い帯板状の鋼半製品に加工して出荷された。その半製品は「包丁鉄」と呼ばれた。

表記の大鍛冶場跡は島根県飯石郡飯南町獅子谷遺跡にあり、「神戸川《かんどがわ》の支流である角井川に合流する（神戸川からは一km前後の地点か—著者）獅子谷川をさらに約二〇〇m遡った右岸の川縁から丘陵尾根上の平坦面に位置する」〈2〉。神戸川は中国山地に源を発し、出雲市の西側で日本海に注ぐ、県内有数の大きな川である。図81には周辺の多数のたたら場跡を含めて、本遺跡⑥の所在地を示した。

大鍛冶場跡の炉遺構には三つの時期がある。I期は1、2号炉（それぞれ左下場と本場）で操業時期は一七世紀後半〜一八世紀前半と推定され、II期は3、4号炉で一八世紀末〜一九世紀中葉、III期は5、7号炉と6、8号炉の組み合わせの間に7号炉が入る。全体としては一九世紀中葉以降の操業で、少なくとも明治五年頃までは続いたと推測されている。

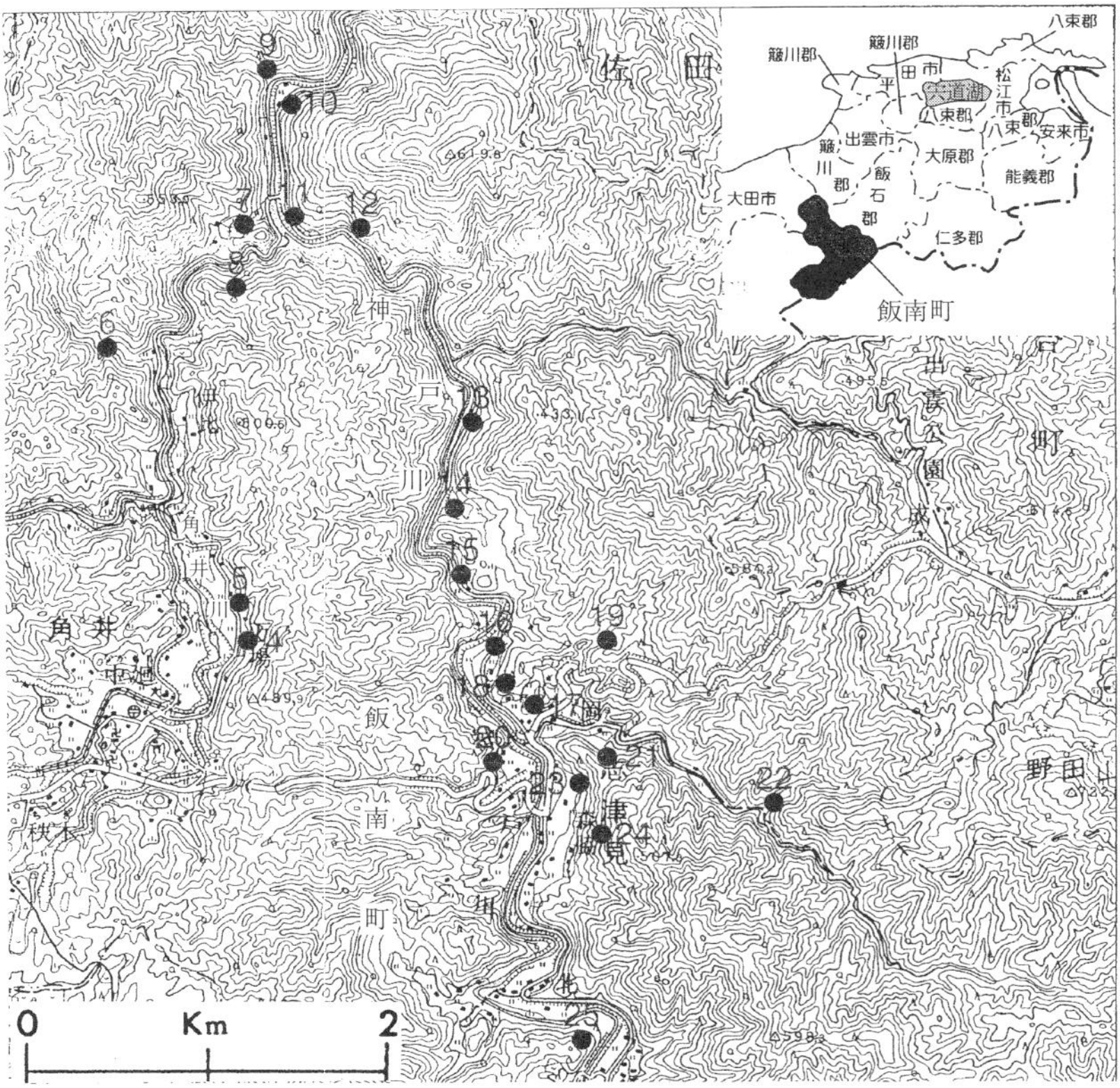

⑥獅子谷遺跡、⑫殿淵山遺跡、㉑弓谷遺跡

図81　獅子谷遺跡大鍛冶場跡と周辺のたたら遺跡の分布（島根県飯石郡飯南町）

表40にⅡ期の大鍛冶場跡ならびに近世（Ⅰ～Ⅲ期を特定できない）の金屋子神社石組周辺と遺構外から出土した鉄塊・鉄関連遺物の分析値を抜粋・引用した。ただしNiとCoについては、報告書に分析値の記載がない。ここで特徴的なのは、Cr_2O_3（酸化クロム）である。鉄対比でみると、№2は〇・七七%、№3は〇・六七%のように非常に高い値を示す。遺跡内の砂鉄は調査されていないので、神戸川と角井川が合流する対岸の殿淵山たたら遺跡⑫（年代未確定）出土の砂鉄の分析値を引用すると、Cr_2O_3は〇・〇九%にすぎない。仮に還元過程で酸化クロム分の全量が銑鉄の側に移ったと仮定（鉄対比と同義）しても、〇・一五%である。本遺跡で使用された銑鉄

表40　獅子谷遺跡大鍛冶場跡出土鉄塊系遺物と周辺のたたら遺跡出土砂鉄の化学組成

No.	遺跡・遺構・遺物	化学成分（%）（抜粋） T.Fe 全鉄	M.Fe 金属鉄	FeO 第一酸化鉄	SiO_2 酸化珪素	Al_2O_3 酸化アルミニウム	CaO 酸化カルシウム	MgO 酸化マグネシウム	TiO_2 酸化チタン	Cr_2O_3 酸化クロム	Cr_2O_3/T.Fe（%）
1	獅子谷大鍛冶場跡Ⅱ期、鉄塊系遺物	87.60	72.26	19.47	1.41	0.48	0.08	0.04	0.05	0.31	0.35
2	同上金屋子石組遺構周辺、鉄塊A	93.31	85.64	8.18	0.06	0.06	0.04	0.02	0.01	0.72	0.77
3	同上、鉄塊B	91.14	84.02	7.51	0.90	0.25	0.08	0.03	0.30	0.61	0.67
4	遺構外、鉄塊	74.10	48.13	7.21	3.33	1.01	0.14	0.02	0.08	0.17	0.23
5	同上、不定形鉄塊	67.60	33.50	13.53	4.30	1.18	0.12	0.02	0.16	0.10	0.15
6	殿淵山たたら遺跡、遺存砂鉄	59.86	0.20	25.06	5.68	2.68	0.43	0.70	5.32	0.09	0.15
7	弓谷たたら遺跡、遺存砂鉄	54.67	—	23.47	6.71	2.25	0.84	0.83	6.29	0.03	0.06
8	同上、遺存砂鉄	55.67	—	28.43	3.39	2.37	0.33	0.93	6.13	0.04	0.07
9	同上、2号炉本床下潜り銑	炭素	銅	燐	ニッケル	コバルト	チタン	クロム	硫黄		
		4.02	0.01	0.061	0.03	0.01	＜0.01	0.01	0.012		

注）鉄塊系の資料は錆化の少ないものを抜粋した。No. 9の潜り銑は炉の本床下の隙間に侵入した銑鉄である。

は、周辺のたたら場で製造されたとはいえない。国内の鉄関連遺跡出土の砂鉄のCr_2O_3は、化学分析法による報告値は高くても〇・一%前後である。また中性子放射化分析法でも、Crとして〇・一%（酸化物への換算係数は約一・二）を越えるような測定値はきわめて少ない。獅子谷遺跡大鍛冶場で使用した銑鉄の始発原料鉱石は、磁鉄鉱と考えざるを得ない。

獅子谷遺跡のⅡ期には、経営主体が同じ弓谷鈩《ゆんだにたたら》㉑で生産した銑鉄が供給されたという推測がある。この鈩跡は、上記の合流点から本流をさらに数kmほど遡った支流である、弓谷川の上流約五〇〇mの砂岩段丘上に位置する。鈩跡から出土した砂鉄のCr_2O_3分析値は〇・〇三と〇・〇四%、一方、2号炉の本床下に潜り込んだ「潜り銑」（No.9資料）は〇・〇一%なので、弓谷鈩における原料砂鉄と「潜り銑」の間にはクロム成分の分配上の矛盾は生じない。しかし獅子谷資料五点のCr_2O_3の鉄対比は、〇・一%以上の値を示す。やはり獅子谷大鍛冶場で使用の銑鉄は弓谷鈩から供給されたものではない。

弓谷鈩と獅子谷大鍛冶場の経営主体は、田部家文書にもとづいて同家と考えられている〈3〉。ところが前者は、神戸川本流を数km離れた二つの支流をさらに遡上した川沿いの場所に設置されている。水路を利用しても両者はかなり離れた地点にあり、たたら場の生産物を大鍛冶場に運び込むという、生産体制の面からすれば不合理な工場配置になっている。報告書中ではその点についての疑問を、「地図上の直線距離が三・四㎞もある」というように述べている。たたら炉を操業する一方で、輸入の銑鉄を処理するため離れた地点に大鍛冶場を設け、密かに操業したことが想像できるのかも知れない。

(3) 幕末の鋳鉄製大砲の製造を成功させた船舶の「荷足鐵」

欧米列強の来航に備えるために、幕府は鍋島藩に対して大型の鋳鉄製大砲の鋳造を命じたが、藩ではたたら炉による銑鉄を使用して溶解・鋳造と製造した砲の試射を行ない、度重なる失敗を繰り返した。その原因がたたら銑（破面が白色に見えるいわゆる白銑）にあるとして、オランダから購入の「電流丸ニアル荷足鐵（バラスト）ハ舶来ニテ性合モ宜敷故是ヲ使用シ、公儀注文五〇梃ノ大砲鋳造ヲ終ルヤ、直ニ百五〇ポンド砲ノ鋳造ヲ安政六年六月ヨリ着手」[4]し、成功したとされる。失敗と成功の原因については技術史研究者の間に異なる見解があるが、大型砲の鋳造には破面が灰色の鼠銑であることが必要と当時は考えられていた。[5]興味をもつ読者は原著に当たっていただきたい。著者が注目したいのは、銑鉄が船舶の喫水線を下げて船を安定化させるためのバラストとして使われていることである。近代に至るまで、バラストは正式な（関税の対象になる）積み荷として扱われなかったようである。それまで中国大陸より来航した大型交易船の場合も、このような方法で原料鉄を運んできたのではないだろうか。

岡山県新見市千屋で幕末に生産したと伝えられる、直方体形の銑鉄がある。外観を図82―aに示した。現重量は約一四kg、寸法は二〇×一六×一〇cmである。江戸時代に国内で流通していた（塊状の）銑鉄とは重量が違い、またたたらの鉄としては、従来報告されていない形状を示す。著者はこれを調査する機会に恵まれた。[6]矢印の個所から試片を採取し、ミクロ組織を調べた結果を図82―bに示す。黒い紐状のものは黒鉛化炭素、白地はフェライト（α-Fe）である。資料の銑鉄は鼠銑であることがわかる。化学分析結果が表41で、Pの分析値〇・一三%からは、砂鉄製鉄の産物でなく磁鉄鉱と推測される。国内の砂鉄製鉄が行なわれる一方で、大型交易船に銑鉄をバラストとして積み込む方法により、原料鉄の輸入が続いていたものと思われる。

二　砂鉄製鉄開始時期に係わる問題解明のために

問題を検討する上で、史料に書かれた「鉄」をどのような組成の材料と解釈するかが重要である。「鉄」は銑鉄を脱炭処理して炭素量を低くした熟鉄のことで、いわゆる軟鋼である。現代の知識にもとづけば炭素量〇・三四％以下であるが、近世ならびにそれ以前の製品・半製品には〇・一～〇・二％のものが多い*。近世の史料や古文書にある「鉄」は軟鋼を意味しており、以下ではそのように解釈して技術的検討を行なう。なお近代に入ってからは鉄鋼材料を総称

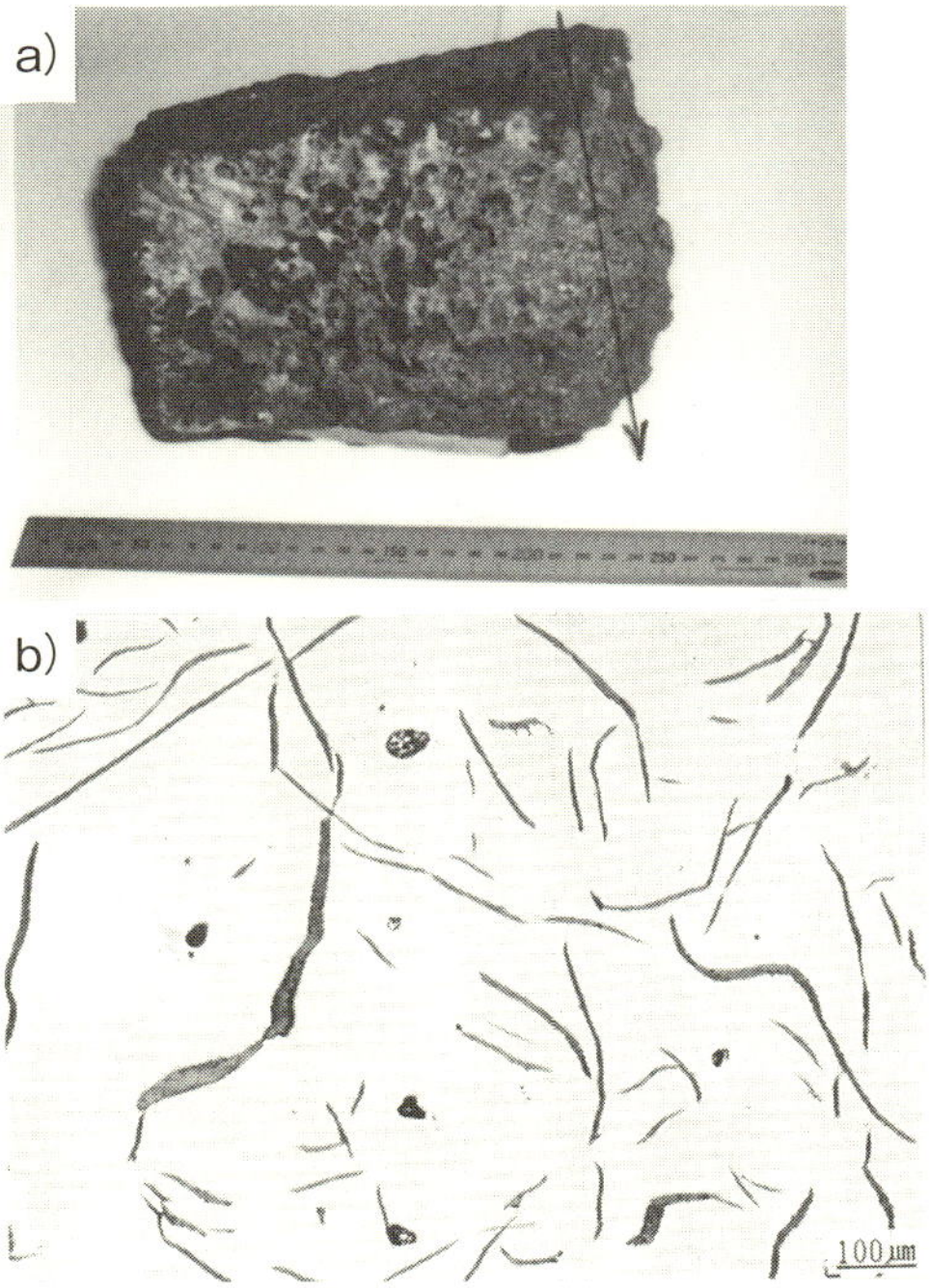

a）外観、b）ミクロ組織、紐状のものは黒鉛化炭素

図 82　幕末の製造と伝えられる直方体形銑鉄塊の外観とミクロ組織（新見市千屋）

表 41　幕末の岡山県新見市千屋産と伝えられる直方体形銑鉄の化学組成

化学成分（%）							種類
C 炭素	Cu 銅	P 燐	Ni ニッケル	Co コバルト	Ti チタン	S 硫黄	
3.38	0.006	0.13	0.009	0.010	<0.005	0.015	鼠銑

して「鉄」が使われるようになった。

＊焼きの入る刃金鋼は、現在の金属学的基準でいえば炭素量が〇・三五〜〇・七八％である。江戸中期頃からの史料や文書には、劔、刃金、刃鉄などの用語が使われている。鉧《けら》は江戸中期に強力な破砕機が導入されて以後の半製品である。

(1) 近世たたら炉の成立過程

砂鉄を原料にした製鉄の開始がいつなのか、現在のところそれを裏付ける直接的史料は見当たらないという。そこで古文書と考古学の専門的研究成果にもとづいてたたら炉の成立過程を追求し、開始時期の問題に迫ってみたい。

① 古文書の研究成果から

出雲国の鉄山師であった田部家の創業は、伝承によれば文永年間（一二六四年〜一二七五年）あるいは寛正年間（一四六〇年〜一四六六年）とされ、天文一九（一五五〇）年頃の人である三代目が製鉄業の基礎を固めたといわれる。その根拠になっていた明治二二年のシカゴ万国博覧会出陳説明書の関連文書を調査・研究した窪田蔵郎氏は、「執筆時の伝聞、印象をもって纏められた全くの推定であり、体系的には正しいが絶対年代はどこにも書かれていない」と述べている。[7] したがって、出雲のたたら製鉄の創始を古文書から見いだすことは難しい。

一方、東北地方のたたら操業に関しては、渡辺ともみ氏による最近の研究がある。[8] その中では仙台藩佐藤家文書＊をもとに、下北半島の南部藩田名部《たなぶ》地区（現むつ市）の鉄関連の活動について、次のように説明している。

(1)江戸初期には南部藩主から多数の鉄釘を出すことを命じられたり、また大量の鉄を盛岡藩や八戸藩に送っている。

(2)承応元年から三年（一六五二〜一六五四）にかけて、仙台藩は製鉄技術者を田名部釣屋浜鉄山に派遣し、「荒鉄吹《あらてつふき》立《たて》」の指導を行なった。

むつ市周辺は、いわゆる浜砂鉄が豊富に堆積している地域である。第一の記述からこの地区が鉄の製品もしくは半製品の供給拠点であったことがわかる。しかし製鉄が行なわれていたとはいえない。第二の記述からは、田名部地区に釣屋浜鉄山が設営され、初めて砂鉄を利用する製鉄に着手したことが推測される（「荒鉄吹立」は銑鉄の製造を意味する）。これはまた仙台藩が製鉄技術を習得していたことを示し、その技術はおそらく山陽・山陰地方から伝わったものと思われる。したがって先進地域における砂鉄製鉄の開始時期は、一七世紀の前半とみてよいのではなかろうか。**

*佐藤家文書とは、佐藤興二郎氏の遺稿『仙台製鉄史』を指す。遺稿の一部は「仙台製鉄史」の論文名で、森嘉兵衛氏の「まえがき」を付して『岩手史学研究』第三七号（一九五一年）に掲載された。本論文執筆の底本になっているのは『宝永撰録』であり、その中に仙台藩御鉄吹方棟梁弥四郎が元禄一六年二月に提出した先祖勤功書上が含まれている。それによれば、曾祖父佐藤十郎左衛門が慶長一〇年に中国地方に赴いて吹方の技術を学び、帰国後の同一一年に本吉郡馬籠村で爐屋を建築し、亘理郡の荒浜から御伝馬で回送された砂鉄を試し吹きして、一夜に百貫ほどの荒鉄を吹き出すという好結果を得、その功を賞せられて鉄吹き方之頭を仰せつかったという。一方、添書と副書からは弥四郎の苗字帯刀御免を願い出る主旨が読み取れる。このように願出書には九八年前の曾祖父の業績を訴えているが、はたして慶長一一年の記事が事実を述べたものとして受け取ってよいかどうか、著者には古文書を評価する専門的能力がないため技術資料として引用するのは控え、今後の研究を待つことにしたい。なお『宝永撰録』の内容の一部を検討したものに、次の報告がある。

尾崎保博「文書からみた仙台藩製鉄史」『みちのくの鉄』アグネ技術センター、一九九四年

**古代中国の砂鉄製鉄については、遺跡の考古学的発掘調査を紹介した潮見浩氏の左記の論文がある。しかし遺跡の年代は確定されていない。明代の宋王星著『天工開物』（東洋文庫、平凡社）では、砂鉄の鉱床、採掘方法、濃化処理方法などを説明している。日本国内で砂鉄製鉄を開始したとき、中国の技術を取り入れたであろうことは十分に想像されるところである。今後炉遺構の比較研究が進めば、国内における当初の技術的内容も次第に明らかになるのではないかと思われる。

潮見　浩「東アジアの砂鉄製錬をめぐって」たたら研究会編『製鉄史論集』二〇〇〇年、三九三頁

②　鉄穴流しの禁止令

採掘した砂鉄原鉱を強い水流中で処理し、重い砂鉄分を沈殿・濃縮する技術（比重選鉱法）が開発された。いわゆる鉄穴流《かんななが》し法である。しかしそれは河川と内海湖に大きな被害をもたらした。河瀬正利氏の研究によれば、中国地方

では下流の川底・湖底が埋没するのを防ぐため、領国大名や藩主から禁止令が出されたという。(9) 抜粋・引用すると、次のようである。

(1)一六一〇（慶長一五）年、出雲国で斐伊川上流域での鉄穴流しを禁止。

(2)広島藩では一六二八（寛永五）年以降、繰り返し太田川筋での鉄穴流しを禁止。

これは大規模な砂鉄採掘が行なわれ、砂鉄製鉄が実施されたことを示唆する文書として理解できる。また上述の東北地方の状況にも矛盾はしない。ただし砂鉄は鋼の精錬にも使われるので、製鉄操業の確認は炉遺構の検出によることが必要であろう。

③ 吹子の改良と炉下部床釣構造の開発

吹子《ふいご》は現代の用語であり、以前は「鞴」の字が用いられた。炉に風を送る装置のことである。断面が長方形の鋼精錬炉で処理する原料は、塊状の銑鉄であった。それより炉高が高い製鉄炉に粉状の砂鉄を装入して金属鉄まで還元するには、送り込む空気の風量と風圧をはるかに大きくしなければならない。当然新しい送風方法が工夫されたはずである。それが吹差吹子*と板吹子の改良や炉一基当りの吹子の増設であり、さらに天秤吹子の開発ではないかと考えられている。古文書を研究した河瀬・渡辺の両氏によれば、吹差吹子の改良・増設は「元禄以前から」（渡辺）、また「天秤吹子の始まりは一七世紀末（貞享～元禄年間）」（河瀬）とし、宝暦・天明期の中国地方では両者が混在していたという。このような吹子の進歩の経緯を考慮に入れると、一七世紀初頭に中国山地で砂鉄製鉄が始まり、漸次送風設備の改良が行なわれて、その製鉄技術は全国に伝播して行ったのではないかと思われる。

＊吹差吹子は、板で作った風箱の中のピストン板を、手動で往復運動させ送風する装置である。板吹子は床面を掘り込んで設けた風箱の上に、回転軸を取り付けた踏み板を置き、両側に立つ踏み手が板を交互に踏んで風を送る方式で、すでに八世紀にはその使用が推測される。天秤吹子は、中央で二つに切断した踏み板の両端に回転軸を付け、さらに中央側には釣り鉤を付けて天井から釣るようにした天秤型のものである。一方を踏めば他方が上がる機構になっている。詳しく知りた

い読者は本章の註8、9か、専門書の今井泰男『鞴《ふいご》』（法政大学出版局、一九九三年）を参照していただきたい。

床釣構造はたたら炉の直下とその両側に防湿と保温のために設けられた大がかりな施設である。これによって炉下部の寿命が延び、毎回の操業後に造り直すのは主として炉体上部だけになった。そして炉を中心に配置し関連設備を集めて建屋に収めた、高殿たたらといわれる一種の製鉄工場が出現した。江戸中期のものは比較的簡単であり、また遺構の残りがよくないとされる。図83には後期の出雲・朝日たたら（島根県出雲市朝日遺跡）の地下構造復元断面図を引用した[10]。これを前掲図62（第六章）の中世後期の長方形箱型炉遺構（地山を掘り込んで木炭粉混合粘土を貼った）に比較してみると、石組の地下設備の設計・施工技術には根本的な違いがあるように見える。創設期の革新的技術が近

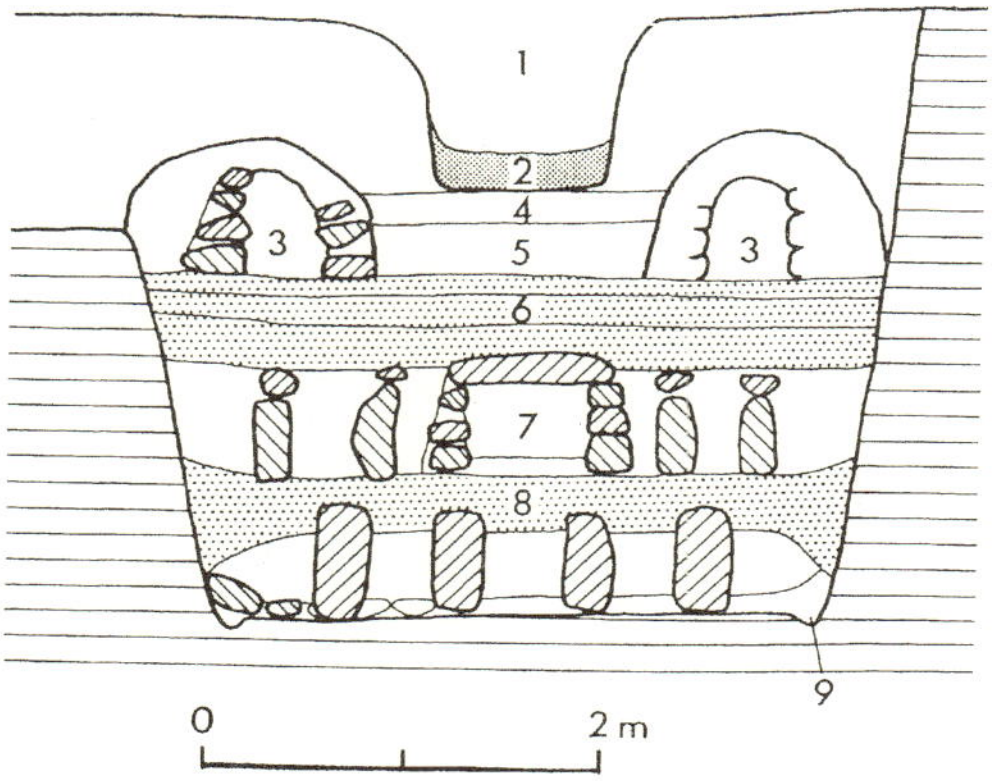

1：本床、2：粉炭層、3：小舟、4：砂層、5：焼粘土・鉄滓層、6：焼粘土層、7：下小舟、8：焼粘土層、9：伏せ樋

図83　床釣り式のたたら炉地下構造復元断面図
（島根県出雲市朝日たたら）（河瀬正利氏による）

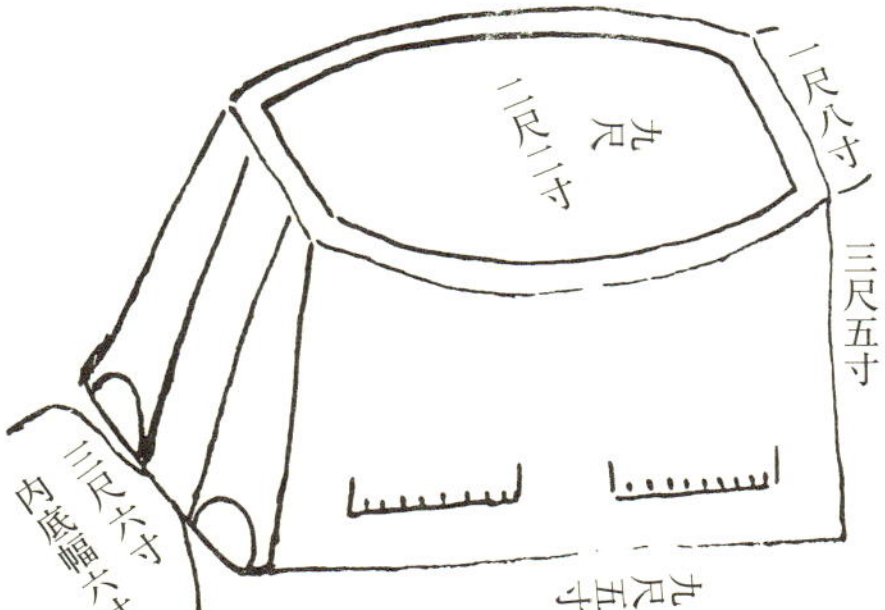

図84　江戸後期東北々部のたたら炉の釜寸法図
（『萬帳』復刻版註11から引用）

世以前の経験から生まれたかどうかという問題については、築炉専門家を加えた研究が必要と思われる。

なお、東北北部では、床釣り構造を有するたたら炉は構築されなかったようである。江戸後期と推定される岩手県下閉伊郡岩泉町村木早野隆三家所蔵『萬帳』の復刻版[11]によれば、炉のスケッチ図84に釜寸法として床面上炉体の底辺を三尺六寸×九尺五寸、炉高三尺五寸、炉口一尺八寸～二尺二寸×九尺と記入している。また炉下部の掘り方については「土井の底幅三尺五寸、上幅四尺、長さ壱丈、深さ六尺」と述べている。＊

高殿たたらの成立時期について、河瀬氏は考古学的発掘調査結果をもとに一八世紀前半と推定している。天秤吹子が開発されて間もない時期とみられる。この点においても、砂鉄製鉄の開始から炉構造の画期的改良にいたる期間を一七世紀代前半として、大きな矛盾は生じないと思われる。

＊この掘り込み寸法に近い遺構が、最近福島県双葉郡富岡町滝川製鉄遺跡で検出された。古文書によれば、嘉永六年から明治一〇年頃の操業で、鉄鉱石を粉砕・使用し、銑鉄を製造している。発掘調査担当者の三瓶秀文氏の私信では、中間結果の概要を『季刊考古学』第一〇三号（雄山閣、二〇〇八年）に発表する予定という。

(2) 外国貿易船入港減少の影響

一七世紀代になって国内の銀生産は大幅に減少し、銀の価格が高騰したといわれる。それはまた対外貿易にも影響して、江戸幕府は一六六八（寛文八）年に銀の輸出を禁じ、のちには貿易決済用の銀を制限した。海外からの銑鉄は貿易船のバラスト材として運ばれてきたと考えられるので、銑鉄の輸入量は減少したであろう。だとすればこれら二つの要因が、国内各地で砂鉄製鉄の開始あるいは着手を促した可能性がある。

長崎の出島に入港する中国とオランダの船数と貿易額の制限状況を、年表など（『日本史年表』第四版、岩波書店、二〇〇一年、『日本史史料集　増補改訂版』山川出版社、二〇〇一年）でみてみよう。

(1)　一六八五（貞享二）年「翌年から長崎貿易の額を、中国船に対して銀六千貫、オランダ船に対して銀三千貫に制限する（定高仕法）。」

（2）一六八八（元禄元）年「中国船の長崎来航船数を七〇隻に制限する。」

（3）一七一五（正徳五）年の『海船互市新例』（正徳新例）では、「唐人商売の法、凡よそ一年の船数、……合せて三〇艘、すべて銀高六千万貫目に限り、其内銅三百万貫斤を相渡すべき事。……」、「和蘭陀人商売の法、およそ一年の船数二艘、凡べて銀高三千万貫目に限り、其内銅一五〇万斤を相渡すべき事。……」

小葉田淳氏は秀吉や家康への運上銀から推測して「一七世紀初期には、銀の輸出は一か年二〇万キログラム（五万三千貫超―著者）にも達したのではあるまいか。」と述べている。[12] 隻数をどのように見積もったらよいのか著者には不明である（とりあえず中国船については制限数の四、五倍はみてよいのかも知れない）。さらに原料鉄に関係して、一隻当たりのバラスト材重量をどう試算するかという問題がある。専門家による今後の研究に待つことにしたい。

三　まとめ

（一）国外からの銑鉄と鋼半製品の輸入は、量的に減少しても幕末まで続いていた可能性がある。江戸府内の旗本・御家人や大名の屋敷跡から出土した鉄釘類、また出雲国田部家の経営と推定される江戸後期の大鍛冶場跡出土の鉄塊系遺物と鋳鉄製品は、始発原料が磁鉄鉱と推定されるものであった。幕末の佐賀藩で鋳鉄製の大砲を鋳造するのに、オランダから購入した船舶にバラスト材として積み込まれていた銑鉄を使って成功したことはよく知られている。

（二）国内の砂鉄製鉄の開始時期は一七世紀前半と考えられる。山陰・東北地方に残る古文書の調査、ならびにたたら炉遺構の発掘調査結果をもとにした先達者の研究成果を総合すれば、慶長年間にまず中国山地において銑鉄生産が始まり、その技術は急速に東北地方にまで伝わったものと推察される。

（三）一七世紀に入って国内銀の生産が大幅に減少したため銀価格が高騰し、また貿易決済用の銀に不足した江戸幕府は対外貿易を制限した。これらが銑鉄の輸入と購買力を低下させ、国内の各地で砂鉄製鉄の開始を促す要因になったのではないだろうか。

註

（1）俵　国一『日本刀の科学的研究』日立印刷出版センター、一九八二年（復刻版）
（2）石見銀山歴史文献調査団『石見銀山　年表・編年史料綱目篇』思文閣出版、二〇〇二年
（3）福田豊彦「近世初期、和鉄の生産と流通の基本形態」『たたら研究』第三九号、一九九九年、一五頁
（4）秀島成忠編『佐賀藩銃砲沿革史』原書房、一九七二年
（5）大橋周治『幕末明治製鉄論』アグネ、一九九一年
（6）佐々木稔「長船鍛冶製作の日本刀と鉄砲の構造・材質」『長船町史・刀剣編通史』岡山県長船町、二〇〇〇年、四七七頁
（7）窪田蔵郎「巴里府萬国大博覧会出陳鉱物ニ関スル報告書」『たたら研究』第二一号、一九七七年、一頁
（8）渡辺ともみ『たたら製鉄の近代史』吉川弘文館、二〇〇六年
（9）河瀬正利『たたら吹製鉄の技術と構造の考古学的研究』渓流社、一九九五年
（10）註9に同じ
（11）渡辺信夫・萩慎一郎・築島順公「陸中国下閉伊郡岩泉村早野家文書（上）」東北大学『日本文化研究所研究報告』別巻二二集、一九八五年
（12）小葉田淳『日本鉱山史の研究』岩波書店、一九六五年

発掘調査報告書

〈1〉東京都千代田区教育委員会『紀尾井町遺跡調査報告書　本文編』紀尾井町遺跡調査会、一九八八年
〈2〉島根県頓原町教育委員会『殿淵山・獅子谷遺跡（1）（2）』二〇〇二年
〈3〉島根県頓原町教育委員会『弓谷たたら』二〇〇〇年

あとがき

本書では歴史学的時代区分にもとづき、その時代を代表する考古遺物資料の解析と文献史学研究の両方の成果を取り入れて、鉄の技術史を構築するという新しい試みを行なった。同時に出版社からは鉄の歴史に興味をもつ一般の人達にも理解できるような啓蒙的な内容にして欲しいという要請があり、それもとづいて考古学的ならびに理工学的な事項の選択と説明には多くの注意と努力を払った。最善を期すため草稿の段階で複数の関係者に目を通していただき、出された意見を入れて修正を加え、成稿とした。二つの目標はほぼ実現しているのではないかと著者は考える。

本書を執筆するに当たっては、多数の人達のご支援、ご協力をいただいた。心から御礼を申し上げたい。とくにお世話になった方々のお名前を挙げると、第一章では大村幸弘先生ならびに渡部武先生、第二章は武末純一先生、第四章は故寺島文隆氏、第五章は高橋学氏、第六章は山本幸司先生ならびに関周一氏、第七章は笹田朋孝氏、第八章は渡辺ともみ氏である。赤沼英男氏には全章を通して収集文献資料の確認をしていただいた。

また、著者の研究を長年にわたり励まして下さった村田朋美先生には、心から感謝の意を表する。

㈱雄山閣編集長宮島了誠氏には、構成と記述の細部にいたるまで著者の相談にのっていただいた。厚く御礼を述べたい。

二〇〇八年二月二〇日

著者

本床状設備……155
本場……219

ま　行

曲り田遺跡（福岡県、遺物）……30
真木山B遺跡（新潟県、遺物）……105
まくり鍛え……83
マルテンサイト……31
三ツ寺Ⅰ遺跡（群馬県、遺構・遺物）…69
弥勒寺東遺跡（岐阜県、遺構）……98
向田G遺跡（福島県、遺構）……102
虫内Ⅲ遺跡（秋田県、石器）……29
“茂漁6遺跡1号刀”……209
杢沢遺跡（青森県、遺構）……104

や　行

ヤナ砂遺跡（岡山県、遺構）……159
大和6号墳（奈良県、遺物）……63
山の神遺跡（山口県、遺物）……33
ユカンボシC15遺跡（北海道、遺物）……197, 201
湯ノ沢F遺跡（秋田県、遺物）……144
湯ノ沢岱遺跡（秋田県、遺物）……137
弓谷鉇（島根県、遺物）……221
養種園遺跡（宮城県、遺構・遺物）……178
吉田川西遺跡（長野県、遺物）……170
『萬帳』……228

ら　行

“羅臼町刀”……208
蘭島B地点遺跡（北海道、遺物）……198
立鼓柄刀……143
流状滓……84
粒状滓……173
良洞里遺跡（韓国、遺物）……62
坩堝製鋼法……205
連房式鍛冶工房……94

わ　行

「倭国乱」……54
蕨手刀の起源……139
蕨手刀の出土分布……140
蕨手刀の製作法……146
割り込み法……211
椀形滓……12, 96

鉄素材の流れ（弥生時代）……………46
鉄対比…………………………………64
鉄鍋の型式…………………………203
鉄マンガン鉱石………………………53
伝新見市千屋産銑鉄………………222
天秤吹子……………………………226
伝ルリスタン短剣……………………15
堂の下遺跡（秋田県、遺構・遺物）…159
床釣構造……………………………227
取香和田戸遺跡（千葉県、遺構・遺物）
……………………………………115
斗西遺跡（滋賀県、遺物）………124, 162

な　行

中台遺跡（茨城県、遺物）…………124
中田遺跡横穴古墳（茨城県、遺物）……76
長柄刀……………………………144, 148
長根Ⅰ遺跡古墳群（岩手県、遺物）…143
中堀遺跡（埼玉県、遺構・遺物）……119
中山遺跡（埼玉県、遺構・遺物）……113
名古屋城三の丸遺跡（愛知県、遺物）
……………………………………177
鉛同位体比測定………………………18
浪岡城跡（青森県、遺物）…………162
南蛮鉄………………………………217
新沢千塚古墳群（奈良県、遺物）……76
仁王手遺跡（福岡県、遺物）…………43
西浦北遺跡（埼玉県、遺構）………120
西ケ谷遺跡（神奈川県、遺物）………171
錦町5遺跡（北海道、遺物）…………199
西団地内遺跡群（岡山県、遺構・遺物）
……………………………………104, 108
二風谷遺跡（北海道、遺物）…………203
日本刀の基本製作法…………………181
日本刀の成立過程……………………149
二里頭遺跡（中国、青銅器）…………18
根岸(2)遺跡（青森県、遺構・遺物）…135
根城跡（青森県、遺物）……………178
年貢鉄………………………………162

は　行

パーライト……………………………31
剱……………………………………183
刃金鋼……………………………36, 224
八熊遺跡（福岡県、遺構）…………102
発茶沢1遺跡（青森県、遺物）………124
花聳2号墳（福岡県、遺物）…………65
花前Ⅱ遺跡（千葉県、遺構）……97, 107
春内遺跡（茨城県、遺構）……………95
半円盤状鋼半製品……………………205
半地下式竪型炉………………………104
番塚古墳（福岡県、遺物）……………74
東山田遺跡（福島県、遺構・遺物）…112
非金属介在物……………………10, 37, 77
備中国新見庄史料……………………167
火縄銃の各部名称……………………184
火縄銃の銃身製作技術………………185
ピパウシ遺跡（北海道、遺物）………203
美々7遺跡（北海道、遺物）…………201
美々8遺跡（北海道、遺物）…………201
百錬……………………………………77
平野明神脇石堂（福島県、遺物）……165
ピリマカス……………………………15
鞴座…………………………………155
フェライト……………………………31
吹差吹子……………………………226
袋式鉄斧………………………………35
深水邸遺跡（大分県、遺物）…………153
福建鉄………………………………187
弁辰国の鉄……………………………48
ボアズキョイ遺跡（トルコ国、粘土板文
書）……………………………………4
棒状・板状鋼半製品…………………43
棒状・板状鋳鉄半製品………………44
棒状鉄素材……………………………62
棒状鉄鋌……………………………122
棒状鉄鋌の出土分布…………………165
棒状鉄鋌の組成………………………165
方頭大刀……………………………143
房の沢古墳群（岩手県、遺物）………142
払田柵跡（秋田県、遺構）…………134
ポロモイチャシ遺跡（北海道、遺物）
……………………………………203
本郷台遺跡（千葉県、遺構）…………98

草戸千軒町遺跡（広島県、遺構・遺物）……173
熊野・中宿遺跡（埼玉県、遺構）……97
胡桃館遺跡（秋田県、遺構）……135
毛抜形太刀……148
毛抜形刀……148
毛抜透蕨手刀……148
鋧……224
原料銑鉄……107
隍城洞遺跡Ⅰ期（韓国、遺構・遺物）…50
隍城洞遺跡Ⅱ期（韓国、遺構）……66
鋼生産施設の経営主体……116
神門房下遺跡C地点（千葉県、遺構・遺物）……175
五ケ伝……182
極低チタン砂鉄……111
小倉城跡（福岡県、遺物）……177
五所川原窯跡群（青森県、須恵器生産）……130
固体脱炭材……71
小舟状設備……155
小丸遺跡（広島県、遺物）……53

さ　行

斉藤山遺跡（熊本県、遺物）……32
左下場……219
砂子遺跡（岡山県、遺物）……68
擦文文化期……193
砂鉄粒子の還元基礎実験……102
佐藤家文書（仙台藩）……224
猿貝北遺跡（埼玉県、遺物）……105
三角形鉄片……39
三枚造り法……210
獅子谷遺跡（島根県、遺構・遺物）……219
七支刀……80
寺中遺跡（静岡県、遺構・遺物）……158
地床炉……66
始発原料鉱石……73
島田Ⅱ遺跡（岩手県、遺物）……137
下糟谷遺跡（神奈川県、遺物）……165
暹羅鉄……187
銃尾の雌雄ねじ製作法……185
炒鋼法……23
自立式竪型炉……104
志波城跡（岩手県、遺物）……134
真行寺廃寺跡遺跡（千葉県、遺構・遺物）……98
末広遺跡（北海道、遺物）……197
生産プロセス（鉄と鋼）……48
精錬……13
精錬法……15
千引かなくろ谷遺跡（岡山県、遺構）…85
草原の道……17
造滓材……71

た　行

高殿たたら……227
高屋敷館遺跡（青森県、遺物）……138
多摩ニュータウン遺跡群（東京都、遺構・遺物）……120
丹後平古墳群14号墳（青森県、遺物）……144
鍛造剥片……95
チャシ……203
茶畑第1遺跡（鳥取県、遺物）……71
中国の製鉄起源説……22
鋳鉄……31
鋳鉄製三角形鉄片……46
鋳鉄脱炭鋼製品……32
調鐵……100
長方形箱型炉……102
長方形箱型炉の復元推定モデル……103
直刀製作法……82
坪の内・六の原遺跡（神奈川県、遺構）……96
低温還元法（中国）……23
鉄戈……37
鉄塊系遺物……13
鉄鎌……36
鉄剣銘文……77
鉄鉱石の種類……3
鉄錐……41
鉄鏃……39
鉄素材（弥生時代）……42

索　引

あ　行

アイヌ文化期……………………………193
赤井手遺跡（福岡県、）……………………
赤井手遺跡（福岡県、遺構・遺物）
……………………………… 43, 62, 51
秋田城跡（秋田県、遺物）……………134
朝日たたら（島根県、遺構）…………227
天内山遺跡（北海道、遺物）…………193
アラジャホユック遺跡（トルコ国、遺物）
…………………………………………1
EPMA……………………………………10
伊興・舎人遺跡（東京都、遺物）………69
石田横穴群1号墳（静岡県、遺物）……147
遺存磁鉄鉱………………………………108
板状鉄鋌……………………………………61
板状鉄斧……………………………………35
板吹子……………………………………226
一元説と多元説（製鉄）…………………1
一乗谷朝倉氏遺跡（福井県、遺構・遺物）
………………………………………179
"一房一炉式"鍛冶工房…………………94
稲荷山鉄剣…………………………………81
今吉田若林遺跡（広島県、遺構）………155
イルエカシ遺跡（北海道、遺物）………203
インチタットヒル城塞跡（イギリス国、
遺物）……………………………………16
隕鉄先行説…………………………………2
インド大陸での鉄器使用開始…………20
梅原胡摩堂遺跡（富山県、遺構・遺物）
………………………………………174
潤崎遺跡（福岡県、遺物）………………84
蝦夷刀……………………………………207
遠所遺跡（京都府、遺構・遺物）………85
王の壇遺跡（宮城県、遺物）…………173
大板井遺跡（福岡県、遺物）……………36
大鍛冶場…………………………………219
大川遺跡（北海道、遺物）………………198
大猿田遺跡（福島県、木器生産）………111
大船迫A遺跡群（福島県、遺物）………111
大矢遺跡（広島県、遺構）………………154
沖塚遺跡（千葉県、遺構・遺物）………67
オサツ2遺跡（北海道、遺物）…… 195, 199
落川・一の宮遺跡（東京都、遺構・遺物）
………………………………………121

か　行

塊錬鉄（中国）……………………………52
柏木遺跡（宮城県、遺構・遺物）………131
数打ちもの………………………………182
勝山館跡（北海道、遺物）………………204
金井遺跡B区（埼玉県、遺物）…………160
金平遺跡（埼玉県、遺物）………………161
金丸城跡（鹿児島県、遺構・遺物）……178
瓦房庄遺跡（中国、遺構）………………66
釜寸法……………………………………228
カマン・カレホユック遺跡（トルコ国、
遺物）………………………………………9
カマン・カレホユック遺跡（トルコ国、
時代編年）…………………………………6
上迎木遺跡（滋賀県、遺構）……………100
上八木田遺跡（岩手県、遺物）…………144
狩尾遺跡群（熊本県、遺物）……………39
"カリンバ4遺跡1号刀"…………………209
川合遺跡（静岡県、遺物）………………35
環頭大刀……………………………………38
鉄穴流し法………………………………225
紀尾井町遺跡（東京都、遺物）…………218
北沢遺跡（新潟県、遺構・遺物）………157
北目城跡（宮城県、遺物）………………177
吉川元春館跡（広島県、遺構・遺物）
………………………………………177
キナザコ遺跡（岡山県、遺構）…………102
キュルテペ遺跡（トルコ国、遺物）……11
鞏県鉄生溝遺跡（中国、遺構）…………52
切り金……………………………………168

<著者紹介>
佐々木稔（ささき・みのる）
1933年生　元新日本製鉄先端技術研究所、神奈川大学大学院歴史民俗資料学研究科講師
金属工学専攻　工学博士
著書：『古代日本における鉄と社会』（共著、平凡社）、『いくさ』（共著、吉川弘文館）、『鉄と鋼の生産の歴史』（編著、雄山閣）、『古代刀と鉄の科学』（共著、雄山閣）、『火縄銃の伝来と技術』（編著、吉川弘文館）

鉄《てつ》の時代史《じだいし》

2008年4月15日　印刷
2008年4月30日　発行

著　者　佐々木　稔
発行者　宮　田　哲　男
発行所　株式会社　雄　山　閣
〒102-0071　東京都千代田区富士見2－6－9
振替　00130-5-1685　電話03（3262）3231
FAX03（3262）6938
印刷・三美印刷　製本・協栄製本

ISBN978-4-639-02026-4 C3021